“十二五”普通高等教育本科国家级规划教材

统计热力学

（第四版）

U0150250

梁希侠　班士良　编著

科学出版社

北京

内 容 简 介

本书是“十二五”普通高等教育本科国家级规划教材，是作者在多年教学经验的基础上编写而成. 目前，从中学到大学，物理教学改革不断深化，为了避免“热物理”各层次教学内容出现较多重复和不必要的交叉，作者创造性地建立以统计物理为主线、融宏观与微观理论于一体的教学体系. 全书内容包括预备知识、孤立系、封闭系、均匀物质的热力学性质、气体的性质、开放系、量子统计法、涨落理论、非平衡态统计物理简介以及相变与临界现象. 本书通过二维码的形式链接了部分要点、难点及知识总结回顾等视频，以供参考. 另外，本书配套有对应的数字课程资源、习题解答和电子教案等.

本书适合普通高等院校物理及应用物理专业的学生学习热力学与统计物理课程使用，也可作为教师参考用书.

图书在版编目（CIP）数据

统计热力学 / 梁希侠，班士良编著. —4版. —北京：科学出版社，2023.2

“十二五”普通高等教育本科国家级规划教材

ISBN 978-7-03-074614-6

Ⅰ. ①统… Ⅱ. ①梁… ②班… Ⅲ. ①统计热力学－高等学校－教材 Ⅳ. ①O414.2

中国国家版本馆 CIP 数据核字(2023)第 013003 号

责任编辑：罗 吉 / 责任校对：杨 然
责任印制：赵 博 / 封面设计：蓝正设计

科学出版社 出版
北京东黄城根北街 16 号
邮政编码：100717
http://www.sciencep.com

三河市骏杰印刷有限公司印刷
科学出版社发行 各地新华书店经销
*
2000年8月内蒙古大学出版社第一版
2008 年 6 月第 二 版 开本：720×1 000 1/16
2016 年 7 月第 三 版 印张：19
2023 年 2 月第 四 版 字数：383 000
2025 年 1 月第十六次印刷

定价：59.00 元

（如有印装质量问题，我社负责调换）

前　言

本书采用“统计物理”主导、融微观与宏观理论为一体的“统计热力学”知识体系，力求厘清“热力学”与“统计物理”之关系，帮助读者深刻认识热运动的微观本质，铸就扎实的理论基础，以利进一步深造或灵活、准确地运用热物理理论解决实际问题. 面世20余载，几度修订，广集国内同仁之卓见，“统计热力学”作为“热统”课程教学的一种特色体系日臻成熟.

此次修订对全书的结构和内容整体未作改动，在通修、改进文字表述的同时，进一步统一物理符号、规范名词术语，更新参考文献和引文，局部修改了几处插图. 根据教学需要和本领域研究进展，改写了若干章节，如：2.1、3.3、4.5、6.3、7.6节等，更新增补了一些内容. 同时，结合教改实践，增加了10余道讨论题目，分布于各章.

第三版始，本书采用纸质教材与数字化资源结合的新型教材形式.本次修订对提供的数字化资源做了较大幅度的充实，更新20余个、增补近30个课堂实录教学视频，至此，全书共配备70余份数字化教学资源. 实录视频包括要点、难点讲授与总结回顾两类.前者选择重要或有一定难度的、有必要辅之以视频讲解的知识点，这些视频大多对纸质内容做了细化、深化和拓展；后者则对各章阐述的知识进行梳理和总结，对课程的体系和知识结构及某些关键方法给予诠释. 需要指出的是，本书配备数字化资源，旨在为授课教师提供参考，辅助读者更好地研习和总结，因此并未涵盖所有知识点和全部内容，不能取代、弱化纸质教材研读，更无意代替课堂或网络教学.

作为“热力学与统计物理学”课程的教材或教学参考书，本书企望帮助学生在“热学”基础上，更系统、全面、深入地掌握热力学与统计物理学的基本概念、基本原理和处理热物理问题的基本理论方法，把握统计物理微观理论和热力学宏观理论的特点及相互间的融会贯通，以微观理论和统计系综为切入点，夯实对热物理实验定律理解的理论基础；旨在进一步增强人才培养的逻辑思维和素质训练，使学生建立科学的世界观和方法论，提升发现和解决问题的综合能力，为后续课程学习和科学研究奠定坚实基础.

本书的修订和数字化资源建设，承蒙国家教育部、内蒙古自治区教育厅、内蒙古大学的课程建设立项资助；内蒙古大学教务处、物理科学与技术学院、电教中心的鼎力支持和具体实施，是本次修订的基本保证；国家级一流本科课程“统计热力学”教学组的同事总结线上、线下教学经验，为本书的改进提供了实践基础；选用本书为教材和参考书的广大教师和学生、全国“热力学与统计物理”教学研究会的同仁的鼓励、支持及宝贵意见和建议，令笔者没齿难忘；科学出版社高教数理分社昌盛社长及其同仁，特别是责任编辑罗吉博士，为本书再版做了大量细致有效的策划、编辑工作，作者专此致谢！

梁希侠　班士良

2022 年 12 月

第三版前言

不同于国内长期流行的“热力学与统计物理学”(简称“热统”)课程教学模式，本书贯通“热力学”和“统计物理学”两部分内容，将“热物理”的宏观和微观理论相融合，在微观理论“统计物理学”的框架下，以“系综理论”为主导，系统、完整地构建了“热统”课程的“统计热力学”知识体系. 面世15 年来，本书为多所院校采用，所构建的教学模式已作为“热统”课程教学的一种特色体系，得到国内同仁普遍认可.

本书相继入选普通高等教育“十一五”“十二五”国家级规划教材. 此次修订除对全书文字表述进一步修正和改进外，还根据教学需要增补了一些内容. 例如，在第 6 章增加了由等概率假设导出巨正则分布的内容，便于采用不同方法讲授和学习；在第 7 章增加了用最概然法导出量子统计分布的方法论述，以便在少学时教学中不引入巨正则系综讨论量子统计法等. 相应习题亦做了适当调整.

此次修订在每章均增加了一定数量的讨论题目，可供学生课后复习思考和教师组织学生讨论时参考.

本修订版的一个重要特点是纸版教材与数字化教学资源的结合. 为帮助学生课后复习和自学，对各章的知识难点，均提供了相应课堂教学的实录音像资料；同时，对每章的内容以知识结构框图讲解并作出小结.读者可以通过书前使用导引下载“爱一课”APP 应用，利用手机或平板电脑获取相关视频资料，以便回顾和研习.

本书为 64～72 学时授课计划所编写，同时兼顾少学时教学的需要. 只要适当选择章节，就可以在不破坏知识完整和系统性的前提下用于较少学时的教学. 例如，对 2 学分的热物理理论课程，整章或部分选择讲授第 1～7 章，并对个别内容加以调整即可.

在本书的出版和修订过程中，先后受到教育部国家精品课程、国家级精品资源共享课项目资助，内蒙古自治区教育厅、内蒙古大学亦对本教材的建设立项资助；在科学出版社鼎力支持下，本书与学习辅导书配套入选教育部“十二五”普通高等教育本科国家级规划教材，并得以再版；科学出版社高教数理分社昌盛社长、责任编辑罗吉博士及其他同仁为本版编辑出版做了大量卓有成效的工作；内蒙古大学教务处、电教中心为本课程精心制作的课堂录像资料提供了本书的主要数字化资源；“统计热力学”课程建设组和“热物理系列课程”国家级教学团队同事的热情讨论和具体帮助，竟在不言，作者专此致谢！

梁希侠　班士良

2016 年 1 月

第二版前言

本书是作者多年讲授热力学与统计物理(简称热统)，并对课程教学体系不断改革的基础上编写的教材. 国内热统课程内容的传统编排是将“热力学”与“统计物理学”分为两个独立的部分讲授. 本书则采用了不同的体系，即将两部分贯通，在微观理论“统计物理”的框架下，以“系综理论”为主导，系统、完整地构建微观与宏观理论交融的热统课程教学体系，因此称为统计热力学. 采用这种体系的目的是使学生对热现象的认识有一个明显的飞跃，即从归纳实验结论获得唯象理论的认识过程，上升到从微观理论出发推出宏观定律、指导研究实践的认识阶段，系统完整地理解“统计物理学”，真正把握热现象的微观运动本质，能在实际工作中灵活地运用热物理理论，并为学生进一步深造奠定扎实的基础. 教材试用、初版发行十多年来的教学实践证明，用“统计热力学”体系组织热统课教学是可行的，其效果令人欣慰. 毋庸置疑，作者主张统计热力学体系，丝毫无意否定“热统分治”的传统教学体系. 两种体系各有千秋，互补互鉴. 究竟采用何种体系组织教学，还应视培养目标、教师学生状况，因地制宜地选择.

采用“统计热力学”体系进行热统教学，是否会削弱学生在热力学理论的理解和应用方面的训练？对这个问题，国内同行关注有加，各见仁智. 同时，它也是作者在课程改革和教材编写中始终注意的问题. 热力学作为一种可靠的宏观理论，除总结出十分普遍的基本定律外，还通过严格的数学推演，系统地给出热力学函数之间的有机联系，并将其应用于实际问题. 因此，深入理解热力学定律的主要推论和热力学关系、熟悉它们的应用、熟练掌握热力学演绎推理方法，是热统课程不可或缺的内容. 事实上，热物理的微观和宏观理论相得益彰、不可分割. 在学习运用统计物理研究宏观过程的规律时，势必反复地用到热力学关系，自然会使学习者得到相应的训练. 不仅如此，本书还在建立封闭系的正则系综理论后，插入了对此类系统即均匀物质热力学性质的唯象讨论；在给出开放系的巨正则系综理论后，安排了与之相关的相平衡、化学平衡问题的宏观理论内容，以使学生加深对热力学基本理论的理解，增强应用这些理论分析和解决问题的能力.

学习《统计热力学》，系统掌握其理论体系和方法，需要先懂得热现象的宏观描述方法，了解热力学的基本定律. 尽管读者多已通过普通物理(或大学物理)的学习获得了这方面的知识，但在学习《统计热力学》之前，仍有必要对它们进行回顾和总结. 因此，我们在本次修订中增加了简要归纳热学相关结论的内容，以便与普通物理课程衔接.

为使体系进一步完善，同时考虑教学规律，本次修订对内容的编排顺序作了适当的调整，并对一些章节的内容进行了改写或增补. 此外，增加了绪论部分，简要论述热物理宏观理论与微观理论的特点和关系，指出本书教学体系的特征和采用这种体系之原委，以便读者在阅读全书之初就能对体系有所了解.

鉴于近年物理学家在与本课密切相关领域的科学研究获得重大突破，这次修订适当增补了相应内容. 例如，对激光冷却和捕获原子技术的突破和玻色-爱因斯坦凝聚的实现等成果作了简要介绍. 作者以为，任何一部教材都不可能包罗万象、囊括百家，每部教材均有自身的定位和特色. 而作为高等院校的学生，在学习一门课程时，也不应仅只阅读一本“教科书”. 本书的编写旨在提供一本在统计热力学体系下便于使用的“轻量级”教材. 因此，书中没有收入更多的前沿知识和提高内容. 有兴趣的读者可参阅书末列出的优秀著作和书中相关引文.

为加强课后练习，本次修订适当增补了一些习题. 虽经增补，但习题总量仍然有限. 考虑到目前出版的习题集版本多样、内容颇丰，足以供读者选择，作为一本较为简明的教科书，本书没有提供更多的选做题目.

限于水平，囿于涉猎，又兼体系尚在改革探索之中，亟待完善，书中错误与疏漏在所难免，诚望读者批评指正.

本书初版问世后，统计热力学课程幸获教育部 2004 年国家精品课程项目资助，内蒙古自治区教育厅、内蒙古大学亦对本课程的改革和教材建设立项资助；承蒙科学出版社力主支持，经教育部列为普通高等教育“十一五”国家级规划教材，本书方得再版. 感谢之意，弗能言竟.

国内同行的点评指正，课程建设组同事和用书师生的热情讨论和帮助，使作者受益匪浅，谨致谢忱.

梁希侠　班士良

2008 年 4 月

第一版前言

热力学和统计物理学是关于热现象理论的两个组成部分：热力学为宏观理论，而统计物理学则是微观理论. 我国高等学校物理专业目前所设置的课程“热力学与统计物理学”包括这两个方面的内容. 多年来，这门课程的教学沿用着早年确立的模式，将“热力学”与“统计物理学”分割为两个相对独立的部分来讲授. 具体教学内容的安排大体以学科发展历史和认识的层次为序，由唯象到唯理，由宏观到微观. 采用这种体系组织教学，学科发展的脉络比较清晰，学习过程与历史上的认识过程比较一致，具有易教易学的优点. 应该说，这种体系十分成熟，获得了很大的成功. 然而，随着科学技术和人类现代文明的飞速发展，人们认识世界的条件、增长知识的方式和获取信息的渠道日渐丰富、不断完善. 很多昔日深奥难解的名词，今天已可闻于街巷，对诸多自然现象的认识，对各种科学概念的理解，已变得不困难. 在这样一种知识氛围和学习环境下，从中学物理到大学普通物理的教学内容都在不断地改革和深化. 于是，关于热物理各层次的教学内容之间不可避免地出现了较多的重复. 这种重复在一定程度上造成学习时间与精力的浪费，甚至可能使学习者对某些内容产生厌学情绪，使学习效益降低. 这必然要求对理论物理课的相应内容加以调整. 另外，随着现代科学成就在高新技术中的广泛应用，21 世纪对人才培养提出了更高的要求. 与其他学科一样，“热力学与统计物理学”课程体系的改革问题也就显得更加突出. 事实上，这种改革长期以来始终在进行着：一方面，从教学内容上着手，逐步增加统计物理的比重，力求尽可能地减少和避免与普通物理热学课程的重复；另一方面，从体系结构上着眼，国内外一些学校已在改变课程的传统体系方面作过尝试，出版了深度不同、风格相异的教材，希望建立以统计物理为主线的“热力学与统计物理学”教学体系. 但就目前情况来看，这种体系的建立和完善，无论在课程的深度、体系的严谨性和内容的取舍方面，还是在教材的实用性和教学实践方面，都有很多问题需要研究.

笔者从事物理专业本科“热力学与统计物理学”及相关课程的教学二十余年，曾采用和参考不同风格和体系的教材组织教学. 在教学实践中，通过不断地学习和探索，逐渐形成了以统计物理为主导的教学思想，并在此思想指导下编写了统计热力学讲义，这就是本书的前身. 统计热力学讲义印刷后，曾在内蒙古大学物理系、国家“数理科学基础研究和教学人才培养试验基地”试用过 4 次，部分内容还曾为物理类其他专业的相应课程选用. 在教学实践中，我们反复征求师生意见，不断进行修改、增补，始得本书. 将它献给读者，作为我们在建立宏观与微观理论统一的热物理教学体系方面的一点努力.

本书以统计物理的系综理论为纲来建立热物理学体系. 全书从描述宏观体系的微观理论出发，重点阐明统计物理的基本原理，同时也力求将热现象的宏观理论与微观理论有机地结合. 对于研究宏观热现象所需要的热力学基本定律和公式，本书不是将它们作为经验规律，而是用统计物理的理论导出. 至于通过实验观测和经验总结建立热力学基本定律的问题，由于普通物理的热学(分子物理学)已作过较为详尽的讨论，书中不作更多介绍. 另外，鉴于量子论在当今世界早已被广泛接受，本书一开始就将统计物理概念建立在量子力学基础上. 对于经典统计物理，我们只是将它作为量子统计物理的极限加以讨论. 为了使学生更好地掌握热物理的微观和宏观基本理论，并能运用这些理论去解决问题，书中不仅具体介绍了统计物理的典型实例，还用一定的篇幅讨论平衡态的热力学性质，介绍了研究相平衡、化学平衡等问题的宏观理论. 在内容的覆盖方面，本书充分考虑了国内这门课程的教学现状和普遍实施的教学大纲. 因此，虽然本书的体系与一些教材不同，但这并不影响它的兼容性. 除第 10 章以外，全书各章均配有一定数量的习题，以使学生在理论的运用方面得到训练，同时提高进一步深造的适应能力.

本书虽经数年试用、几度修补、反复订正，但限于水平，难免存在错误与疏漏之处，恳请读者不吝赐教.

本书的编写蒙国家教育委员会面向 21 世纪高等教育教材建设研究课题立项支持，出版得到内蒙古大学出版基金、教材建设基金的资助，专此致谢.

梁希侠　班士良

2000 年 6 月

目　　录

“虽然从历史上看，统计力学可以溯源于热力学的研究，但因为统计力学原理既优美而又简洁，同时还产生出一些新的结论并用一种在许多方面完全不同于热力学的新观点来评价原有的结论，所以作为一门独立的学科进行研究是很有价值的.”

——J. W. 吉布斯，1902 年

“统计力学是理论物理最完美的科目之一，因为它的基本假设是简单的，但它的应用却十分广泛.”

——李政道，1979 年

热物理理论体系

绪　　论

热现象是实际生活中最常见的宏观现象，它与宏观系统中大量粒子(包括原子、分子、分子团及其他粒子或更复杂的小体系)的无规运动即热运动相联系. 通常将这样的系统称为热力学系统. 我们知道，宏观物体包含的粒子数目很大. 例如，在标准状况下，1cm^3 的金属中原子数目的数量级为 $10^{23}\sim10^{24}$；密度较小的气体所含有的气体分子数也有 10^{19} 的量级. 在这些系统中，粒子的运动是极其复杂的，它们决定着系统的宏观性质，即所谓热力学性质. 研究热运动的规律及其对宏观性质影响的理论统称为热物理学. 热物理学包括“宏观”和“微观”两种理论：宏观理论称为热力学，微观理论称为统计物理学.

最初，人们根据日常经验和实验观测来认识热运动，掌握了宏观过程所遵从的规律，建立了描述这种现象的宏观理论——热力学. 这是一种唯象理论，它的核心是由经验总结出的四个热力学定律. 这些定律被大量实验事实所证实，反映了自然界发生的热现象遵从的基本法则. 运用这四个基本定律，可以导出热力学系统在宏观过程中各种性质演变的规律. 因此，热力学理论是一种十分普遍的理论. 然而，由于它的唯象性，热力学理论本身还无法预言具体物质的特性. 要描述物质的具体性质，还必须依赖实验获取的信息. 例如，对物态方程、比热容和对各种外界作用响应等的数据测量. 此外，作为一种宏观理论，热力学只能对热运动的宏观表现加以讨论，不能阐明热现象的微观运动本质，特别是对大量微观粒子无规运动导致的涨落现象不能给出解释.

统计物理学是热物理的微观理论. 事实上，宏观系统的热力学性质是由组成它的大量微观粒子的热运动所决定的. 统计物理学正是从分析这类系统中大量微观粒子的力学运动入手，通过对微观量进行统计平均，实现对宏观现象的描述. 统计物理学从基本假设出发，导出了宏观上相互独立的四个热力学基本定律；同时还能通过对特殊物质建立微观模型，实施统计平均，预言其具体的热学性质和宏观演化规律. 统计物理学的基本假设和理论预言从微观运动规律出发，不直接依赖宏观的实验测量结果. 因此，相对于"唯象理论"热力学而言，统计物理学的理论是"唯理"的，反映了热现象的微观本质. 诚然，微观物理模型的建立应该以对相关实验现象的认真分析为基础，所获得的结论也需要实验的进一步证实. 从这种意义上讲，统计物理学也是以实验为基础的理论. 正是由于从微观运动规律出发，统计物理学在通过对微观量统计平均获得系统宏观性质的同时，也对涨落现象给出了正确的理论解释.

统计物理学的理论主要分为两个方面：平衡态理论和非平衡态理论.

平衡态统计物理研究处于平衡态和趋向平衡态的系统的性质. 这方面的理论运用微观粒子运动普遍遵循的力学规律，获得了热力学的基本定律，与传统的热力学有同样普遍的应用范围，因此又称为统计热力学. 从克劳修斯(Clausius)、麦克斯韦(Maxwell)和玻尔兹曼(Boltzmann)等 19 世纪奠基分子运动论到 1902 年吉布斯(Gibbs)创立系综理论，平衡态统计物理的理论体系(经典统计理论)就基本形成. 20 世纪初量子论创立后，以玻色(Bose)、爱因斯坦(Einstein)、费米(Fermi)、狄拉克(Dirac)等为代表的科学家发展了量子统计物理学. 经过大约一个半世纪的发展，统计物理学关于平衡态的理论已十分成熟.

非平衡态理论包括非平衡态的统计物理和热力学，主要研究宏观系统远离平衡态的特殊性质. 这方面的理论在 20 世纪下半叶获得迅速发展，解决了大量统计热力学所不能解决的问题，得到广泛的应用. 非平衡态理论是在平衡态理论的基础上发展起来的，目前已生长为一门独立的课程，并日趋成熟. 学习非平衡态理论，需要先掌握平衡态统计理论及其对热力学问题的应用.

根据循序渐进的规律，在系统学习热物理理论之前，应该对经典的热学和分子物理学知识有基本的了解. 例如，关于平衡态和温度的概念，关于物态方程的实验结果和典型的表达形式，由大量实验观测结果归纳总结出的热力学第一、第二定律(热力学第三定律则需要用量子理论来解释)，气体压强的分子运动论解释和分子速度分布率等有关的知识，都包含在前期普通物理热学课程之中. 通过这一阶段的学习，学习者对总结归纳热力学基本定律所依据的主要实验现象和由此得出的结论，均有比较详细的了解. 从认识论的角度讲，由实验到唯象理论的认识过程(归纳过程)

已经在热学课程中完成. 作为知识的深化，理论物理的热物理学，则更注重揭示运动的本质，建立严格系统的统计物理理论体系，同时也更注重演绎推理方法的掌握. 鉴于这种考虑，我们将以统计物理为主线来研究热现象的宏观规律，力求实现宏观理论与微观理论的融合. 本书主要介绍与平衡态相关的理论，因此属于统计热力学范畴.

由吉布斯创立、后人不断完善的系综理论，是统计热力学理论的核心. 它引入统计系综的概念，由一个基本假设出发，系统地构建了从物质微观成分的性质导出宏观性质的系综理论. 运用系综理论，可以严格地导出热力学基本定律和各种热力学关系，方便地计算热力学函数，具体地讨论不同物质的热力学性质. 掌握这套理论，无论是对理论物理之思维和方法的训练，还是对应用理论解决涉及热现象的实际问题都是十分必要的.

系综理论最初是在经典力学的基础上创立的，随着对微观力学运动认识的深化，发展了量子统计理论. 事实上，就统计规律性本身而言，量子统计与经典统计没有本质区别，其不同只在于对力学规律的描述. 经典统计是量子统计在一定近似条件下的极限形式. 今天我们学习这套理论，没有必要重复历史的认识过程，完全可以直接从量子统计开始. 也许读者在学习统计热力学之前，还没有系统地掌握量子力学，但这并不影响我们掌握量子统计的理论. 历史上，量子统计理论就是在量子力学还没有完全建立的时候建立的. 只要对量子态和粒子的全同性有基本了解，就有可能对量子统计的理论有比较深入的理解. 其实，用量子语言来叙述统计物理比经典语言更加简单明了，且容易理解. 因此，我们对系综理论的讨论，从一开始就建立在量子论的基础上，而经典统计则仅仅作为它的极限结果给出. 不过，经典统计的描述方法和数学语言，在其适用范围内有着明显的优越性，有些还可以借用到量子统计当中，为计算带来很大方便，所以应该很好地掌握并灵活运用.

虽然统计物理学是较热力学更进一步的理论，但它并不能替代热力学. 热力学的方法从几个基本定律出发(这些定律最初是由实验总结出来的，本书将用统计物理学理论导出它们)，巧妙地运用数学工具，通过演绎推理，可以导出描述各宏观物理量之间关系的十分普遍的结果，为实验观测、实际应用与理论预言之间架设了可靠的桥梁. 统计物理用微观理论预言的宏观运动规律，必须与热力学定律一致；由统计物理方法研究具体体系的宏观性质，也必然反复运用热力学的基本概念、重要结论和演绎方法. 以统计物理为主线来阐述热物理学，并不意味着可以忽视对热力学方法的讨论. 本书也将在统计物理导出的热力学基本定律之基础上，用一定的篇幅介绍并实践这些方法.

第1章 预备知识

第1章 部分要点、难点视频

普通物理的热学课程，介绍了观测物体宏观热现象的基本方法和主要实验结果，确立了对宏观系统的状态及其经历的过程进行唯象描述的基本概念和方法，并根据实验观测结果总结出热力学的基本定律. 这些定律主要包括热平衡定律(或称热力学第零定律)、热力学第一定律和热力学第二定律(大多热学教材尚未涉及热力学第三定律). 以这些基本定律为支撑点，构建了热物理宏观理论——热力学的基本框架. 要准确认识热现象的微观本质，系统掌握统计物理的理论和方法，深入理解从微观到宏观的“统计热力学”理论体系，这些知识都是必要的基础. 另外，在系统学习统计物理的同时，我们还将进一步深化对热力学理论的理解和应用. 这要求我们懂得热现象的宏观描述方法，熟悉热力学的基本定律. 为此，在讨论热现象的微观理论之前，回顾热学中给出的有关重要结论是十分必要的.

如前所述，研究热现象的正确微观理论，应该建立在力学运动的量子理论——量子力学的基础上. 因此，理解量子力学的基本概念，至少了解其描述微观粒子和体系力学运动状态的基本知识，对学习统计热力学也是十分必要的. 考虑到多数读者可能还没有系统地学习过量子力学，作为预备知识，本章还将简要介绍这方面最基本的概念和方法.

此外，为便于以下的学习和讨论，本章还将给出书中经常用到的一些数学概念和基本公式.

1.1 热学有关结论回顾

物理学家在人类实践活动和实验观测获得的感性知识基础上，提出了描述宏观过程的基本概念和方法，建立了相应的唯象理论——热力学. 通过普通物理学的学习，我们对这种唯象理论和方法已经有了基本的了解. 这里简要回顾相关的基本概念和重要结论[①].

---

① 详细内容可参阅有关教材. 例如：

赵凯华，罗蔚茵. 2019. 新概念物理教程 热学. 3版. 北京：高等教育出版社；

秦允豪. 2018. 普通物理学教程 热学. 4版. 北京：高等教育出版社；

包科达. 2001. 热物理基础. 北京：高等教育出版社.

1. 热平衡定律——温度

热力学首先研究物体的一种最基本的状态——平衡态. 所谓**平衡态**，是指这样一种状态，即**在没有外界影响的情况下，物体(或称系统)各部分性质长时间不变**.

这里所讲的外界影响，包括做功、传热和物质交换. 如果没有外界的影响，则经过足够长时间后，系统的性质将不随时间改变，或者说系统达到平衡态. 通常将断绝外界影响到系统达到平衡态所需要的时间称为**弛豫时间**. 所谓不随时间改变，是一个相对的概念，即在相对长的观测时间内系统的性质不发生变化.

没有外界影响的系统称为**孤立系**. 若彼此**热接触**(可以“传热”方式交换能量)的两系统组成孤立系，则经过足够长的时间，系统将达到平衡态. 我们称这两个系统已达到**热平衡**. 经验证明，**如果在没有外界影响的条件下，两系统分别与第三个系统发生热接触，而它们的性质不发生变化，则这两个系统必处于热平衡**. 这就是**热平衡定律**，又称为**热力学第零定律**.

热力学第零定律为准确地定义和测量温度提供了理论依据. 根据该定律，我们可将温度的定义表述为：**相互热平衡的系统具有相同的温度**. 对上面提到的“第三个系统”经过适当标定，就可用作“测温元件”来测量温度.

在没有引入温度之前，我们有 4 种描述系统状态的变量. 它们是几何变量(如体积、面积等)、力学变量(如压强、表面张力等)、化学变量(如化学成分等)和电磁变量(如电场强度、磁场强度等). 温度是热学中特有的新一类物理量，称为热学变量. 上述 5 种变量均为宏观参量. 由它们描述的物体称为热力学体系，简称为物体系. 物体系的宏观性质可以唯一、完全地被这些参量确定. 因此，可以将它们称为**状态参量**.

依据热力学第零定律引入的热学变量——温度，可以表示为前述 4 种非热学变量的函数，从而建立描述物体系在平衡态的状态方程，称为**物态方程**. 考虑一种最简单的情形：无外场作用和化学变化的封闭系统(**封闭系统**指外界仅对其做功和传热而与其无物质交换)，该系统各部分的性质完全相同(均匀系)，且仅通过体积变化对外界做功，这样的系统称为**简单均匀系**. 其平衡态可以用压强(记为 p)和体积(V)两个变量描述，物态方程便可写为

$$T = T(p, V). \tag{1.1.1}$$

这里的温度 T 通常指绝对温标的温度值.

物态方程表达热力学物理量(p, V, T)之间的关系，是最简单的热力学函数.

2. 热力学第一定律——内能

热力学第一定律是描述宏观过程的能量守恒与转化的定律. 在引入热能的概念以前，我们已经知道机械能、电磁能的转化与守恒定律. 在此基础上，考虑热运动

能量的传递(热交换)，便获得完整的能量守恒与转化定律. 将机械能和电磁能的传递通称为做功，定义物体系的总能量为**内能**，完整的能量守恒定律可以表述为：**物体系经历任意变化过程，内能的增加为外界对物体系做功和从外界吸收的热量之和**. 这就是**热力学第一定律**，其数学表述形式为

$$dE = đQ + đ\mathscr{W} . \tag{1.1.2}$$

式(1.1.2)中用到的记号 đ 与一般的微分符号不同，表示微变化 $đQ$ 和 $đ\mathscr{W}$ 并非完整微分. 当物体系达到平衡态时，其宏观状态可以用一组变量来描述. 如果一宏观物理量可以表示为这些变量的函数，则称之为**态函数**.

物体系状态的变化称为**过程**. 为便于讨论，热力学还引入准静态过程的概念. 所谓**准静态过程，是指物体系在过程进行的每一步都处于平衡态的过程**. 诚然，准静态过程是一种不可能精确实现的理想化过程，它只是我们用来研究实际过程的近似代表.

态函数在无限小准静态过程中的增量为完整微分，在有限过程中的改变为其完整微分的积分，该积分与路径无关. 这就是说，态函数经历任意过程的改变只与系统的初、终态有关，而与过程无关. 物体系的内能、体积、压强和温度等均为态函数. 至于功和热量，它们都是能量传递的形式，均与过程本身有关，所以系统在无限小过程中吸收的无穷小热量 $đQ$ 和外界对系统所做的无穷小功 $đ\mathscr{W}$ 都不是完整微分，热量和功不是态函数.

历史上将一些发明家试图创造的无需消耗能量即可做功的机器称为第一类永动机. 这种机器显然违反热力学第一定律即能量守恒律. 因此，热力学第一定律又常表述为：

第一类永动机是不可能造成的.

热力学第一定律引进了内能的概念. 与温度的概念类似，内能也是热力学中特有的物理量.

3. 热力学第二定律——熵

热力学第二定律是描述宏观过程进行方向的定律. 根据实际观测经验和大量实验事实，人们总结出一条规律，即**一切与热运动相关的宏观过程都是不可逆的**. 这就是热力学第二定律. 这里所说的**可逆过程**，是指可以完全逆转而不产生其他影响的过程. 例如，气体绝热(与外界没有传热形式的能量交换)自由膨胀、热传导、摩擦生热等过程都是不可逆的. 准静态过程是可逆过程. 可以证明，各种不可逆过程事实上都是等价的. 因此，可以用任何一种不可逆过程来表述热力学第二定律. 常见的说法有：

克劳修斯说法　**不能将热量由低温物体传向高温物体而不引起其他变化**. 这一

说法反映热传导过程的不可逆性.

开尔文(Kelvin)说法 **不能从单一热源吸热，使之完全变为有用功而不产生其他影响**. 这一说法反映摩擦生热过程的不可逆性.

人们将违背热力学第二定律的热机称为“第二类永动机”，与第一定律的说法相对称，热力学第二定律通常又表述为如下形式：

第二类永动机是不可能造成的.

为了便于描述过程进行的方向，人们引进态函数——熵，通常用字母 S 代表，它的定义是：对于任何微小的热力学可逆过程，**熵**的增量为

$$dS = \frac{đQ}{T}, \tag{1.1.3}$$

式中，$đQ$ 为物体系从外界吸收的热量，T 为外界的温度.

运用熵的概念，可以写出热力学第二定律的数学表述：对于孤立系

$$dS \geqslant 0. \tag{1.1.4}$$

式中，大于号对应不可逆过程，等号对应可逆过程. 该式给出**熵增加原理：孤立系经历任意微小过程，其熵不减**. 换句话说，孤立系的自发变化只能沿熵增加的方向进行，直至系统达平衡态而熵不再变化.

考虑只通过改变体积做功的简单均匀系统的准静态过程，综合热力学第一、二定律，我们有

$$TdS = dE + pdV. \tag{1.1.5}$$

如果体积不变，上式可演化为

$$\frac{1}{T} = \left(\frac{\partial S}{\partial E}\right)_V. \tag{1.1.6}$$

热力学第二定律引进了熵的概念. 与温度和内能的概念类似，熵也是一个热力学中特有的物理量.

4. 热力学函数

热力学第零、第一和第二定律引入的热力学量温度、内能和熵，都是态函数，称为热力学函数. 热学中还介绍了其他热力学函数.

热容量——物体系升高单位温度所吸收的热量，数学表式为

$$C = \frac{đQ}{dT}.$$

在压强和体积不变的前提下，相应的热容量为**定压热容量**与**定容热容量**

$$C_p = \left(\frac{đQ}{\partial T}\right)_p ,$$

$$C_V = \left(\frac{đQ}{\partial T}\right)_V .$$

焓——物体系经历等压可逆过程从外界吸收的热量为焓的增量，数学表式为

$$H = E + pV . \tag{1.1.7}$$

自由能——物体系经历等温可逆过程外界对其做的功为自由能增量，数学表式为

$$F = E - TS . \tag{1.1.8}$$

1.2 单粒子的微观状态

19 世纪末到 20 世纪初，牛顿(Newton)经典力学在解释一些基本的物理学实验现象(如黑体辐射和固体低温比热容等)时遇到了极大的困难. 物理学家开始构造更精确的力学框架——量子力学，用以理解微观粒子的运动规律. 实验结果表明，微观粒子具有**波粒二象性**：它一方面表现出我们所熟悉的粒子性；另一方面又可观察到干涉和衍射现象，表现出波动性. 同时，光波等波场也表现出粒子的特征. 1924 年，德布罗意(de Broglie)提出：能量为 ε、动量为 $\boldsymbol{p}$ 的自由粒子，对应于角频率为 ω、波矢量为 $\boldsymbol{k}$ 的平面波，满足下述关系：

$$\varepsilon = \hbar\omega, \qquad \boldsymbol{p} = \hbar\boldsymbol{k} . \tag{1.2.1}$$

上式称为**德布罗意关系**，是微观粒子波粒二象性的统一. 微观粒子的这种波又称为**德布罗意波**. 式中，$\hbar = h/2\pi$，$h \approx 6.626\times10^{-34}\,\mathrm{J\cdot s}$，称为**普朗克**(Planck)**常量**.

基于微观粒子的波粒二象性，海森伯(Heisenberg)于 1927 年提出了**不确定性原理**(又译为**测不准原理**)，其重要结论之一为：不可能将粒子的坐标和动量同时确定. 若用Δp_x和Δx分别表示粒子在x方向的动量和坐标的不确定范围，则有

$$\Delta p_x \Delta x \approx h . \tag{1.2.2}$$

在经典力学中，微观粒子的坐标和动量是同时确定的，一组坐标和动量描述粒子的一个运动状态，通常称为**微观状态**；坐标、动量等力学量连续取值，粒子的运动有确定的轨道. 而在量子力学中，根据不确定性关系式(1.2.2)，微观粒子的坐标与动量不能同时确定，力学量往往不能连续取值，是“量子化”的，粒子运动没有确定的轨道. 异于经典力学，我们用一组**量子数**表征微观粒子运动状态，并将之称为**量子态**. 表征量子态的这组量子数与一组力学量对应，其个数为粒子的**自由度数**. 在大量实际问题中，上述的量子化特征不明显(对关注的问题影响甚微)，相当于取 $\hbar\to0$ 的极限，量子力学则趋于其经典极限——经典力学.

下面通过几个常用的例子说明单粒子微观状态的量子力学描述及其经典极限.

1. 自由粒子

不受外力作用而自由运动的粒子为自由粒子. 理想气体中的分子、金属中的电子通常可作为自由粒子来考虑. 自由粒子的运动是最简单的运动，同时也是最基本的运动. 让我们来讨论这种运动的量子态.

首先考虑一维情形. 假定一自由粒子在沿 x 方向、长度为 L 的一维容器中运动. 量子力学采用周期性边界条件对其德布罗意波求解，可得如下关系：

$$L = |n_x|\lambda, \qquad n_x = 0, \pm 1, \pm 2, \cdots. \tag{1.2.3}$$

式中，λ为德布罗意波长，n_x为**一维自由粒子**运动状态的量子数，取 ± 号表示波动有两个相反的传播方向. 相应的波矢取为

$$k_x = \pm\frac{2\pi}{\lambda} = \frac{2\pi n_x}{L}. \tag{1.2.4}$$

将式(1.2.4)代入式(1.2.1)可验证式(1.2.2).

代入式(1.2.1)得动量的可能值为

$$p_x = \hbar k_x = \frac{2\pi\hbar}{L} n_x. \tag{1.2.5}$$

可见，自由粒子动量(波矢)只能取分立值. 相应的能量可能值也是分立的，称为**能级**. 在不考虑相对论效应时(即非相对论性粒子)，用式(1.2.5)可将自由粒子能级写为

$$\varepsilon_{n_x} = \frac{p_x^2}{2m} = \frac{2\pi^2\hbar^2}{m}\frac{n_x^2}{L^2}, \qquad n_x = 0, \pm 1, \pm 2, \cdots. \tag{1.2.6}$$

式中，m 为粒子静止质量.

容易算出相邻能级之间的能量间隔为

$$\Delta\varepsilon_{n_x} = \varepsilon_{n_x+1} - \varepsilon_{n_x} = \frac{2\pi^2\hbar^2}{m}\frac{2n_x+1}{L^2}. \tag{1.2.7}$$

倘若具有相同能量(处于同一能级)的状态不止一个，则称为能级简并，而该能级所包含的状态数目称为**简并度**. 由式(1.2.6)可知，对于一维自由粒子，当$n_x \neq 0$ 时，对应于同一能级的状态有两个(n_x取正负两个相反数)，为二重简并.

上面结果容易推广到三维情形. 对于三维自由粒子，由式(1.2.5)和式(1.2.6)易知，动量分量的可能值为

$$p_i = \frac{2\pi\hbar}{L} n_i, \qquad n_i = 0, \pm 1, \pm 2, \cdots. \tag{1.2.8}$$

式中，$i=x, y, z$. 相应的能量可能值则为

$$\varepsilon_n=\sum_i \frac{p_i^2}{2m}=\frac{2\pi^2\hbar^2}{m}\frac{n_x^2+n_y^2+n_z^2}{L^2}, \qquad n_x=0,\pm1,\pm2,\cdots . \tag{1.2.9}$$

此时，粒子的量子态须用n_x、n_y和n_z三个量子数来表征，能级的简并较一维情形复杂. 例如，满足$n_x^2+n_y^2+n_z^2=1$的能级，共有 6 个可能的状态，简并度为 6.

2. 线性谐振子

统计物理研究的对象经常涉及小振动问题，如双原子气体分子的相对振动、固体原子的振动等，这类问题常可简化为简谐振动来处理. 最简单的情形是一维线性谐振子. 量子力学解得谐振子的能量为分立谱，即不连续的量子化能级. 线性谐振子自由度为 1，只需一个量子数 n 便可描述其量子态. 能量的可能值为

$$\varepsilon_n=\hbar\omega\left(n+\frac{1}{2}\right), \qquad n=0,1,2,\cdots . \tag{1.2.10}$$

式中，ω为谐振子的**角频率**. 由上式易知，能级ε_n是非简且等距离分布的. 能级间距

$$\Delta\varepsilon_n=\varepsilon_{n+1}-\varepsilon_n=\hbar\omega \tag{1.2.11}$$

为常量，谐振子基态能量即零点能为$\varepsilon_0=\hbar\omega/2\neq0$，也是一种量子效应.

3. 电子的自旋

施特恩(Stern)-格拉赫(Gerlach)实验(参阅图 1-1)验证了电子自旋的存在：当处于 s 态的氢原子束垂直通过外加磁场(方向为 z)时，其运动轨道沿磁场方向偏转而劈裂为两束. 这说明氢原子的磁矩不为零，且在外磁场作用下有两个不同的取向. 我们知道，s 态的氢原子轨道角动量为零，因此没有轨道磁矩，这一磁矩应是电子固有的内禀磁矩，我们将它称为**自旋磁矩**. 记电子自旋磁矩为 $\boldsymbol{\mu}$，外磁场为 $\boldsymbol{B}$，两者夹角为 θ，电子自旋与外场的相互作用能则为

$$\varepsilon=-\boldsymbol{\mu}\cdot\boldsymbol{B}=-\mu B\cos\theta . \tag{1.2.12}$$

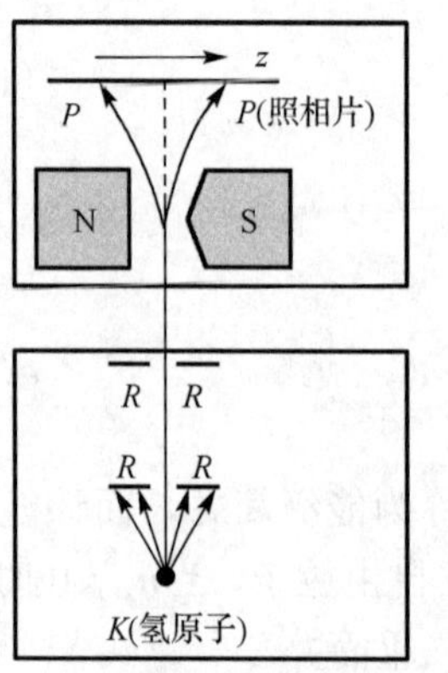

图 1-1 Stern-Gerlach 实验示意图

实验中观察到的两条线对应于 $\cos\theta=+1$ 和-1. 可见电子磁矩在外磁场中只能有两个取向，即沿 z 和$-z$ 方向. 1925 年，乌伦贝克(Uhlenbeck)将此现象解释为电子具有自旋角动量 $\boldsymbol{S}$，它在空间任意方向，如 z 方向的投影只能取两个值：$S_z=\pm\hbar/2$. 写电子自旋磁矩为

$$\boldsymbol{\mu} = -\frac{e}{m}\boldsymbol{S}. \tag{1.2.13}$$

电子在磁场中能量的允许值则为

$$\varepsilon_{\mathrm{e}} = -\boldsymbol{\mu}\cdot\boldsymbol{B} = \pm\frac{e\hbar}{2m}B. \tag{1.2.14}$$

由以上讨论可知：电子自旋具有一个自由度，其绝对值为 $\hbar/2$，它在 z 方向的投影可为$\pm\hbar/2$，即有两个不同的量子态. 或者说，电子自旋量子数可取值为±1/2. 在无外磁场时，电子的两个自旋态具有相同的能量，即能级简并，简并度为 2.

4. 经典极限

如果微观粒子量子态的相邻能级间隔远小于热能的典型值kT，在研究物系热力学性质时就可以忽略这个差别，这相应于量子力学取$\hbar\to 0$ 的极限情形. 这时，微观粒子只显示粒子性，可近似地认为其坐标和动量同时有确定值，这就是经典极限. 在此极限下，粒子的微观态可用其坐标和动量来描述. 如果粒子的自由度为r，其一个状态便对应r个确定的广义坐标分量和r个广义动量分量，可分别记为q_1，q_2，…，q_r和p_1，p_2，…，p_r.粒子的能量则可写为这些广义坐标和动量的函数，即

$$\varepsilon = \varepsilon(q_1, q_2, \cdots, q_r; p_1, p_2, \cdots, p_r). \tag{1.2.15}$$

为了比较直观地描述粒子的微观运动状态，我们用 r 个广义坐标和 r 个广义动量为坐标，构成一个 $2r$ 维几何空间，称为 μ **空间**(或分子空间). 于是，粒子的一个状态便可用 μ 空间中的一点来表示，称为**代表点**. 粒子的各个不同状态与 μ 空间中的代表点形成一一对应关系. 粒子状态随时间的连续变化则对应于 μ 空间代表点运动形成的轨迹.

先考虑前面讨论的一维自由粒子，其状态可用坐标x和动量 $p_x = m\dot{x}$ 描述，满足$0\leqslant x\leqslant L$和$-\infty<p_x<\infty$. 能量为

$$\varepsilon = \frac{p_x^2}{2m}, \tag{1.2.16}$$

可以连续取值. 在描述此粒子运动的二维μ空间中，给定动量p_x的粒子的运动状态分布在平行于x轴，x取值由 0 到L的直线段上.代表点的轨迹是一条如图所示的水平直线段. 能量值确定($\varepsilon=C$)的状态则分布在相互平行的两条直线段上. 如果粒子的动量取任意值，其轨道便布满平面上 $0\leqslant x\leqslant L$的带状区域(图 1-2).

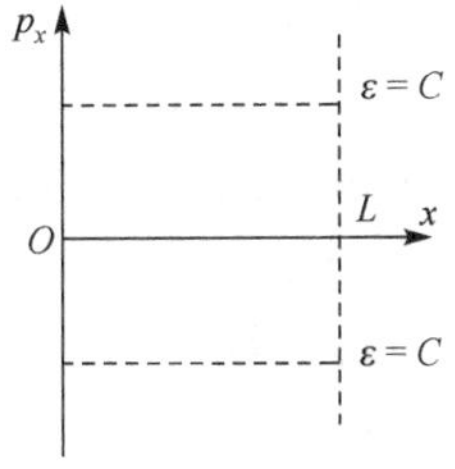

图 1-2 一维自由粒子 μ 空间示意图

对于三维自由粒子，相应的 μ 空间是六维的，其中一点对应一组 3 个坐标分量和 3 个动量分量，代表一个单粒子的

微观态. 其能量与动量的关系可以写为

$$\varepsilon=\sum_i \frac{p_i^2}{2m}, \qquad i=x,y,z . \tag{1.2.17}$$

此时，能量的取值是连续的. 给定能量为 ε 的粒子之状态分布在六维 μ 空间中满足上述方程的五维的等能“曲面”上.

质量为 m 的粒子在弹性力 $f=-Ax$ 作用下沿 x 方向做一维简谐振动，为一维谐振子. 在经典极限下，粒子的动量可写为 $p_x=m\dot{x}$，一个给定的状态对应于二维 μ 空间中的一点 $(x，p)$. 根据牛顿第二定律

$$m\frac{\mathrm{d}^2x}{\mathrm{d}t^2}=-Ax , \tag{1.2.18}$$

易解得简谐振动角频率 $\omega=(A/m)^{1/2}$. 粒子的能量为

$$\varepsilon=\frac{p^2}{2m}+V(x)=\frac{p^2}{2m}+\frac{1}{2}m\omega^2x^2 , \tag{1.2.19}$$

式中，$V(x)$ 为粒子的势能. 还可将式(1.2.19)改写为

$$\frac{p^2}{2m\varepsilon}+\frac{x^2}{\dfrac{2\varepsilon}{m\omega^2}}=1 . \tag{1.2.20}$$

正是我们熟知的椭圆方程. 如果粒子的能量 ε 为定值，其运动状态的代表点在 μ 空间应构成一椭圆. 椭圆的两个半轴分别为 $(2m\varepsilon)^{1/2}$ 和 $[2\varepsilon/(m\omega^2)]^{1/2}$. 当能量 ε 可取任意值时，其轨道可布满整个 μ 空间.

5. μ空间的微观状态数

对经典粒子状态的描述是在 μ 空间中进行的，粒子运动的代表点在此空间中连续分布，因此其状态是不可数的. 事实上，这种连续分布只不过是量子态的离散分布的极限. 可以认为，μ 空间中一定的体积(不是每一点)对应一个量子态. 根据这种对应关系，可以得出经典粒子在 μ 空间任一体积(相体积)中的**微观状态数**.

现在，我们用前面给出的一些例子说明这种对应关系.

对于局限在长度为 L 的容器中的一维自由粒子，其坐标的不确定范围为 $\Delta x\sim L$. 根据不确定性原理，动量的不确定范围应为 $\Delta p_x\sim 2\pi\hbar/L$. 因此，处于 n_x 态的自由粒子在 $x\sim p_x$ 平面占据的面积应为 h，即一维自由粒子的一个量子态对应 μ 空间的面积 h.

可以证明：一维谐振子的一个可能状态在 $x\sim p_x$ 平面占据的面积亦为 h.

将一维情形推广至三维自由粒子，可知其一个量子态在三维 $\boldsymbol{r}\sim\boldsymbol{p}$ 空间占据的体积应为 h^3. 以此类推，一般来讲，自由度为 r 的粒子的一个微观态在 μ 空间占据的体积为 h^r. 这一点亦可用不确定性原理来说明.

考虑自由度为 r 的粒子，由不确定性原理式(1.2.2)知广义坐标和广义动量的不确定范围为

$$\Delta p_1\Delta p_2\cdots\Delta p_r\Delta q_1\Delta q_2\cdots\Delta q_r = h^r. \tag{1.2.21}$$

因此，若用广义坐标和广义动量来描述微观态，相当于在μ空间中h^r的体积范围内的态是不能区分的. 这就是说，这一体积只能对应一个量子态. 换句话讲，就是**每个可能的微观状态在 $2r$维μ空间中所占体积为h^r**. 这一关系通常称为**对应关系**. 于是，我们常近似用μ空间一小体积代表单粒子量子态，称为**半经典近似**.

有了上述对应关系，我们便可以讨论 μ 空间中某个体积元中的微观状态数. 考虑将 μ 空间划分为一系列格子(小的区域)，称为**相格子**，第 l 个相格子的体积元为

$$\Delta\omega_l = \Delta p_{1l}\Delta p_{2l}\cdots\Delta p_{rl}\Delta q_{1l}\Delta q_{2l}\cdots\Delta q_{rl}, \qquad l=1,2,\cdots.$$

在$\Delta\omega_l$中可能的微观状态数则为

$$\frac{\Delta\omega_l}{h^r} = \frac{\Delta p_{1l}\Delta p_{2l}\cdots\Delta p_{rl}\Delta q_{1l}\Delta q_{2l}\cdots\Delta q_{rl}}{h^r}. \tag{1.2.22}$$

根据对应关系，一个三维自由粒子在动量由 p_i 到$p_i + \mathrm{d}p_i$，坐标由 i 到$i + \mathrm{d}i$ ($i = x, y, z$)的范围内，或者说在六维μ空间体积元$\mathrm{d}p_x\mathrm{d}p_y\mathrm{d}p_z\mathrm{d}x\mathrm{d}y\mathrm{d}z$中可能的微观状态数应为

$$\frac{1}{h^3}\mathrm{d}p_x\mathrm{d}p_y\mathrm{d}p_z\mathrm{d}x\mathrm{d}y\mathrm{d}z. \tag{1.2.23}$$

若将体积求和(积分)，可得出在体积V中、动量范围为$\boldsymbol{p}$到$\boldsymbol{p} + \mathrm{d}\boldsymbol{p}$($\mathrm{d}p_x\mathrm{d}p_y\mathrm{d}p_z$)内的微观状态数为

$$\frac{1}{h^3}\mathrm{d}p_x\mathrm{d}p_y\mathrm{d}p_z\int_0^L\int_0^L\int_0^L\mathrm{d}x\mathrm{d}y\mathrm{d}z = \frac{V}{h^3}\mathrm{d}p_x\mathrm{d}p_y\mathrm{d}p_z. \tag{1.2.24}$$

在体积 V 中，动量的绝对值在 p 到 $p+\mathrm{d}p$ 范围(动量壳层)内的微观状态数则为

$$\frac{V}{h^3}p^2\mathrm{d}p\int_0^{\pi}\sin\theta\mathrm{d}\theta\int_0^{2\pi}\mathrm{d}\varphi = \frac{4\pi V}{h^3}p^2\mathrm{d}p. \tag{1.2.25}$$

动量值在 p 附近，单位动量间隔内的微观状态数则为

$$g(p) = \frac{4\pi V}{h^3}p^2. \tag{1.2.26}$$

通常，将 $g(p)$ 称为动量**态密度**.

对非相对论性自由粒子，其能量与动量的关系为

$$\varepsilon = \frac{p^2}{2m},$$

于是有

$$p=(2m\varepsilon)^{1/2},\quad \mathrm{d}\varepsilon=\frac{p\mathrm{d}p}{m},\quad p^2\mathrm{d}p=m(2m\varepsilon)^{1/2}\mathrm{d}\varepsilon\ .$$

将上述式子代入式(1.2.25)，可得能量在 ε 到 $\varepsilon+\mathrm{d}\varepsilon$ 范围(能量壳层)内的单粒子微观状态数目为

$$D(\varepsilon)\mathrm{d}\varepsilon=\frac{2\pi V}{h^3}(2m)^{3/2}\varepsilon^{1/2}\mathrm{d}\varepsilon\ . \tag{1.2.27}$$

式中，$D(\varepsilon)$为非相对论性三维自由粒子的能量态密度.

以上的讨论均未涉及粒子的自旋. 如果考虑自旋，并注意到其简并性，自由粒子可能的微观状态数应在上述结果中乘以自旋简并度. 对三维自由电子情形，计入自旋时的微观状态数是不计自旋时的 2 倍.

1.3 多粒子系的微观状态

1.2 节简要讨论了粒子微观态的量子力学和经典力学描述,尚未涉及多粒子体系. 统计物理所研究的体系是由大量微观粒子组成的宏观系统. 从微观上看，系统的运动服从力学规律，与其微观状态相应的物理量称为**微观量**. 表征系统宏观性质的可测量为**宏观量**. 但是，宏观系统的热运动是无规则的，系统所处的微观状态并不能完全由力学运动规律给出，它们的出现遵从所谓的**统计规律**性. 统计物理的基本任务就是寻找这种统计规律，并运用它通过对系统微观运动的分析而获得其宏观性质. 为此，我们需要首先研究对系统微观状态的描述.

系统的一个微观状态是指组成该系统的各个粒子所处某确定单粒子状态的组合. 若一系统含有大量微观粒子，而每个粒子又有诸多单粒子微观态，则系统的微观状态数是极其庞大的. 为了描述多粒子系统的微观状态，一个最简单的考虑就是给出所有粒子的单粒子微观态. 然而，如果粒子的物理性质完全相同，我们将无法区别它们，因此也无法分别确定每个单粒子所处的微观状态. 于是，在描述多粒子系统时，必然涉及粒子的全同性，系统的微观状态只能由粒子在各个单粒子态上的分布确定.

1. 粒子的全同性

统计物理研究的系统多为性质完全相同的微观粒子组成的系统. 我们将这类系统称为**全同粒子系**.

用经典观点来看，由于每个粒子的运动都有确定的轨道，它们各占据自己的状态，尽管粒子完全相同，我们仍然可以区分它们. 因此，用经典力学描述多粒子系统的微观状态，粒子总是可分辨的. 因为经典粒子的分辨主要依据其在空间的定域(多个粒子不可能同时占据同一空间位置)，所以常将可分辨全同粒子系统称为**定域**

子系统. 经典系统的微观状态描述比较简单，只需给出各单粒子的广义坐标和动量即可.

与经典物理不同，量子理论认为性质相同的粒子遵循**全同性原理：性质完全相同的粒子彼此绝对不可区分**.

我们不可能用任何方法对全同粒子编号或加以区分. 它们中的任意两个交换运动状态，都不会造成任何可观察到的变化. 这就是说，交换任意两个粒子的状态，不改变系统的微观状态. 量子力学的全同性，主要来自粒子的波动性. 因为具有波动性，微观粒子不是局域在空间很小的范围内，而是弥散在整个允许存在的空间. 原则上，我们不可能从空间上分开两个粒子(两列叠加在一起的波)，所以它们是不可分辨的. 我们只能说出处于某个单粒子态的粒子的个数，而不可能确定哪些粒子处于该状态. 这样，对微观态的描述便不是给出每一粒子所处的单粒子态，而是给出系统的粒子在各可能的单粒子态的分布情况. 这个分布一旦确定，我们就确定了系统的微观状态. 需要指出，对于不同类型的粒子，这种分布遵从不同的原则，导致了不同的统计方法.

2. 三种量子系统

粒子在可能单粒子态的分布遵从何种原则，取决于它们的自旋特征. 自旋是微观粒子的一种基本属性，各类不同的粒子有不同的自旋. 由于自旋的不同，全同粒子系统的统计性质也会有较大的区别. 一类粒子对单粒子态的占据，受到**泡利**(Pauli)**不相容原理——不能有两个粒子同时处于相同的单粒子态**的制约. 这种粒子称为**费米子**(fermion). 另一类粒子不受泡利不相容原理的限制，称为**玻色子**(boson). 在特殊情况下(定域)，全同粒子可以分辨，上述两种系统共同趋向一种“类经典”系统. 将类经典系统单列，量子系统可根据其统计性质不同而分为三类.

1) 玻色子系统

自旋为整数和零的微观粒子为玻色子. 量子系统中粒子在各可能的单粒子态上分布，必遵从全同性原理：交换任意两个粒子的状态不构成系统新的微观状态. 这是全同性粒子共有的性质. 玻色系的特殊性在于：任意一个单粒子态对填充的粒子数无限制，也就是说，允许有多个(≥2 个)玻色子处于同一单粒子态. 例如，光子的自旋量子数为 1，是典型的玻色子. 对光子气体的微观态描述应采用玻色统计法.

2) 费米子系统

自旋为半整数(1/2，3/2，…)的微观粒子受泡利不相容原理限制，为费米子. 作为微观粒子系，费米子组成的系统也遵循全同性原理，即交换任意两个粒子不构成系统新的微观状态. 不同的是：费米系还受到泡利不相容原理的限制，即任意一个单粒子态最多只能被一个粒子占据，不可有多个粒子同处一个单粒子态. 例如，电子、质子和中子的自旋量子数均为 1/2，都是典型的费米子，适用费米统计法.

3) 定域子系统

特殊情形下，粒子的全同性显得并不重要，我们可以用某种办法来区分它们. 例如，当粒子间距比单粒子位置不确定性的范围大得多时，即各粒子“波包”互不交叠，我们便可通过粒子的空间位置来区分它们. 这类系统称为**定域子系统**. 这类体系的一个典型例子就是晶体格点上的原子. 定域子可以编号，交换任意两个粒子可构成系统新的微观状态. 这样的系统又称为**麦克斯韦-玻尔兹曼系统**，简称**玻尔兹曼系统**，所适用的统计法为玻尔兹曼统计法. 就统计法而言，这类系统与经典系统没有本质区别. 因此，我们称其为“类经典”系统，相应的统计法有时也称“经典”统计法. 需要指出的是，采用定域子近似并不意味粒子已完全退化为“经典粒子”，它们仍须用量子力学描述. 例如，单粒子的能级可能还是分立的，单粒子态仍须用一组量子数而不能用确定的坐标和动量描述. 对这种系统微观状态的描述，可以通过给出各粒子所处的单粒子态来实现.

为了更形象地说明三种系统的不同统计性质，我们就最简单的二粒子两态（设粒子仅有两个可能的单粒子态）情形列表（表 1.1）加以说明.

表 1.1　二粒子两态系的微观状态

单粒子态	玻色系		费米系		玻尔兹曼系	
	1	2	1	2	1	2
	AA		A	A	AB	
		AA	--------			BA
二粒子分布	A	A	--------		A	B
	--------		--------		B	A
	3 种不同分布		1 种分布		4 种不同分布	

考虑由两个粒子组成的系统，每个粒子有两个可能的单粒子微观状态. 系统的各微观态则由两个粒子的不同组态给出. 由表可见，不同类型系统的粒子对态的分布数目有很大的不同. 同是二粒子两态系，玻色子组成的系统的分布数目（可能的微观状态数）为 3，费米系统可能的态数仅为 1，玻尔兹曼系统则有 4 种可能的分布方式.

多粒子系中粒子的全同性表现在它们的**哈密顿量**（能量）表达式中. 为简单起见，我们以理想气体为例加以说明. 一般说来，全同粒子系的粒子之间是有相互作用的. 正是因为有了这种相互作用，系统内的粒子才能互传能量，物体系才得以经过长时间后达到平衡态. 有时，粒子间的相互作用很微弱，它虽能导致系统的平衡，但对其总能量的贡献可以忽略不计. 我们称这种系统内的粒子为**近独立粒子**，由它们组成的系统为**近独立粒子系统**. 例如，常温下的稀薄气体、金属中的自由电子系统、通常意义下的光子系统等均视为近独立粒子系统. 研究近独立粒子系统的统计性质时，可以不考虑粒子间的相互作用，因此有时也简单地称之为独立粒子系统，或称为（广义的）**理想气体**. 在这种情形下，系统的哈密顿量（总能量）可写为单粒子哈密顿量(能量)之和.

设有 N 个近独立的自由度为 r 的全同粒子组成一个热力学系统，其哈密顿量可写为

$$H=\sum_{i=1}^{N}h_i\ ,\tag{1.3.1}$$

式中，h_i为第i个粒子的单粒子哈密顿量. 对于由一种全同粒子组成的体系，所有粒子的h_i的表达形式完全相同. 在量子力学中，上述系统的能量为描述所有单粒子量子态的量子数的函数，这些量子数的个数即系统的自由度数目为rN. 全同粒子系所有粒子的量子态用相同的量子数描述. 在经典情形，h_i(或记为ε_i)可写为第i个粒子的r个广义坐标和r个广义动量的函数，其函数形式对所有全同粒子是相同的. 系统的总能量E则是N个粒子的rN个广义坐标和rN个广义动量的函数.

多粒子系的总能量的可能值构成一系列能级. 当系统的总能量确定(即处于某一能级)时，其微观状态还不能完全确定，因为各粒子在单粒子态上的分布尚未确定. 不同的分布将给出系统不同的微观态，这些微观态的数目即系统能级的简并度. 由于实际宏观系统的粒子数和单粒子状态数都是大数，这种分布的数目往往十分巨大. 因此，与统计性质有关的上述三种系统的微观状态数均为大数，其间差别也很大. 这些差别直接导致三种热力学系统宏观性质的巨大差别. 对此，我们将在后面关于量子统计法的章节中具体讨论.

3. 经典情形

当微观粒子服从经典力学规律时，粒子的坐标和动量可以同时确定，其运动有确定的轨迹. 此时，尽管粒子是全同的，我们仍然可以根据其运动的轨道识别它们，因此是可分辨的. 如上所述，自由度为 r 的经典粒子的状态可用 r 个确定的广义坐标和 r 个确定的广义动量来描述，这相当于 μ 空间中的一个点. 至于多粒子系统的微观状态，它们可以通过确定系统中每个粒子的状态来确定. 因此，N 粒子系的一个微观态对应μ空间中的N个点. 这N个点由rN个广义坐标和rN个广义动量确定，第 i 个点可记作

$$(q_{i1},q_{i2},\cdots,q_{ir};p_{i1},p_{i2},\cdots,p_{ir})\ ,$$

其中，$i=1,2,\cdots,N$. 我们还可以用这 rN 个广义坐标和 rN 个广义动量构造一个 $2rN$ 维空间，通常称为 $\varGamma$ **空间**或**相空间**(亦称**相宇**). 此空间中每一个点都对应一组所有粒子的广义坐标和动量，系统的微观状态(每态对应μ空间的N个点)与$\varGamma$空间中的点一一对应. 这些点就是系统微观状态在相空间中的代表点. 显然，μ空间是$\varGamma$空间的“子空间”，$\varGamma$空间中的一个点对应μ空间中的N个点. 在以后对具体问题的讨论中，读者将进一步体会两种空间不同的作用. 由于经典粒子是可分辨的，任意交换

多粒子系统中两个粒子的坐标或动量，将产生系统新的微观状态. 这种交换，相当于将 μ 空间中两个粒子的代表点互换位置，在 Γ 空间的效果则是代表点变动位置.

由于经典系统的代表点在相空间是连续分布的，我们无法谈论其微观状态数. 如果考虑粒子遵从不确定性原理，一个单粒子态将在 μ 空间中占有一定的体积，其大小由 1.2 节给出的对应关系确定. 这种对应直接导致多粒子系微观态在 Γ 空间也占有相应的体积. 将单粒子态与 μ 空间体积的对应关系推广到多粒子系，立即可以得到相应的对应关系：

在 Γ 空间中，**系统一个量子微观状态占据的相体积为** h^{rN}.

有了这个对应关系，我们就可以讨论经典系统的粒子在可能的单粒子态上的占据数问题，即统计法问题. 由上面的分析不难看出，经典系统的统计特性与定域子系统无本质区别，亦为玻尔兹曼统计. 但是，对这种系统的运动的描述是经典力学的，故又称之为**经典的玻尔兹曼系统**.

1.4 几个有关的数学问题

前面已指出，统计物理的研究对象是由大量微观粒子组成的宏观系统.在这样的系统中，粒子的运动是非确定论的，它们所遵循的规律是统计规律.在研究这些问题时，必将频繁运用概率论的有关知识和一些相关的数学公式. 为便于应用，本节简要介绍这些数学概念和公式.

1. 关于概率的基本概念

首先，让我们来介绍统计物理涉及的一些关于概率的基本概念.

1) 事件

当一定条件满足时，某一结果的发生称为事件. 在条件满足时，事件既可能发生，也可能不发生，则称该事件为**随机事件**，有时亦简称为事件. 若条件满足，某一事件一定发生，则此事件为必然事件；一定不发生，则为不可能事件. 必然事件和不可能事件遵从因果律，而随机事件所遵循的则是统计规律. 必然事件和不可能事件可以看作随机事件的特例.

随机事件之间可有一定的关系，最常涉及的关系是“互斥”与“独立”. 当某一事件发生时，另一事件必不发生，反之亦然，则称这两个事件为**互斥事件**. 如不互斥，则为相容. 若两个相容事件中一事件的发生与另一事件的发生与否互无因果关系，则称这两个事件互为**独立事件**. 例如，在给定的宏观条件下，系统处于某一微观状态可视为一个随机事件. 假定 A 和 B 为系统两个不同的微观状态. 显然，一个系统在同一时刻不可能处于两个不同的状态，因此处于状态 A 和状态 B 必为互斥事件. 又如，系统中任意两个玻色子 i 和 j 可以同时处于同一状态 A，若不考虑它们的相互作用和相关性，i 粒子处于状态 A 和 j 粒子处于状态 A 两个事件互为独立事件. 与此相反，如果是费米子，这两个事件则为互斥事件.

2) 概率

给定条件后，观测某一指定事件是否发生并记录之，这样的过程称为试验. 例如，多次抛掷一枚硬币，观察其落地后正面或反面向上的次数. 在这组试验中，各次试验可以认为是在同样条件下进行的. 就试验出现的结果而言，每次试验前无法预知将出现的结果(正面或反面)，但试验可能出现的所有结果(只有正、反面两种)还是明确的. 我们将这类试验称为随机试验，简称试验. 对单独的一次试验来说，事件是否发生不能事先确定. 但是，如果各次试验的条件严格保证相同，很多次试验的结果从总体上来看就会有一定的规律. 这种规律的具体表现是，某随机事件发生的机会呈现一种稳定性，这就是统计规律性. 概率正是描述这种规律性的一个最基本的概念.

假设在N次试验(或观察)中，随机事件i发生的次数为N_i，则事件i发生的机会或频率为 $\nu_i = N_i/N$. 如果下述极限存在

$$P_i = \lim_{N\to\infty}\frac{N_i}{N}, \tag{1.4.1}$$

则称P_i为事件i出现的**概率**.

概率有如下基本特征：

(1) 概率只能在 0 和 1 之间取值，即

$$0 \leqslant P_i \leqslant 1. \tag{1.4.2}$$

(2) 相加性. 在统计物理中，概率的概念主要用于互斥事件. 这就是说，在所做的N次试验中，每一次总有一系列互斥事件中的某一个事件发生. 互斥事件的概率是可加的. 设事件i和事件j为互斥事件，若将事件i或事件j出现任一个的事件称为其和事件$i+j$，其概率用P_{i+j}表示，则有下述相加性原理

$$P_{i+j} = P_i + P_j. \tag{1.4.3}$$

(3) 归一性. 全部互斥事件的和事件为必然事件，这一事实给出概率的**归一性**，即满足如下归一化条件

$$\sum_i P_i = 1. \tag{1.4.4}$$

(4) 相乘性. 设事件i和事件j互为独立事件，将事件i和事件j同时出现的事件表示为$i\times j$，用$P_{i\times j}$表示$i\times j$出现的概率，则有下述相乘性原理

$$P_{i\times j} = P_i \times P_j. \tag{1.4.5}$$

此式亦可作为事件独立性的定义.

3) 随机变量

为了数学上讨论方便，我们引入随机变量的概念. 前面所说的试验中可能出现的每一结果均为一事件，若对随机事件赋以数值，这些数值便构成一个变量，称为**随机变量**. 前面所说的变量取值是分立的，称为**离散型随机变量**. 如果事件对应的变量是连续的，则此变量称为**连续型随机变量**.

考虑可以与三维空间中的坐标一一对应(如某粒子在空间任一点出现)的事件，其相应的变量则为连续型随机变量. 这时，事件在 $\boldsymbol{r}$ 处 $\mathrm{d}\boldsymbol{r}(=\mathrm{d}x\mathrm{d}y\mathrm{d}z)$ 体积元内(常记作 $\boldsymbol{r}\sim\boldsymbol{r}+\mathrm{d}\boldsymbol{r}$) 出现的概率为 $\rho(\boldsymbol{r})\,\mathrm{d}\boldsymbol{r}$，其中 $\rho(\boldsymbol{r})$ 称为**概率密度**. 前面的结果式(1.4.2)和式(1.4.4)可推广到连续情形，即有

$$0\leqslant\rho(\boldsymbol{r})\mathrm{d}\boldsymbol{r}\leqslant 1 \tag{1.4.6}$$

和

$$\int\rho(\boldsymbol{r})\mathrm{d}\boldsymbol{r}=1 . \tag{1.4.7}$$

4) 统计平均

设变量 u 为随机变量 x 的函数，则它也是一个随机变量. 让我们来考虑它的**统计平均**.

对离散型随机变量，取 $x=i=1, 2, 3, \cdots$，出现的概率为 P_i，相应的 u 值为 u_i，则 u 的统计平均值为

$$\overline{u}=\sum_i u_i P_i . \tag{1.4.8}$$

对连续型随机变量，假定 $x=\boldsymbol{r}$，在 $\boldsymbol{r}\sim\boldsymbol{r}+\mathrm{d}\boldsymbol{r}$ 内出现的概率为 $\rho(\boldsymbol{r})\,\mathrm{d}\boldsymbol{r}$，取值为 $u(\boldsymbol{r})$，其统计平均值则为

$$\overline{u}=\int u(\boldsymbol{r})\rho(\boldsymbol{r})\mathrm{d}\boldsymbol{r} . \tag{1.4.9}$$

5) 统计独立性

设事件 i 为第一组互斥事件 $1, 2, \cdots, i, \cdots$ 中的某一事件，事件 j 为第二组互斥事件 $1, 2, \cdots, j, \cdots$ 中的某一事件，第一组事件与第二组事件相互独立. 由相乘性原理可知事件 i 和事件 j 同时发生的概率为式(1.4.5). 若考虑事件 i 和第二组事件(其中任何一事件发生均可)同时发生的概率，则有

$$\sum_j P_{i\times j}=P_i\sum_j P_j=P_i . \tag{1.4.10}$$

在上式的推导过程中，用到了式(1.4.4). 由式(1.4.10)可以看出在不追究第二组事件中究竟哪一个事件发生的情况下，事件 i 发生的概率与第二组事件不存在时完全一样，这种性质称为**统计独立性**. 两个相应的随机变量的关系则为统计独立.

对于连续型随机变量，也有同样的概念．设三维空间坐标$\boldsymbol{r}_1$和$\boldsymbol{r}_2$为两个随机变量，其概率密度分别为$\rho_1(\boldsymbol{r}_1)$和$\rho_2(\boldsymbol{r}_2)$，同时发生的概率密度为$\rho_{12}(\boldsymbol{r}_1, \boldsymbol{r}_2)$．如果

$$\int\rho_{12}\mathrm{d}\boldsymbol{r}_2 = \int\rho_1(\boldsymbol{r}_1)\rho_2(\boldsymbol{r}_2)\mathrm{d}\boldsymbol{r}_2 = \rho_1(\boldsymbol{r}_1) \tag{1.4.11}$$

成立，则称这两个连续随机变量统计独立．

对于上述随机变量的函数也有相应的统计独立公式．设物理量u为离散变量i的函数，取值u_i的概率为P_i；v为离散变量j的函数，取值v_j的概率为P_j．如果u和v为相互独立的量，则uv的统计平均值可写为

$$\overline{uv} = \sum_{i\times j} u_i v_j P_{i\times j} = \sum_i u_i P_i \sum_j v_j P_j = \overline{u}\,\overline{v}\,. \tag{1.4.12}$$

对于随坐标变化的相互独立的连续性随机变量$u(\boldsymbol{r}_1)$和$v(\boldsymbol{r}_2)$，其统计平均值有类似的关系

$$\overline{uv} = \int u(\boldsymbol{r}_1)v(\boldsymbol{r}_2)\rho_{12}\mathrm{d}\boldsymbol{r}_1\mathrm{d}\boldsymbol{r}_2 = \int u(\boldsymbol{r}_1)\rho_1\mathrm{d}\boldsymbol{r}_1 \cdot \int v(\boldsymbol{r}_2)\rho_2\mathrm{d}\boldsymbol{r}_2 = \overline{u}\,\overline{v}\,. \tag{1.4.13}$$

6) 涨落

涨落用于描述随机变量与其统计平均值即测量值的偏差．随机变量 u 的**绝对涨落**定义为

$$\overline{(u-\overline{u})^2} = \overline{u^2 - 2u\overline{u} + \overline{u}^2} = \overline{u^2} - \overline{u}^2\,. \tag{1.4.14}$$

相对涨落则为

$$\frac{\overline{(u-\overline{u})^2}}{\overline{u}^2} = \frac{\overline{u^2}}{\overline{u}^2} - 1\,. \tag{1.4.15}$$

2．排列与组合

排列与组合是统计物理中频繁遇到的两个数学概念，这里对它们的定义和有关结果作简要回顾．

1) 乘法原理

如果要完成事件A必须依次完成事件A_1和事件A_2才能实现，又假定完成事件A_1可有n_1种方法，而无论用何种方法完成A_1后，完成事件A_2可有n_2种方法，则有如下乘法原理：

完成事件A的方法有$n_1 \times n_2$种．

此原理可推广到完成两个以上事件的情形，它是推导排列与组合计算公式的重要依据．

2) 排列

今有N个元素的集合：$A_1, A_2, \cdots, A_N$，从中任意取出n个元素的有序序列

$a_1, a_2, \cdots, a_n$称为一个排列，通常将这种排列方式的总数记作 A_N^n. 当某个元素被取出后，便从集合中除去，抽取第二个元素时将不会再抽到它，这样的抽取称为无放回抽取. 此时有

$$A_N^n = \frac{N!}{(N-n)!}, \qquad n \leqslant N. \tag{1.4.16}$$

显然，当 $n = N$ 时，$A_N^n = N!$.

若每一被取出的元素，在有序序列中记录下来后，再放回到原来的集合中，这样的抽取称为有放回抽取. 对有放回抽取，我们有

$$A_N^n = \underbrace{N \cdot N \cdot \cdots \cdot N}_{n个} = N^n. \tag{1.4.17}$$

3) 组合

从N个元素的集合$A_1, A_2, \cdots, A_N$中任意取出n个不记顺序的元素称为一个组合，通常将这种组合的总数记作 C_N^n，其数值由下式给出：

$$C_N^n = \frac{N!}{n!(N-n)!}. \tag{1.4.18}$$

3. 偏导数和完整微分

在热力学的演绎推理中，常常涉及多元函数的偏导数和完整微分. 为此，我们对这方面知识作简单介绍.

1) 隐函数的偏导数

方程

$$F(x, y, z) = 0 \tag{1.4.19}$$

定义了变量 x、y、z(其中，只有两个变量是独立的)之间的隐函数关系

$$x = x(y, z), \qquad y = y(x, z), \qquad z = z(x, y).$$

让我们来考察它们的偏导数关系.考虑 z 和 x 的全微分式，即

$$\mathrm{d}z = \left(\frac{\partial z}{\partial x}\right)_y \mathrm{d}x + \left(\frac{\partial z}{\partial y}\right)_x \mathrm{d}y, \tag{1.4.20}$$

$$\mathrm{d}x = \left(\frac{\partial x}{\partial y}\right)_z \mathrm{d}y + \left(\frac{\partial x}{\partial z}\right)_y \mathrm{d}z, \tag{1.4.21}$$

将式(1.4.21)代入式(1.4.20)可得

$$\left[\left(\frac{\partial z}{\partial x}\right)_y \left(\frac{\partial x}{\partial y}\right)_z + \left(\frac{\partial z}{\partial y}\right)_x\right]\mathrm{d}y + \left[\left(\frac{\partial z}{\partial x}\right)_y \left(\frac{\partial x}{\partial z}\right)_y - 1\right]\mathrm{d}z = 0. \tag{1.4.22}$$

上式为零的充要条件是 dy 和 dz 的系数均为零.由 dz 的系数为零得

$$\left(\frac{\partial z}{\partial x}\right)_y\left(\frac{\partial x}{\partial z}\right)_y=1,$$

即

$$\left(\frac{\partial z}{\partial x}\right)_y=1\Big/\left(\frac{\partial x}{\partial z}\right)_y. \tag{1.4.23}$$

由 dy 的系数为零得

$$\left(\frac{\partial z}{\partial x}\right)_y\left(\frac{\partial x}{\partial y}\right)_z=-\left(\frac{\partial z}{\partial y}\right)_x,$$

即

$$\left(\frac{\partial x}{\partial y}\right)_z\left(\frac{\partial y}{\partial z}\right)_x\left(\frac{\partial z}{\partial x}\right)_y=-1. \tag{1.4.24}$$

式(1.4.23)和式(1.4.24)是热力学中经常用到的关系.

2) 复合函数的偏导数

设变量 z 是变量 u、v 的函数，而 u、v 均为独立变量 x、y 的函数

$$u=u(x,y),\qquad v=v(x,y),$$

则有复合函数

$$z(x,y)=z\left[u(x,y),\ v(x,y)\right].$$

两端对 x 求偏导数，得

$$\left(\frac{\partial z}{\partial x}\right)_y=\left(\frac{\partial z}{\partial u}\right)_v\left(\frac{\partial u}{\partial x}\right)_y+\left(\frac{\partial z}{\partial v}\right)_u\left(\frac{\partial v}{\partial x}\right)_y. \tag{1.4.25}$$

两端对 y 求偏导数，得

$$\left(\frac{\partial z}{\partial y}\right)_x=\left(\frac{\partial z}{\partial u}\right)_v\left(\frac{\partial u}{\partial y}\right)_x+\left(\frac{\partial z}{\partial v}\right)_u\left(\frac{\partial v}{\partial y}\right)_x. \tag{1.4.26}$$

它的一个特例是

$$z(x,y)=z\left[x,v(x,y)\right].$$

由此可得 z 以 x、y 为独立变量时对 x 的偏导数与 z 以 x、v 为独立变量时对 x 的偏导数之间的关系

$$\left(\frac{\partial z}{\partial x}\right)_y=\left(\frac{\partial z}{\partial x}\right)_v+\left(\frac{\partial z}{\partial v}\right)_x\left(\frac{\partial v}{\partial x}\right)_y \tag{1.4.27}$$

和 z 以 x、y 为独立变量时对 y 的偏导数与 z 以 x、v 为独立变量时对 y 的偏导数之间

的关系

$$\left(\frac{\partial z}{\partial y}\right)_x=\left(\frac{\partial z}{\partial v}\right)_x\left(\frac{\partial v}{\partial y}\right)_x. \tag{1.4.28}$$

式(1.4.27)和式(1.4.28)也是热力学中常用的关系.

3)雅可比行列式

在热力学中进行导数变换运算时，也可应用雅可比(Jacobi)行列式这一工具.设变量 u 和 v 是独立变量 x 和 y 的函数，即

$$u=u(x,y),\qquad v=v(x,y),$$

则可定义如下**雅可比行列式**:

$$\frac{\partial(u,v)}{\partial(x,y)}=\begin{vmatrix}\left(\frac{\partial u}{\partial x}\right)_y & \left(\frac{\partial u}{\partial y}\right)_x\\ \left(\frac{\partial v}{\partial x}\right)_y & \left(\frac{\partial v}{\partial y}\right)_x\end{vmatrix}=\left(\frac{\partial u}{\partial x}\right)_y\left(\frac{\partial v}{\partial y}\right)_x-\left(\frac{\partial u}{\partial y}\right)_x\left(\frac{\partial v}{\partial x}\right)_y. \tag{1.4.29}$$

下面列出雅可比行列式的几个性质，读者可自行证明:

$$\left(\frac{\partial u}{\partial x}\right)_y=\frac{\partial(u,y)}{\partial(x,y)}, \tag{1.4.30}$$

$$\frac{\partial(u,v)}{\partial(x,y)}=-\frac{\partial(v,u)}{\partial(x,y)}, \tag{1.4.31}$$

$$\frac{\partial(u,v)}{\partial(x,y)}=1\bigg/\frac{\partial(x,y)}{\partial(u,v)}. \tag{1.4.32}$$

若变量 s 和 t 也为 x 和 y 的函数，则有

$$\frac{\partial(u,v)}{\partial(x,y)}=\frac{\partial(u,v)}{\partial(s,t)}\frac{\partial(s,t)}{\partial(x,y)}. \tag{1.4.33}$$

4)完整微分条件

热力学中经常遇到完整微分(或称恰当微分)的概念和判断问题.微分式

$$\mathrm{d}z=u\mathrm{d}x+v\mathrm{d}y \tag{1.4.34}$$

为完整微分的充要条件是

$$\frac{\partial u}{\partial y}=\frac{\partial v}{\partial x}. \tag{1.4.35}$$

4. 高斯型积分

在统计物理中，为了计算平均值，经常用到**高斯**(Gauss)**型积分**.这里给出几个计算结果.

1) 积分 $\int_0^\infty e^{-x^2}dx$

先考虑积分

$$I=\int_{-\infty}^{\infty}e^{-x^2}dx=2\int_0^\infty e^{-x^2}dx .$$

我们有

$$I^2=\int_{-\infty}^{\infty}e^{-x^2}dx\int_{-\infty}^{\infty}e^{-y^2}dy=\int_{-\infty}^{\infty}\int_{-\infty}^{\infty}e^{-(x^2+y^2)}dxdy .$$

这是一个遍及整个 x-y 平面的积分，可以用极坐标来计算.

取$x^2+y^2=r^2$，极角为φ，面积元则为$rdrd\varphi$. 于是

$$I^2=\int_0^\infty\int_0^{2\pi}e^{-r^2}rdrd\varphi=2\pi\int_0^\infty e^{-r^2}rdr=-\pi\left[e^{-r^2}\right]_0^\infty=\pi ,$$

即

$$\int_{-\infty}^{\infty}e^{-x^2}dx=\sqrt{\pi} . \tag{1.4.36}$$

因此

$$\int_0^\infty e^{-x^2}dx=\frac{1}{2}\sqrt{\pi} . \tag{1.4.37}$$

2) 积分 $\int_0^\infty x^n e^{-ax^2}dx \quad (a>0)$

将积分记为

$$I_n\equiv\int_0^\infty x^n e^{-ax^2}dx .$$

作变换$x=a^{-1/2}y$，利用 1) 的结果，立即可得，对$n=0$ 有

$$I_0=a^{-1/2}\int_0^\infty e^{-y^2}dy=\frac{\sqrt{\pi}}{2}a^{-1/2} . \tag{1.4.38}$$

进一步可算出

$$I_1=a^{-1}\int_0^\infty e^{-y^2}ydy=\frac{1}{2}a^{-1}. \tag{1.4.39}$$

对于$n\geqslant 2$ 的任何正整数，用分部积分法可导出关于积分I_n的递推公式

$$I_n=\frac{n-1}{2a}I_{n-2} . \tag{1.4.40}$$

最后可得高斯型积分的普遍表达式为

$$\int_0^\infty x^{2n}\mathrm{e}^{-ax^2}\mathrm{d}x = \frac{1\times 3\times\cdots\times(2n-1)}{2^{n+1}}\frac{\sqrt{\pi}}{a^{n+1/2}}. \tag{1.4.41}$$

$$\int_0^\infty x^{2n+1}\mathrm{e}^{-ax^2}\mathrm{d}x = \frac{n!}{2a^{n+1}}. \tag{1.4.42}$$

还可通过式(1.4.38)或式(1.4.39)对 a 逐阶求导得到此结果.

5. Γ积分

Γ 函数的定义为

$$\Gamma(\alpha) = \int_0^\infty x^{\alpha-1}\mathrm{e}^{-x}\mathrm{d}x. \tag{1.4.43}$$

它有以下基本性质:

(1) $\Gamma(\alpha+1) = \alpha\Gamma(\alpha) \qquad (\alpha > 0)$,

(2) $\Gamma(1) = 1$,

(3) $\Gamma(n+1) = n!$,

(4) $\Gamma\left(\frac{1}{2}\right) = \sqrt{\pi}$,

(5) $\Gamma\left(n+\frac{1}{2}\right) = \frac{(2n-1)!!}{2^n}\sqrt{\pi}$.

6. 斯特林公式

在统计物理中，经常需要计算 $\ln N!$和它的导数，其中 N 通常为远大于 1 的正整数. 由于 N 很大，计算 $\ln N!$将十分繁复. 为此，我们希望能找到比较简单的近似计算法. 这里介绍斯特林(Stirling)给出的一种近似方法.

当条件 $N \gg 1$ 满足时，可采用下面公式来计算 $N!$的对数:

$$\ln N! = N(\ln N - 1) + \frac{1}{2}\ln(2\pi N). \tag{1.4.44}$$

此式名为**斯特林公式**.如果 N 十分大(此条件在统计物理中往往是满足的)，上式还可以进一步简化为

$$\ln N! = N(\ln N - 1). \tag{1.4.45}$$

此式亦称斯特林公式.

讨 论 题

1.1 量子力学对粒子运动状态描写的特点.

1.2　边界条件的选定对粒子物理性质的影响.

1.3　如果普朗克常数趋于零，你能从量子力学基本假设得到何种结论?

1.4　什么是“半经典”近似？并给出其根据.

1.5　何为量子力学的基本假设或基本原理？因何引入？

1.6　叙述三种量子统计系统的特点.

1.7　何为微观量和宏观量?

习　　题

1.1　试证明，在体积 V 内，在 $\varepsilon \sim \varepsilon + \mathrm{d}\varepsilon$ 的能量范围内，三维非相对论性自由电子的量子态数为

$$D(\varepsilon)\mathrm{d}\varepsilon = \frac{4\pi V}{h^3}(2m)^{3/2}\varepsilon^{1/2}\mathrm{d}\varepsilon ,$$

$D(\varepsilon)$ 为态密度.

1.2　粒子运动速度接近光速的情形称为极端相对论性情形. 这时,粒子能量与动量的关系可写为 $\varepsilon=cp$，其中 c 为光速. 试证明：在体积 V 内、能量在 $\varepsilon \sim \varepsilon+\mathrm{d}\varepsilon$ 范围内，三维极端相对论性自由粒子的量子态数为

$$D(\varepsilon)\mathrm{d}\varepsilon = \frac{4\pi V}{(ch)^3}\varepsilon^2\mathrm{d}\varepsilon .$$

式中 $D(\varepsilon)$ 为态密度.

1.3　试证明，在面积$S=L^2$内，在$\varepsilon \sim \varepsilon+\mathrm{d}\varepsilon$的能量范围内，二维自由粒子的量子态数为

$$D(\varepsilon)\mathrm{d}\varepsilon = \frac{2\pi S}{h^2}m\mathrm{d}\varepsilon .$$

式中，$D(\varepsilon)$ 为态密度.

1.4　已知一维线性谐振子的能量为

$$\varepsilon = \frac{p^2}{2m} + \frac{1}{2}m\omega^2 x^2 .$$

试求在 $\varepsilon \sim \varepsilon+\mathrm{d}\varepsilon$ 的能量范围内，一维线性谐振子的量子态数.

1.5　考虑由两个粒子组成的系统,每个粒子有三个可能的单粒子微观状态. 请分别给出玻色系统、费米系统和玻尔兹曼系统的可能的分布方式.

1.6　三维线性谐振子能量的可能值为

$$\varepsilon_n = \hbar\omega\left(n+\frac{1}{2}\right), \qquad n = 0,1,2,\cdots,$$

式中，ω为谐振子的角频率. 试求能级ε_n的简并度.

1.7 一质点按照

$$x = \sin(\omega t + \varphi)$$

的规律振动，若偶然测量其位置，试求在 x～x+dx 间隔内发现质点的概率 dW.

1.8 设一维自由粒子的运动范围为 x>0，在 x～x+dx 内出现的概率为

$$\rho(x)\mathrm{d}x = C\mathrm{e}^{-\alpha x}\mathrm{d}x, \qquad \text{其中 } \alpha > 0$$

(1) 试求 $\overline{x^n}$ 及 $\overline{(\Delta x)^2}$；

(2) 若 $y^2 = x$，试求 $\overline{y^n}$.

第 2 章

第 2 章　部分要点、难点视频

孤　立　系

统计物理从分析微观粒子的力学运动入手，实现对宏观现象的描述. 首先，遵循力学运动的规律对体系可能出现的微观状态加以描述，然后依据统计规律性确定各微观态出现的概率，进而再通过统计平均的方法获得其宏观性质. 第 1 章已介绍了多粒子系微观状态的描述方法，本章将研究具体宏观条件下微观态出现的规律，以建立统计物理的理论体系. 在我们研究的各类宏观体系中，孤立系是最基本也是最简单的系统. 本章首先讨论描述这种系统的理论，确立统计物理理论的基础.

2.1　统计物理的基本原理

我们知道，单粒子的机械运动服从力学规律. 从微观角度考虑多粒子系的机械运动时，亦可将之视为力学体系. 但是，在研究大量粒子组成的力学系统的宏观性质时，仅仅运用力学规律是远远不够的. 事实上，当粒子数目非常大时，系统的热运动遵循着一种新的规律——统计规律. 这种规律不能归结为力学规律，但对系统的宏观热学性质却起着支配作用.

1. 统计规律性

力学规律满足因果律，在经典力学中，给定一个粒子(或任意多粒子的体系)的初始状态，便可根据力学规律性(牛顿力学、分析力学)获得它在任一时刻所处的状态. 换句话说，只要得知力学体系某一时刻的所有广义坐标和广义动量，即可由力学定律计算出其任何时刻的全部广义坐标和广义动量. 因此，我们说经典力学是确定论的. 在量子力学中，粒子的坐标和动量不能同时确定，体系的微观状态不是用确定的广义坐标和广义动量表征，而是用量子力学波函数(或一组量子数)描述，力学量的取值不是完全确定的. 尽管如此，我们还是可以由体系某一时刻的**微观状态**(波函数或量子数)，根据力学规律性(量子力学)预言其任意时刻的微观状态. 在这种意义下，我们可以说经典力学和量子力学均满足因果律，经典力学只不过是量子力学的极限结果. 它们给出力学系微观状态的演化规律，由系统的微观初始(或边界)条件决定未来的状态.

统计物理的研究对象是宏观系统的热运动. 这种热运动，归根到底是组成它的大量粒子的机械运动，而这种机械运动又应该受力学规律的支配. 那么，是否可以通过确定初始条件，求解包括系统中所有粒子的力学运动方程来获得系统的宏观性质呢？回答是否定的. 一方面，宏观体系包含的粒子数目甚多，以致不可能通过力学运动方程组和每一粒子的初始条件去精确求解粒子的运动. 事实上，我们也无法写出这样的方程组和初始条件. 另一方面，热学性质是体系的**宏观性质**，即在一定宏观条件(约束)下所观测到的性质. 我们事先只能给定对物体系的宏观约束条件，如体积、能量、粒子数、温度和压强等. 这些约束并不能给出体系微观运动的初始条件(微观初始条件)，更不可能由此推得系统任意时刻的微观状态. 在确定的宏观条件下，力学体系可能处于大量不同的微观状态，或者说其微观状态是不确定的. 因此，热运动是一种较机械运动更高级的“无规”运动，不能完全用确定论的力学理论去描述. 大量粒子组成的宏观体系中粒子的微观运动，即热运动的“无轨性”，早已被布朗运动等实验证实.

我们说热运动是“无规”的，并不意味其完全没有规律可循. 它遵循着一种新的规律——**统计规律性：一定的宏观条件决定系统处于各种可能微观状态的概率**. 统计物理正是以这种概率为依据，对力学量求统计平均而获得宏观性质的. 力学量在一定的微观态有相应的取值，称为微观量. 宏观条件不能确定物体系每一时刻所处的微观态，因此也不能决定微观量取值. 但是，它可以决定哪些微观态可能出现及出现的概率如何，因而也可确定微观量取相应值的概率.

如何运用统计规律性，从分析微观力学运动入手，解释实验观测到的宏观性质呢？我们知道，宏观量的测量总是需要一段时间的，尽管这段时间可以控制得在宏观上很短，但对于微观运动仍然是一个相当长的时间. 例如，对理想气体(每立方厘米约 10^{19} 个分子)的观测，10^{-6}s 应该是一段很短的时间. 但是，如果取分子在 1cm^3 内的碰撞频率为 10^{29} 次/s(这是一个合理值)，在 10^{-9}cm^3 内(从宏观上看很小，由于包含了 10^{10} 个分子，从微观上看却很大)10^{-6}s 中仍有 10^{14} 次碰撞. 可见，这段宏观上看来极短的时间较之分子两次碰撞间的时间间隔是何等漫长!我们将这样的时间间隔称为宏观短、微观长. 在满足宏观小微观大的条件下，宏观量的观测就是在这样宏观短微观长的时间内实现的，因此，测量结果应是微观量在微观长时间中对各时刻瞬时值的时间平均. 因为在这段时间里微观运动的状态已无规地变换多次，可以说几乎所有可能的状态(至少那些较易出现的状态)都出现了，所以测量结果还应等于相应微观量对可能出现的微观态的平均. 当然，这种平均要考虑各微观态出现的概率，以不同的权重进行，因此是统计平均. 根据上述分析，我们得到**统计物理学的基本原理——物体系的宏观量是相应微观量的统计平均值**. 这一原理为从微观到宏观架设了一座桥梁. 只要得知微观状态出现的概率，便可运用力学知识，由式(1.4.8)或式(1.4.9)求得微观量的统计平均值，即相应的宏观量.

很多宏观量(如能量、密度、压强等)与微观量有直接的对应关系，根据力学原理可以得知其微观量的表示及数值，能够直接对微观量进行统计平均求得相应宏观量. 另外，还有一些热现象中出现的新物理量(如温度、热量、熵等)，并无明显直接对应的微观量. 在后面的章节里，我们将会逐步了解到它们与系统的微观状态的性质或数目之间的联系. 从这种意义上讲，它们归根到底也是微观量的统计平均.

2. 统计系综

为了便于讨论和计算统计平均，吉布斯首先引入统计系综的概念.

如前所述，统计平均是对一个系统所有可能出现的微观态按其权重进行平均. 宏观量的测量是在宏观短、微观长的时间内实现的. 在这段时间内，系统的微观态已变换很多次. 由于热运动的无规性，测量期间变换的微观态(包含几乎所有的可能微观态)可以认为是在一定宏观约束下独立出现的，遵从统计规律性. 假想对这些微观态可以实现瞬时观测，则可在微观长时间内对系统进行 $\mathscr{N}$(一个很大很大的数)次观测. 这相当于在宏观条件不变的情况下，作 $\mathscr{N}$ 次独立的观测. 如果观测发现系统有 $\mathscr{N}_s$ 次处于状态 s，则其在 s 态出现的概率为

$$\rho_s = \lim_{\mathscr{N}\to\infty} \frac{\mathscr{N}_s}{\mathscr{N}}. \tag{2.1.1}$$

各可能微观态出现的概率构成一种概率分布.

换一种做法，设想对 $\mathscr{N}$ 个性质结构完全相同、各处于独立运动状态的力学系统，在完全相同的宏观条件下同时进行一次观测. 观测发现，有 $\mathscr{N}'_s$ 个系统处于 s 态，则一个系统在 s 态出现的概率为

$$\rho'_s = \lim_{\mathscr{N}\to\infty} \frac{\mathscr{N}'_s}{\mathscr{N}}, \tag{2.1.2}$$

通常可以认为，式(2.1.1)和式(2.1.2)中的条件 $\mathscr{N}\to\infty$ 是满足的.

根据无规则热运动所遵从的统计规律性，微观状态出现的概率完全由宏观约束条件决定. 因此，系统在条件不变情况下多次独立观测所见各可能微观态按一定概率出现的形象，应与同时有多个完全相同的系统在完全相同的条件下一次“表演”展示的微观态概率分布形象相同. 这就是说，以上设想的两种观测方法获得的概率应相等，即

$$\rho'_s \to \rho_s. \tag{2.1.3}$$

鉴于上述考虑，吉布斯用假想的 $\mathscr{N}$ 个完全相同的独立力学系统在相同宏观条件下的一次观测代替对所研究系统的 $\mathscr{N}$ 次同条件观测，通过实现微观量对多个假想力学系统的统计平均获得实际系统的宏观量. 这 $\mathscr{N}$ 个假想的力学系统构成一个集合，吉布斯将这个集合称为**统计系综**. 它可以定义为：

大量结构和所处宏观条件完全相同的、分别以一定概率独立地处于各可能微观状态的力学系统的集合称为统计系综，简称系综.

既然对大量相同的系统做一次观测与对一个系统做大量次观测是等价的，为何

还要引入统计系综呢？这是由于对一个系统做大量次观测，事实上要宏观长的时间才能完成，导致影响系统的宏观条件变化，系统也不再是原来的系统，因此，对一个系统做大量次观测是不可实现的. 由以上讨论可见，系综是为计算微观量的统计平均而引入的一种理论模型. 系综内的大量力学系统并不是我们研究的系统本身，而是它的假想复本. 这些复本与我们所研究的体系性质完全相同，并处于相同的宏观条件. 它们按照确定宏观条件下系统所有微观状态(力学运动状态)出现的概率分布在相应的态上，反映了大量粒子组成的力学体系遵循的统计规律性. 上面设想的对组成系综之大量系统进行的一次观测，所需时间为微观短，因此能正确反映观测时刻系统的微观状态分布. 又因约束系综中各个系统的宏观条件完全相同，所以由观测所得系综微观状态分布，准确地给出系统处于各微观状态的概率. 式(2.1.3)正反映了这个事实. 于是，我们可以将ρ_s视为系综中系统处于 s 态的概率，对微观量的统计平均则可通过**系综平均**来计算. 假定微观量 u 在状态 s 的取值为 u_s，相应的宏观量则由系综统计平均值给出

$$\overline{u}=\sum_s \rho_s u_s \,. \tag{2.1.4}$$

概率ρ_s满足归一化条件

$$\sum_s \rho_s = 1 \,. \tag{2.1.5}$$

如果系统的状态可以连续变化，概率分布也是连续性的；或其分立值十分接近，可认为“准”连续，则可用连续型变量描述. 例如，在半经典近似下，量子态可以用经典相宇中的小区域代表. 假定系统包含 N 个自由度为 r 的粒子，则系统的自由度为 $f=Nr$，描述系统状态的 f 个广义坐标和动量为

$$(q_1,q_2,\cdots,q_f;p_1,p_2,\cdots,p_f)$$

为表述简单起见，将其简写为矢量形式$(\boldsymbol{q},\boldsymbol{p})$. 设系统的状态处于相空间体积元 $\mathrm{d}\Omega=\mathrm{d}\boldsymbol{q}\mathrm{d}\boldsymbol{p}$ 内的概率为

$$\rho(\boldsymbol{q},\boldsymbol{p})\mathrm{d}\Omega \,, \tag{2.1.6}$$

式中，$\rho(\boldsymbol{q},\boldsymbol{p})$为**系综的概率密度**或**分布函数**.

设物理量 u 在相空间一点$(\boldsymbol{q},\boldsymbol{p})$处的微观值为 $u(\boldsymbol{q},\boldsymbol{p})$，则可得 u 的统计平均值即相应宏观量为

$$\overline{u}=\int u(\boldsymbol{q},\boldsymbol{p})\rho(\boldsymbol{q},\boldsymbol{p})\mathrm{d}\Omega \,. \tag{2.1.7}$$

概率密度的归一化条件则为

$$\int \rho(\boldsymbol{q},\boldsymbol{p})\mathrm{d}\Omega = 1 \,. \tag{2.1.8}$$

如果考虑系统性质随时间的变化，各参量还应该是时间的函数，统计平均值公式则写为

$$\bar{u}(t)=\sum_{s}\rho_s(t)u_s(t)\,, \tag{2.1.9}$$

$$\bar{u}(t)=\int u(\boldsymbol{q},\boldsymbol{p},t)\rho(\boldsymbol{q},\boldsymbol{p},t)\mathrm{d}\Omega\,. \tag{2.1.10}$$

当系统处于平衡态时，物体系宏观性质长时间不变. 这时，概率分布ρ_s或概率密度ρ不随时间变化(不含 t)，以上两式回归为式(2.1.4)和式(2.1.7).

综上所述，多粒子系的热运动遵从的统计规律性，即宏观约束条件决定系综分布. 在一定宏观条件下，只要得知相应的系综分布，就可依据统计物理的基本原理，通过统计平均求出各宏观量(热力学函数)，预言物体系的热力学性质.

2.2 等概率原理——微正则分布

由前面的讨论可知，统计物理理论预言物体系热力学性质的关键是寻找各种宏观条件下微观态的概率分布，即系综分布. 那么，如何具体确定这些分布呢？我们知道，在给定的宏观条件下，系统的微观状态为所有粒子的单粒子态的组合. 由于组成系统的粒子数目很大，系统的微观状态数也是非常多的，加之热运动的无规性，我们事实上无法用以前的理论或通过实验手段确定各种宏观条件下各微观状态出现的概率. 因此，需要一个基本的假设，由此构建完整的统计物理理论体系. 另外，各种不同的宏观条件所遵循的统计规律是相同的，相应的系综分布之间应有必然联系，不同宏观条件的系综分布之间应该可以互导. 为此，人们选择最简单也是最基本的孤立系情形建立关于系综分布的基本假设. 对统计物理做出杰出贡献的玻尔兹曼，于 1868 年对孤立系微观状态的概率提出一个著名的假设——**等概率原理**：

孤立系处于平衡态时，系统的各个可能的微观状态出现的概率相等.

等概率原理的正确性由用它推出的所有结论均与实际相符来检验. 用统计物理的术语，我们对上述原理中所指的孤立系处于**平衡态**应理解为：**孤立系在任意一个可能的微观状态出现的概率长时间不变**.

等概率原理是统计物理的基本假设，根据这一假设，只要得知孤立系在给定宏观条件下可能的微观状态数，便可求得系统在平衡态时任何可能的微观状态出现的概率. 对孤立系而言，我们将给定的宏观条件概括为系统具有确定的粒子数 N、体积 V 和能量 E. 为便于计算，对于系统能量不变的条件，通常假定为它可以在一个很小的范围($E \sim E+\Delta E$)内变化，其中 $\Delta E \ll E$，数学上处理为 $\Delta E \to 0$. 这种处理一方面是为了数学上的方便(保证函数的连续性)；另外，由于严格的孤立系在实际中并不存在，我们所说的孤立只是最大限度地减少能量的变化，使其在具体问题的处理

中可以被忽略.

描述孤立系的系综称为**微正则系综**. 根据等概率假设，**微正则系综的概率分布在前述的能量范围内应为常量**.

孤立系粒子的运动服从量子力学规律. 假定系统哈密顿量 H 相应的分立能量(称为能级)的变化范围为 $E\sim E+\Delta E$，所包含的可能微观状态数为 W. 那么，系统在状态 $s\,(s=1,2,\cdots,W)$ 出现的概率为

$$\rho_s=\begin{cases}\dfrac{1}{W}, & E\leqslant E_s\leqslant E+\Delta E,\\ 0, & E_s<E \text{ 或 } E_s>E+\Delta E.\end{cases} \tag{2.2.1}$$

上式称为**微正则分布**. 微正则分布式(2.2.1)是等概率原理的数学表述，它与等概率原理是等价的.

显然，这里定义的ρ_s是归一化的，即

$$\sum_s \rho_s=W\frac{1}{W}=1. \tag{2.2.2}$$

设物理量 u 在状态 s 的取值即相应的微观量为 u_s，由式(2.1.4)可得 u 的统计平均值——宏观量为

$$\bar{u}=\sum_s \rho_s u_s. \tag{2.2.3}$$

如果系统的状态可近似地认为连续变化，其能级是准连续的，我们可以采用半经典近似，用相空间描述其力学运动，该系统可称为准经典系统. 倘若组成微正则系综的孤立系包含 N 个自由度为 r 的粒子，则系统的自由度为 $f=Nr$，描述系统微观态的相空间(Γ 空间)中的一点对应 f 个广义坐标和 f 个广义动量. 由 1.2 节给出的对应关系已知，系统的一个可能的状态在相空间占据的体积为 $h^f=h^{Nr}$. 可见，系统在相空间单位体积中可能的微观状态数为一确定的数. 准经典孤立系处于平衡态时,给定的宏观条件与量子情形相同,但系统的能量(哈密顿量)$H(\boldsymbol{q},\boldsymbol{p})$取连续值. 孤立系的能量范围对应相空间的能量壳层：$E\leqslant H(\boldsymbol{q},\boldsymbol{p})\leqslant E+\Delta E$. 系统的微观态只能出现在这一区域. 运用对应关系，对孤立系微观态的求和则可通过对能量壳层相体积的积分来计算. 考虑到粒子仍有全同性(不可分辨)，在这一壳层内的微观状态总数应为

$$W(E)=\frac{1}{N!h^{Nr}}\int_{E\leqslant H\leqslant E+\Delta E}\mathrm{d}\Omega. \tag{2.2.4}$$

因考虑全同性，任意两个粒子交换状态均不改变系统微观状态，上式给出的微观态数已除以 N 个单粒子状态交换的总数 $N!$. 于是，半经典微正则分布可写为

$$\rho(\boldsymbol{q},\boldsymbol{p})=\begin{cases}C, & E\leqslant H\leqslant E+\Delta E,\\ 0, & H<E \text{ 或 } H>E+\Delta E.\end{cases} \tag{2.2.5}$$

式中，$\Delta E\to 0$. 概率密度的归一化条件则为

$$\int_{E\leqslant H\leqslant E+\Delta E}\rho(\boldsymbol{q},\boldsymbol{p})\mathrm{d}\Omega=1. \tag{2.2.6}$$

由此可定出

$$C=\left(\int_{E\leqslant H\leqslant E+\Delta E}\mathrm{d}\Omega\right)^{-1}=\frac{1}{N!h^{Nr}W(E)}. \tag{2.2.7}$$

物理量 u 的统计平均值为

$$\bar{u}=\int_{E\leqslant H\leqslant E+\Delta E}u(\boldsymbol{q},\boldsymbol{p})\rho(\boldsymbol{q},\boldsymbol{p})\mathrm{d}\Omega. \tag{2.2.8}$$

如果不考虑粒子的全同性，即认为粒子是可以分辨的，系统成为纯经典的，式(2.2.4)和式(2.2.7)右端分母中的 $N!$消失.

2.3 热平衡定律 温度

运用统计物理的基本假设可以导出热力学定律. 本节首先给出作为热力学测量基础的热平衡定律.

考虑由两个宏观系统 A_1 和 A_2 组成的孤立系 A. 假定在开始时 A_1 和 A_2 各自独立地处于热力学平衡态. 在某一时刻让它们发生热接触. 所谓热接触，是指不通过彼此交换粒子和做功的形式来交换能量的接触方式. 为便于叙述，通常将与做功联系的参量称为**外参量**，或称“广义坐标”“位形参量”. 例如，体积、表面积、电位移矢量和磁感应强度等，分别与压力功、表面张力功、电场功和磁场功等联系. 当外参量改变时，系统以做功的形式与外界交换能量. 为确定起见，我们考虑简单情形，即只有一个外参量体积 V 的情形. 这时，热接触即两部分在粒子数和体积均不变的情况下交换能量. 经过充分长时间后，孤立系达到热平衡. 通常用 $W_1(N_1, V_1, E_1)$ 和 $W_2(N_2, V_2, E_2)$ 分别表示当 A_1 和 A_2 的粒子数、体积和能量分别为 N_1、V_1、E_1 和 N_2、V_2、E_2 时各自的微观状态数. 对热接触情形，孤立系 A 的微观状态数可写为

$$W(E_1,E_2)=W_1(E_1)W_2(E_2). \tag{2.3.1}$$

一般来说，两系统的能量交换是通过“面”的接触来实现的，其交换的能量与系统的总能量(“体”的能量)相比总是很小的. 因此，在系统总能量的表达式中，A_1 和 A_2 的相互作用能可以忽略，即孤立系 A 的能量 E 可写为

$$E = E_1 + E_2 . \tag{2.3.2}$$

将式(2.3.2)代入式(2.3.1)，微观状态数可改写为

$$W(E_1, E - E_1) = W_1(E_1) W_2(E - E_1) . \tag{2.3.3}$$

将两系间达到热平衡时 A_1 的能量记为 $E_1 = \overline{E_1}$，A_2 的能量则为 $E_2 = \overline{E_2} = E - \overline{E_1}$. $\overline{E_1}$ 和 $\overline{E_2}$ 分别为 A_1 和 A_2 在平衡态时的平均能量.

不难理解，**热力学平衡态**应是概率最大的状态，根据等概率原理，它**对应于 W 取极大值的宏观态**，必满足以下条件：

$$\left(\frac{\partial W}{\partial E_1}\right)_{E_1 = \overline{E_1}} = 0 . \tag{2.3.4}$$

由式(2.3.1)和式(2.3.4)可得

$$\frac{\partial W_1(E_1)}{\partial E_1} W_2(E_2) + W_1(E_1) \frac{\partial W_2(E_2)}{\partial E_2} \frac{\partial E_2}{\partial E_1} = 0 . \tag{2.3.5}$$

由式(2.3.2)知$\partial E_2 / \partial E_1 = -1$，所以

$$\left(\frac{\partial \ln W_1(E_1)}{\partial E_1}\right)_{N_1, V_1, E_1 = \overline{E_1}} = \left(\frac{\partial \ln W_2(E_2)}{\partial E_2}\right)_{N_2, V_2, E_2 = \overline{E_2}} . \tag{2.3.6}$$

上式即两系之间热平衡的条件. 若定义

$$\beta(E) = \frac{1}{W}\left(\frac{\partial W}{\partial E}\right)_{N,V} = \left(\frac{\partial \ln W(N,V,E)}{\partial E}\right)_{N,V} , \tag{2.3.7}$$

A_1 和 A_2 两系处于热平衡的条件则可写为

$$\beta_1(\overline{E_1}) = \beta_2(\overline{E_2}) . \tag{2.3.8}$$

由 $\beta(E)$ 的定义可知其物理意义为：在粒子数和外参量固定的情况下，系统单位能量改变引起的微观状态数的相对改变. 将式(2.3.4)到式(2.3.7)的推导过程反向进行，可知当式(2.3.6)成立时，物体系 A_1 和 A_2 间必达热平衡.

若又有系统 A_3 与 A_1 热接触亦可达热平衡而不改变宏观状态，同理必有

$$\beta_1(\overline{E_1}) = \beta_3(\overline{E_3}) .$$

结合式(2.3.8)可得

$$\beta_2(\overline{E_2}) = \beta_3(\overline{E_3}) ,$$

即 A_3 与 A_2 热接触亦可热平衡而使各自宏观状态不发生改变. 由上述事实可得**热平衡定律**：

在没有外界影响的条件下，两系统分别与第三个系统接触可处于热平衡，而系统性质不发生变化，则这两个系统接触必处于热平衡.

由以上讨论可见，热平衡的系统有一共同的物理量表征它们的性质，一旦这个物理量相同，系统即可热平衡. 这个物理量被称作温度，所谓第三个系统则可作为测温元件(或温度计). 显然，式(2.3.7)定义的 $\beta(E)$ 正是这样的物理量，与温度具有相同的作用. 所以，我们原则上可以用它来度量宏观系统的温度. 式(2.3.8)即可理解为彼此处于热平衡的系统具有相同的温度. 由它的推导过程还可以看出，β 的数值不依赖于测温物质和测温参数，因此用它来度量温度与热力学绝对温标等价. $\beta(E)$ 的量纲为能量的倒数，我们将它简单地记为 β，并假定其与热力学绝对温度 T 的关系为

$$\frac{1}{\beta} = kT \ . \tag{2.3.9}$$

这一关系将被以后的讨论所证明，其中的比例常量 k 亦将被证实是普适的**玻尔兹曼常量**.

2.4 热力学第一定律——能量守恒律

本节采用统计物理的方法，讨论物体系经历宏观过程时的性质变化. 仍以两个宏观系统 A_1 和 A_2 组成的孤立系 A 为讨论对象. 假定开始时 A_1 和 A_2 各自独立地处于热力学平衡态，在某一时刻让它们发生热接触，同时 A_1 和 A_2 的体积(外参量)也可变化，经一无限小的“准静态”过程后达到热平衡. 现在来考虑系统 A_1 在过程中的性质变化. 记系统 A_1 在平衡态时处于微观态 s(相应的能量为 E_{1s})的概率为ρ_{1s}，由式(1.4.8)可得系统 A_1 的平均能量为

$$\overline{E_1} = \sum_s E_{1s}\rho_{1s} \ . \tag{2.4.1}$$

通常将系统的平均能量称为内能. 经历一无限小准静态过程时，系统内能的变化写成微分形式则为

$$\mathrm{d}\overline{E_1} = \sum_s (E_{1s}\mathrm{d}\rho_{1s} + \rho_{1s}\mathrm{d}E_{1s}) \ . \tag{2.4.2}$$

我们知道，系统可能的微观态之能量(式中的 E_{1s})直接与外参量有关. 因此，上式右端第一项的意义是：在外参量不变(不做功)的前提下，经历无限小准静态过程时，系统平均能量的增加. 我们将它理解为系统从外界吸收的**热量**，记为

$$\text{đ}Q = \sum_s E_{1s}\mathrm{d}\rho_{1s} \ . \tag{2.4.3}$$

式(2.4.2)右端第二项的意义是：在无限小准静态过程中，由于系统外参量的变化导致能级变化而造成微观态能量的增加 $\mathrm{d}E_{1s}$ 之统计平均值. 这一项应理解为外界对系

统所做的**功**，即

$$đ\mathscr{W}=\sum_s \rho_{1s}\mathrm{d}E_{1s}=\overline{\mathrm{d}E_1}. \tag{2.4.4}$$

外参量变化引起能级变化的事实容易从自由粒子能级表达式(1.2.9)看出. 当系统体积改变时，能级随之改变. 如系统尺度缩短而体积减小，将导致自由粒子能级升高，其间距随之变宽.

将式(2.4.3)和式(2.4.4)代入式(2.4.2)并省略下标 1，可得

$$\mathrm{d}\bar{E}=đQ+đ\mathscr{W}. \tag{2.4.5}$$

此式即热力学第一定律的数学表达式(1.1.2). 容易将上式推广到任意有限过程，常写为

$$\Delta\bar{E}=Q+\mathscr{W}.$$

于是，**热力学第一定律**可以表述为：

物体系经历宏观过程时，其内能的增量等于它从外界吸收的热量与外界对它所做功之和.

热力学第一定律是人们根据实践经验，通过对宏观过程的大量唯象观测和研究总结出的经验定律. 这里又用统计物理的理论获得了这个定律，并给出对热量和功的微观理解，揭示了热力学第一定律的微观运动本质.

不难将功的微观表达式推广到有多个外参量存在的情形. 假定系统 A 处于态 s 时，能量 E_s 与 n 个外参量(或称**位形参量**)y_i $(i=1,2,\cdots,n)$的取值有关，即

$$E_s=E_s(y_1,y_2,\cdots,y_i,\cdots,y_n).$$

当外参量 y_i 变化一无限小量 $\mathrm{d}y_i$ 时，计入各外参量的变化，E_s 的改变量为

$$\mathrm{d}E_s=\sum_{i=1}^{n}\frac{\partial E_s}{\partial y_i}\mathrm{d}y_i. \tag{2.4.6}$$

将其代入式(2.4.4)，可得

$$đ\mathscr{W}=\sum_s\sum_{i=1}^{n}\rho_s\frac{\partial E_s}{\partial y_i}\mathrm{d}y_i. \tag{2.4.7}$$

根据功的定义有

$$đ\mathscr{W}=\sum_{i=1}^{n}\overline{Y}_i\mathrm{d}y_i. \tag{2.4.8}$$

即外界对系统做的功等于所有的平均广义力与其对应的广义坐标增量(位移)的乘积之和. 将外参量 y_i 视为广义坐标，其相应的**广义力平均值**则为

$$\overline{Y_i} = \sum_s \rho_s \frac{\partial E_s}{\partial y_i} = \overline{\left(\frac{\partial E}{\partial y_i}\right)}. \tag{2.4.9}$$

于是，热力学第一定律的微分表示式(2.4.5)可写为

$$\mathrm{d}\overline{E} = đQ + \sum_i \overline{Y_i}\mathrm{d}y_i. \tag{2.4.10}$$

在只有压缩功的简单情形，仅有一个位形参数，即系统的体积. 当它准静态地由 V 增加到 $V+\mathrm{d}V$ 时，外界对系统做的功为

$$đ\mathscr{W} = -p\mathrm{d}V. \tag{2.4.11}$$

这里，p 为系统的压强，它为微观量 $-\partial E/\partial V$ 的统计平均值. 这时，热力学第一定律具体简化为

$$\mathrm{d}\overline{E} = đQ - p\mathrm{d}V. \tag{2.4.12}$$

2.5　热力学第二定律——熵增加原理

热力学第一定律指出宏观过程必须遵循能量守恒原则，但并未对过程进行的方向作任何约束. 事实上，并不是所有满足热力学第一定律即能量守恒的过程都可能发生. 或者说，实际宏观过程进行的方向受到制约，所遵循的规律是热力学第二定律. 以下，我们再用统计物理的方法，导出该定律.

1. 统计物理的熵

在前面的章节里反复出现的量 W 描述宏观状态所包含的微观态的数目，它反映了状态出现的概率，故又称**热力学概率**. 它是一个无量纲的态函数. 根据 2.3 节的结果，温度可表示为

$$\frac{1}{T} = k\left(\frac{\partial \ln W}{\partial E}\right)_{N,V}. \tag{2.5.1}$$

若将统计物理的熵定义为

$$S = k\ln W, \tag{2.5.2}$$

式(2.5.1)便成为

$$\frac{1}{T} = \left(\frac{\partial S}{\partial E}\right)_{N,V}. \tag{2.5.3}$$

上式给出统计物理的熵与温度间的关系，恰与热力学引入的相同. 因此，可以说统计物理定义的熵与热力学引入的熵一致.

式(2.5.2)称为**玻尔兹曼关系**，是联系宏观量熵与微观状态的重要关系. 统计物理定义的熵与系统微观状态数的对数成正比，因而与热力学态所包含的微观状态数正相关. 容易理解，一个有序的系统应包含较少的微观态；反之，无序系统则包含较多微观状态. 因此，系统的微观状态数反映系统运动的无规程度，式(2.5.2)定义的熵可理解为系统无规程度(即混乱度)的度量.

现在来考察熵的相加性质. 若将系统划分为若干个小系统(子系)，假定第 i 个系统 A_i (i =1, 2,⋯)的微观状态数为 W_i，则总系统可能的微观状态数 W 应为各子系微观状态数的乘积，即

$$W=\prod_i W_i . \tag{2.5.4}$$

对上式两端取对数后，乘以 k 再利用玻尔兹曼关系可得

$$S=\sum_i S_i . \tag{2.5.5}$$

此式给出熵的可加性，即系统的熵等于组成它的子系的熵之和. 这就是说，如果系统的性质不变，熵随系统的质量(粒子数)倍增而倍增. 在热力学中，将具有这种性质的物理量称为**广延量**. 另一类与广延量不同的热力学量，在物体系性质不变的前提下与物质的多少无关，称为**强度量**. 关于广延量和强度量的概念还将在后面的章节里具体讨论.

2. *熵增加原理*

设一孤立系在初始时刻处于平衡态，系统可能的微观状态数为 W_i，它由 N、V、E 完全确定. 设想系统中原来的某个约束条件被取消或改变后，系统将经历一个过程达到新的平衡态，相应的微观状态数为 W_f. 约束条件的取消或改变，相当于给系统的微观状态数增加了附加的自变量. 若将此附加自变量记为 x,系统宏观态包含的微观状态数则可写为 $W=W(N, V, E, x)$. 根据等概率原理，系统各个可能的微观状态出现的概率相等，因此宏观态的概率与这一微观状态数成正比. 又因系统的终态为平衡态，其对应的 x 应使 W_f 为 W 的极大值，故而有

$$W_f \geqslant W_i , \tag{2.5.6}$$

式中，等号对应于约束条件被取消或改变后，孤立系的平衡态保持不变的情形. 根据熵的统计物理定义式(2.5.2)，由式(2.5.6)可得

$$S_f \geqslant S_i .$$

于是得以下结论：

在孤立系内发生的任何过程中，系统的熵永远增加，直至实现平衡态而熵达到极大值. 这就是孤立系的熵增加原理，或简称为**熵增加原理**.

考虑孤立系经历的微小过程，将熵的增量记为 δS，则有

$$\delta S \geqslant 0 . \tag{2.5.7}$$

上式即为熵增加原理的数学表述式(1.1.4).

现在，我们可从另一角度理解可逆过程. 如果孤立系经历某一过程后，初始状态能在保持系统孤立的同时，仅靠重新设置原来约束而恢复，则称该过程为可逆过程；否则，为不可逆过程. 运用这一对概念，**熵增加原理**还可表述为：

在孤立系内发生的任何过程中，系统的熵永不减小，熵在可逆过程中不变，在不可逆过程中增加.

熵增加原理指出宏观过程进行的方向，因此是热力学第二定律的一种表述形式.

与热力学第一定律情形类似，这里又从统计物理的基本假设——微正则系综出发导出了熵增加原理，即热力学第二定律，揭示了宏观过程不可逆性的微观运动本质.

根据熵增加原理，平衡态时熵取极大值，这时

$$\delta S = 0 . \tag{2.5.8}$$

由上式可以推出热力学系统达到平衡的条件.

考虑两个系统 A_1 和 A_2 组成孤立系 A，两系间不但可以交换能量，而且可以改变体积和交换粒子. 当 E、V、N 分别变化到取平衡态的统计平均值时，由式(2.5.2)和式(2.5.8)有

$$\delta \ln W(N,V,E) = 0 , \tag{2.5.9}$$

即

$$\frac{\partial \ln W}{\partial N}\delta N + \frac{\partial \ln W}{\partial V}\delta V + \frac{\partial \ln W}{\partial E}\delta E = 0 .$$

注意到 A_1、A_2 和 A 各参量之间的关系

$$N = N_1 + N_2, \quad V = V_1 + V_2, \quad E = E_1 + E_2;$$

如 2.3 节的讨论，先考虑 N、V 不变的情形，这时式(2.5.9)给出式(2.3.4)，进而可得式(2.3.6)，即

$$\left(\frac{\partial \ln W_1(E_1)}{\partial E_1}\right)_{N_1,V_1,E_1=\overline{E_1}} = \left(\frac{\partial \ln W_2(E_2)}{\partial E_2}\right)_{N_2,V_2,E_2=\overline{E_2}} . \tag{2.5.10}$$

同理，对 N、E 不变的情形，可得

$$\left(\frac{\partial \ln W_1(V_1)}{\partial V_1}\right)_{N_1,E_1,V_1=\overline{V_1}} = \left(\frac{\partial \ln W_2(V_2)}{\partial V_2}\right)_{N_2,E_2,V_2=\overline{V_2}} . \tag{2.5.11}$$

在 E、V 不变时，又可得

$$\left(\frac{\partial \ln W_1(N_1)}{\partial N_1}\right)_{E_1,V_1,N_1=\overline{N_1}}=\left(\frac{\partial \ln W_2(N_2)}{\partial N_2}\right)_{E_2,V_2,N_2=\overline{N_2}}. \tag{2.5.12}$$

用式(2.5.10)～式(2.5.12)可确定热力学平衡的条件. 前已定义

$$\beta=\frac{1}{W}\left(\frac{\partial W}{\partial E}\right)_{N,V}=\left(\frac{\partial \ln W(N,V,E)}{\partial E}\right)_{N,V}. \tag{2.5.13}$$

再定义

$$\gamma=\frac{1}{W}\left(\frac{\partial W}{\partial V}\right)_{N,E}=\left(\frac{\partial \ln W(N,V,E)}{\partial V}\right)_{N,E}. \tag{2.5.14}$$

$$\alpha=\frac{1}{W}\left(\frac{\partial W}{\partial N}\right)_{V,E}=\left(\frac{\partial \ln W(N,V,E)}{\partial N}\right)_{V,E}. \tag{2.5.15}$$

即可得**热动平衡条件**为

$$\beta_1=\beta_2,\quad \gamma_1=\gamma_2,\quad \alpha_1=\alpha_2. \tag{2.5.16}$$

3. 热力学微分式

考虑熵的微分，这相当于求 $\ln W$ 的完整微分，用定义式(2.5.13) ～(2. 5. 15)有

$$\begin{aligned}\mathrm{d}\ln W&=\left(\frac{\partial \ln W(N,V,E)}{\partial E}\right)_{N,V}\mathrm{d}E+\left(\frac{\partial \ln W(N,V,E)}{\partial V}\right)_{N,E}\mathrm{d}V\\&\quad+\left(\frac{\partial \ln W(N,V,E)}{\partial N}\right)_{V,E}\mathrm{d}N\\&=\beta\mathrm{d}E+\gamma\mathrm{d}V+\alpha\mathrm{d}N.\end{aligned}$$

式中的 N、V、E 均为统计平均值. 为了书写简便，这里省去了表示统计平均值的记号(物理量上的一横). 将玻尔兹曼关系式(2.5.2)代入上式，即得熵的完整微分

$$\mathrm{d}S=k\beta\mathrm{d}E+k\gamma\mathrm{d}V+k\alpha\mathrm{d}N. \tag{2.5.17}$$

于是有

$$\left(\frac{\partial S}{\partial E}\right)_{N,V}=k\beta,\quad \left(\frac{\partial S}{\partial V}\right)_{N,E}=k\gamma,\quad \left(\frac{\partial S}{\partial N}\right)_{V,E}=k\alpha.$$

将 $\beta=1/kT$ 代入式(2.5.17)，整理得

$$\mathrm{d}E=T\mathrm{d}S-kT\gamma\mathrm{d}V-kT\alpha\mathrm{d}N. \tag{2.5.18}$$

$kT\gamma$ 具有压强的量纲，可理解为系统的压强，用式(2.5.17)可将其记作

$$p=kT\gamma=T\left(\frac{\partial S}{\partial V}\right)_{N,E}. \tag{2.5.19}$$

$-kT\alpha$ 具有能量的量纲，可理解为化学势，记作

$$\mu = -kT\alpha = -T\left(\frac{\partial S}{\partial N}\right)_{V,E}. \tag{2.5.20}$$

根据这组定义，对于能量、体积和粒子数可变的两个平衡的物体系来说，热动平衡条件式(2.5.16)可表述为

$$T_1 = T_2, \qquad p_1 = p_2, \qquad \mu_1 = \mu_2. \tag{2.5.21}$$

以上条件分别称为**热平衡**、**力学平衡**和**相变平衡条件**. 关于热力学平衡的问题，在后面的章节中还会专门讨论.

利用上述定义后，式(2.5.18)可写为

$$\mathrm{d}E = T\mathrm{d}S - p\mathrm{d}V + \mu\mathrm{d}N. \tag{2.5.22}$$

这就是**热力学第二定律的基本微分方程式**，适用于准静态(可逆)过程. 由式(2.5.22)易得

$$p = -\left(\frac{\partial E}{\partial V}\right)_{S,N}.$$

与式(2.4.9)比较可知，这里给出的 p 确为对应于广义坐标 V 的广义力之平均——压强. 同样，由式(2.5.22)最后一项可知，这里定义的**化学势**之物理意义为：在系统的熵和体积不变的情况下，每增加一个粒子系统平均能量的增加值.

将式(2.5.22)推广到有多个广义力做功的普遍情形，热力学第二定律的基本微分方程式可写为

$$\mathrm{d}E = T\mathrm{d}S + \sum_i Y_i \mathrm{d}y_i + \mu\mathrm{d}N. \tag{2.5.23}$$

对于定质量系统，如果只有压缩功，热力学第二定律基本微分方程式(2.5.22)又化为

$$\mathrm{d}E = T\mathrm{d}S - p\mathrm{d}V. \tag{2.5.24}$$

将其与热力学第一定律的微分式(2.4.10)比较，可得在准静态微过程中，系统从外界吸收的热量为

$$đQ = T\mathrm{d}S. \tag{2.5.25}$$

可见，$1/T$ 是 $đQ$ 的积分因子. 熵的引入将与过程有关的量——“热量”和态函数(温度、熵)建立了联系. 式(2.5.25)对于所有的可逆过程均成立，故可以用到热力学第二定律的基本微分方程式(2.5.22)和式(2.5.23)中.

4. 克劳修斯不等式

考虑一定质量系统，经历与外界交换热量的非绝热过程. 假定物体系与一恒温大**热库**或**热源**(可称为外界)r 热接触构成孤立系 t. 经历微过程后，物体系从热库吸热 $đQ$，热库吸热则为$-đQ$. 因为热库远大于物系，故相对物体系来讲，可认为热库经历了一准静态(可逆)过程. 由式(2.5.25)知，热库的熵增可写为

$$\mathrm{d}S_{\mathrm{r}}=-\frac{đQ}{T}.$$

但就物系而言，此过程不可视为缓变的准静态过程. 若将物体系在上述过程中的熵增记为 $\mathrm{d}S$，总系统(孤立系)的熵增为 $\mathrm{d}S_{\mathrm{t}}$，根据熵增加原理可知，当系统与热库达到热平衡时，总系的熵增则可写为

$$\mathrm{d}S_{\mathrm{t}}=\mathrm{d}S+\mathrm{d}S_{\mathrm{r}}=\mathrm{d}S-\frac{đQ}{T}\geqslant 0.$$

于是得

$$\mathrm{d}S\geqslant\frac{đQ}{T}. \tag{2.5.26}$$

此式称为**克劳修斯不等式**. 如果物体系所经历的过程是可逆的，则等号成立；否则，不等号成立. 如同不等式(2.5.7)，克劳修斯不等式也给出实际过程进行的方向，通常亦将之视为热力学第二定律的数学表述.

倘若系统经历一绝热过程，则式(2.5.26)中 $đQ=0$，故而有

$$\mathrm{d}S\geqslant 0. \tag{2.5.27}$$

由此可得以下结论：

系统经历绝热过程后，其熵不减. 经可逆绝热过程后，系统的熵不变. 经不可逆绝热过程后，系统的熵增加.

这一结论也称为**熵增加原理**，亦可作为热力学第二定律的一种表述.

2.6 单原子分子理想气体

本节以准经典单原子分子理想气体为例，说明微正则分布的应用. 理想气体是最简单的多粒子系统，是一种典型的近独立粒子(气体分子)组成的系统，分子之间的相互作用可以忽略不计. 单原子分子是最简单的气体分子，它没有内部自由度，其机械运动可作为质点来处理. 假定气体由 N 个分子组成，为简单起见，我们采用半经典近似，认为系统能量可以连续取值，其微观态可以用 Γ 空间(相空间)的点$(q_1, q_2, \cdots, q_{3N};\ p_1, p_2, \cdots, p_{3N})$代表. 单原子分子理想气体的哈密顿量可以写为

$$H=\sum_{i=1}^{3N}\frac{p_i^2}{2m}.$$

这里，p_i 为系统第 i 个自由度的粒子动量，m 为粒子质量. 本节将从这种最简单模型出发来展示微正则分布的应用.

1. 微观状态数

应用微正则分布——等概率假设，首先应考虑系统的微观状态数. 根据式(2.2.4)，气体在 $E\sim E+\Delta E$ 能量范围内的微观状态数由下式计算：

$$W(E)=\frac{1}{N!h^{3N}}\int\limits_{E\leqslant H\leqslant E+\Delta E}\mathrm{d}\Omega.$$

由于能量壳层的“厚度”ΔE 为无穷小，在积分计算的最后令其趋于零. 为计算无穷小壳层内的微观态数，先计算能量小于和等于 E 范围内系统的微观状态数 $\Sigma(E)$，然后对它求微分以获得能量在 $E\sim E+\Delta E$ 范围内的状态数. $\Sigma(E)$ 由下式给出：

$$\begin{aligned}\Sigma(E)&=\frac{1}{N!h^{3N}}\int\limits_{H\leqslant E}\mathrm{d}q_1\mathrm{d}q_2\cdots\mathrm{d}q_{3N}\mathrm{d}p_1\mathrm{d}p_2\cdots\mathrm{d}p_{3N}\\&=\frac{V^N}{N!h^{3N}}\int\limits_{H\leqslant E}\mathrm{d}p_1\mathrm{d}p_2\cdots\mathrm{d}p_{3N}\end{aligned}$$

为了计算式中的积分，作变量代换 $p_i=\sqrt{2mE}x_i$，可得

$$\Sigma(E)=\frac{V^N}{N!h^{3N}}(2mE)^{3N/2}K,\tag{2.6.1}$$

式中

$$K=\int\limits_{\sum_i x_i^2\leqslant 1}\mathrm{d}x_1\mathrm{d}x_2\cdots\mathrm{d}x_{3N}.$$

常数 K 为 $3N$ 维空间中半径为 1 的球体积.

为了计算 K，考虑积分

$$\int\mathrm{e}^{-\beta E}\frac{\mathrm{d}q_1\cdots\mathrm{d}q_{3N}\mathrm{d}p_1\cdots\mathrm{d}p_{3N}}{h^{3N}N!}.$$

此积分可用两种方法计算.

算法一：

$$\int\mathrm{e}^{-\beta E}\frac{\mathrm{d}q_1\cdots\mathrm{d}q_{3N}\mathrm{d}p_1\cdots\mathrm{d}p_{3N}}{h^{3N}N!}=\frac{V^N}{N!h^{3N}}\prod_{i=1}^{3N}\int_{-\infty}^{\infty}\mathrm{e}^{-\frac{\beta}{2m}p_i^2}\mathrm{d}p_i=\frac{V^N}{N!h^{3N}}\left(\frac{2\pi m}{\beta}\right)^{3N/2}.$$

算法二：

$$\int e^{-\beta E} \frac{dq_1 \cdots dq_{3N} dp_1 \cdots dp_{3N}}{h^{3N} N!} = \int_0^\infty e^{-\beta E} \frac{d\Sigma(E)}{dE} dE .$$

将式(2.6.1)代入上式可得

$$\begin{aligned} \int e^{-\beta E} \frac{dq_1 \cdots dq_{3N} dp_1 \cdots dp_{3N}}{h^{3N} N!} &= K \frac{V^N}{N! h^{3N}} (2m)^{3N/2} \frac{3N}{2} \int_0^\infty e^{-\beta E} E^{3N/2-1} dE \\ &= K \frac{V^N}{N! h^{3N}} \left(\frac{2m}{\beta} \right)^{3N/2} \Gamma\left(\frac{3N}{2} + 1 \right). \end{aligned}$$

令两式相等得

$$K = \frac{\pi^{3N/2}}{\Gamma\left(\frac{3N}{2} + 1 \right)} . \tag{2.6.2}$$

因此

$$\Sigma(E) = \left(\frac{V}{h^3} \right)^N \frac{(2\pi m E)^{3N/2}}{N! \Gamma\left(\frac{3N}{2} + 1 \right)} . \tag{2.6.3}$$

最后得

$$\begin{aligned} W(E) = \frac{\partial \Sigma(E)}{\partial E} \Delta E &= \frac{V^N}{N! h^{3N} \Gamma\left(\frac{3N}{2} + 1 \right)} \frac{3N}{2} (2\pi m)^{3N/2} E^{3N/2-1} \Delta E \\ &= \frac{3N}{2} \frac{\Delta E}{E} \Sigma(E). \end{aligned} \tag{2.6.4}$$

2. 玻尔兹曼常量

由式(2.6.3)和式(2.6.4)，可得气体的微观状态数满足以下关系：

$$W \propto V^N .$$

再考虑式(2.5.14)和式(2.5.19)，可得

$$\frac{p}{kT} = \frac{\partial}{\partial V} \ln W = \frac{\partial}{\partial V} \ln V^N = \frac{N}{V} . \tag{2.6.5}$$

即得理想气体的物态方程

$$pV = NkT .$$

将它与热学给出的理想气体物态方程

$$pV = nRT \qquad (n\text{ 为气体的物质的量})$$

比较，有 $k = R/N_0$. 其中，R 为**气体常量**，N_0 为**阿伏伽德罗**(Avogadro)**常量**，其数值分别约为

$$R = 8.31\text{J} \cdot \text{mol}^{-1} \cdot \text{K}^{-1}, \qquad N_0 = 6.02 \times 10^{23}\text{mol}^{-1}.$$

由此可知 k 确为通常所说的玻尔兹曼常量，其数值约为

$$k = 1.38 \times 10^{-23}\text{J} \cdot \text{K}^{-1}.$$

3. 熵增加原理

考虑如图 2-1 所示的气体绝热自由膨胀过程. 假定有一个容积为 V_f 的孤立容器，将其用隔板隔为两部分，容积分别为 V_i 和 $V_f - V_i$，整个系统近似作孤立系. 开始时，容积为 V_i 的体积内充满气体，其余部分为真空. 今设想在不影响整个系统孤立性的前提下突然抽去隔板，气体将经历绝热过程而自由膨胀至体积为 V_f. 此过程称为气体**绝热自由膨胀**. 根据熵增加原理，经历这个过程后气体的熵必然增加. 让我们根据微观状态数的变化比较过程进行前后熵的数值.

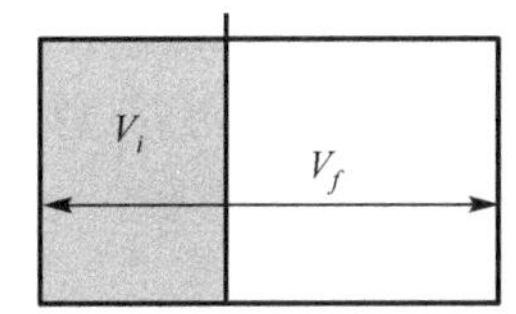

图 2-1　气体绝热自由膨胀示意图

由式(2.6.3)～式(2.6.4)可知初态时，气体的微观状态数为

$$W_i \propto V_i^N E^{3N/2-1} \Delta E.$$

抽去隔板，气体达到平衡终态时的微观状态数为

$$W_f \propto V_f^N E^{3N/2-1} \Delta E.$$

初终两态的微观态数之间的关系为

$$W_f = \left(\frac{V_f}{V_i}\right)^N W_i. \tag{2.6.6}$$

因为 $V_f > V_i$，显然有

$$W_f > W_i. \tag{2.6.7}$$

由玻尔兹曼关系可知

$$S_f > S_i.$$

可见理想气体的绝热自由膨胀导致熵的增加，因此是一个不可逆过程. 只有当 $V_i = V_f$，即抽去隔板后气体体积不变，才有 $W_f = W_i$，熵的数值也不变. 这个事实是熵增加原理的具体体现.

4. 热力学函数

用上面给出的微观状态数，便可由定义计算系统的熵. 将式(2.6.3)和式(2.6.4)代入玻尔兹曼关系式(2.5.2)，立即得到单原子分子理想气体的熵

$$S = k\ln W = Nk\ln\left[\frac{V}{h^3N}\left(\frac{4\pi mE}{3N}\right)^{3/2}\right] + \frac{5}{2}Nk + k\left[\ln\left(\frac{3N}{2}\right) + \ln\left(\frac{\Delta E}{E}\right)\right],$$

其中已用到斯特林公式(1.4.45). 上式最后一项远小于前两项，可以将其忽略，最后得到单原子分子理想气体的熵为

$$S = Nk\ln\left[\frac{V}{h^3N}\left(\frac{4\pi mE}{3N}\right)^{3/2}\right] + \frac{5}{2}Nk. \tag{2.6.8}$$

这里给出的熵与气体分子数 N 成正比，是广延量.

由上式易得内能(总能量的平均值)与熵的关系为

$$E = \frac{3h^2N^{5/3}}{4\pi mV^{2/3}}\mathrm{e}^{\frac{2S}{3Nk}-\frac{5}{3}}. \tag{2.6.9}$$

由热力学基本微分方程式(2.5.22)易知

$$T = \left(\frac{\partial E}{\partial S}\right)_{V,N}, \qquad p = -\left(\frac{\partial E}{\partial V}\right)_{N,S}, \qquad \mu = \left(\frac{\partial E}{\partial N}\right)_{V,S}.$$

将式(2.6.9)代入上述各式，可得

$$T = \frac{2E}{3Nk}, \qquad p = \frac{2E}{3V}.$$

进而获得系统的内能为

$$E = \frac{3}{2}NkT. \tag{2.6.10}$$

物态方程为

$$pV = NkT. \tag{2.6.11}$$

用式(2.6.10)又可将熵的表达式写为

$$S = Nk\left[\ln\frac{V}{N} + \frac{3}{2}\ln\left(\frac{2\pi mkT}{h^2}\right) + \frac{5}{2}\right]. \tag{2.6.12}$$

化学势则为

$$\mu = \frac{2E}{3N}\left(\frac{5}{2} - \frac{S}{Nk}\right) = kT\ln\left[\frac{N}{V}\left(\frac{h^2}{2\pi mkT}\right)^{3/2}\right]. \tag{2.6.13}$$

为便于讨论具体问题，热力学中还定义了其他一些态函数，如 1.1 节中定义的焓式(1.1.7)和自由能式(1.1.8). 此外，热力学中最常用到的另外一个态函数——**吉布斯函数**定义为

$$G = E + pV - TS = H - TS\,, \tag{2.6.14}$$

或称**自由焓**. 关于 H、F、G 等态函数的物理意义，我们还将在以后的章节中陆续介绍.

利用以上获得的内能和熵的表达式可以算出单原子分子理想气体的其他几个热力学函数的表达式.

焓的计算结果为

$$H = \frac{5}{2}NkT\,. \tag{2.6.15}$$

自由能为

$$F = NkT\left[\ln\frac{N}{V} + \frac{3}{2}\ln\left(\frac{h^2}{2\pi mkT}\right) - 1\right]. \tag{2.6.16}$$

吉布斯函数则为

$$G = NkT\ln\left[\frac{N}{V}\left(\frac{h^2}{2\pi mkT}\right)^{3/2}\right]. \tag{2.6.17}$$

结合式(2.6.13)可得吉布斯函数与化学势的关系为

$$G = N\mu\,.$$

讨 论 题

第 2 章小结

2.1 为什么引入统计系综？

2.2 求宏观量的关键是什么？

2.3 讨论宏观态和微观态的区别.

2.4 如何理解宏观短微观长和宏观小微观大？

2.5 为何引入等概率原理？

2.6 解释 $\mathrm{d}\bar{E} = đQ + đ\mathscr{W}$ 中热量和功的统计物理意义.

2.7 通常说“热力学系统在给定的宏观条件下……”，这里的宏观条件是什么？

2.8 为什么系统的微观状态数是态函数？

2.9 讨论熵的统计意义，它没有微观量对应，如何计算？

2.10 为何计算 $W(E) = \dfrac{\partial\Sigma(E)}{\partial E}\Delta E$ ？

2.11 比较 $\mathrm{d}\bar{E} = đQ - p\mathrm{d}V$ 和 $\mathrm{d}\bar{E} = T\mathrm{d}S - p\mathrm{d}V$ 有何结论.

习 题

2.1 若一温度为 T_1 的高温物体向另一温度为 T_2 的低温物体传递热量 Q，试用熵增加原理证明这一过程(热传导)为不可逆过程.

2.2 假定物体的初始温度 T_1 高于热源的温度 T_2，有一热机在此物体和热源之间工作. 当物体温度降低至 T_2 时，热机从物体共吸收的热量为 Q. 试用熵增加原理证明，此热机输出的最大功为 $W_{最大} = Q - T_2(S_1 - S_2)$，其中 $S_1 - S_2$ 表示物体熵的减少量.

2.3 试以 p-V 图为例，根据热力学第二定律证明两条绝热线不能相交.

2.4 N 个频率相同的三维经典谐振子系统的能量为

$$H = \sum_{i=1}^{3N}\left(\frac{p_i^2}{2m} + \frac{1}{2}m\omega^2 q_i^2\right),$$

试求系统在能量范围 $E \sim E + \Delta E$ 内的微观状态数.

2.5 在极端相对论情形下，N 个粒子的能量可表为

$$H = \sum_{i=1}^{3N} cp_i, \qquad c \text{ 为光速.}$$

试求系统微观状态数与能量的关系.

2.6 由单原子分子理想气体的微观状态数 $W(E)$ 导出气体在可逆绝热(熵不变)过程中 E 和 V 满足的关系.

2.7 由理想气体绝热自由膨胀的不可逆性证明热力学第二定律的开氏说法是正确的，即不可能从单一热源吸热使之完全变成有用功而不引起其他变化.

第 3 章 部分要点、难点视频

第3章

封 闭 系

第 2 章介绍了统计物理的基本假设——微正则系综. 它以孤立系为出发点，是统计物理体系的基础. 在实际应用中，用微正则系综求系统平衡时的宏观性质往往不是十分方便的. 从 2.6 节的例子可看出，即使是对理想气体这样简单的系统，应用微正则分布进行计算也比较繁复. 因为我们必须计算系统可能的微观状态数，这一点在数学上造成极大的不便，限制了微正则分布的直接实际应用. 以下，我们将由微正则系综的分布出发，导出实际应用更方便的系综分布. 本章讨论一种宏观条件较孤立系宽松的系统——粒子数不变的系统(封闭系)，由微正则系综导出描述封闭系的系综分布，并简要讨论其应用.

3.1 正 则 分 布

我们将微观粒子数不发生变化的系统称为“**封闭系**”. 所谓“封闭”，是一个传统的概念. 在经典物理看来，一个封闭的系统不可能与外界交换粒子，其粒子数必然是确定的；而在量子论看来，物质具有波和粒子两重性质，“粒子”的概念较经典物理更宽泛，传统的经典观念下的物理隔离(封闭)并不能保证体系的粒子数不变. 从后面的讨论将看到，在“封闭”情形下，有些量子系统(如光子系统)的粒子数会随系统与外界或内部粒子间的能量交换而改变. 因此，“粒子数不变”是较“封闭”更强的宏观条件. 不过，为了叙述方便，我们仍将这种系统称为“封闭系”. 以下，如不特殊说明，我们提到“封闭系”，即指粒子数不变的系统.

描述封闭系的系综称为正则系综. 让我们用统计物理的基本假设来导出正则系综的分布.

设想我们所研究的封闭系与一大热源接触，两者只交换能量而不交换粒子，共同组成复合的孤立系. 由于大热源较封闭系大得多，以至于在能量交换过程中可以近似地认为热源温度不变. 两系统交换能量达到的共同平衡态，具有确定的温度 T(即大热源的温度)、体积 V 和粒子数 N. 因为封闭系和热源都是由大量粒子组成的系统，而两系之间的能量交换又只能在表面进行，所以相互作用能量与两系统的能量比较是微不足道的，可以略去. 于是，复合孤立系的能量 E_{t} 可表为系统的能量 E 与热源的能量 E_{r} 之和，即

$$E_{\mathrm{t}} = E + E_{\mathrm{r}} = \mathrm{const.}, \tag{3.1.1}$$

且有 $E_{\mathrm{r}} \gg E$.

下面讨论复合孤立系处于平衡态时，封闭系之正则系综的分布函数. 当封闭系处于某一量子态 s，其能量为 E_s 时，大热源可处于能量为 $E_{\mathrm{t}}-E_s$ 之可能微观状态中的任何一个. 若以 $W_{\mathrm{r}}(E_{\mathrm{t}}-E_s)$ 表示能量为 $E_{\mathrm{r}}=E_{\mathrm{t}}-E_s$ 时热源的微观状态数，此时复合系统的微观状态数应为

$$1\cdot W_{\mathrm{r}}(E_{\mathrm{t}}-E_s)=W_{\mathrm{r}}(E_{\mathrm{t}}-E_s).$$

由于复合系统为孤立系，根据等概率假设，它处于所有可能微观状态的概率相等. 如果复合系统的总微观状态数是 W_{t}，则其处于任一可能状态的概率均为 $\rho=1/W_{\mathrm{t}}$. 而在孤立系的 W_{t} 个可能微观态中，有 $W_{\mathrm{r}}(E_{\mathrm{t}}-E_s)$ 个是封闭系处于 s 态的相应微观态. 因此，该封闭系处于 s 态的概率 ρ_s 应为

$$\rho_s=\rho W_{\mathrm{r}}(E_{\mathrm{t}}-E_s)=\frac{W_{\mathrm{r}}(E_{\mathrm{t}}-E_s)}{W_{\mathrm{t}}}. \tag{3.1.2}$$

式(3.1.2)给出了正则系综的分布函数 ρ_s. 显然，这个表达式不便实际使用，必须将其简化. 一个自然的想法是将其用泰勒级数展开，以便近似处理. 但是，根据前面对理想气体的计算知道，$W(E)$ 是一很大的数，随 E 的变化很陡，直接展开收敛必然甚慢. 所以，我们考虑对它的对数作泰勒展开. 将 $\ln W_{\mathrm{r}}(E_{\mathrm{t}}-E_s)$ 在 E_{t} 处按 E_{r} 展开并忽略二次以上的小量，可得

$$\ln W_{\mathrm{r}}(E_{\mathrm{t}}-E_s)\approx \ln W_{\mathrm{r}}(E_{\mathrm{t}})-E_s\left(\frac{\partial \ln W_{\mathrm{r}}}{\partial E_{\mathrm{r}}}\right)_{E_{\mathrm{r}}=E_{\mathrm{t}}}=\ln W_{\mathrm{r}}(E_{\mathrm{t}})-\beta E_s. \tag{3.1.3}$$

在推导上式的最后一步用到了式(2.3.7). 将式(3.1.3)代入式(3.1.2)，合并与 E_s 无关的因子后可得

$$\rho_s=C\mathrm{e}^{-\beta E_s}.$$

式中，C 为归一化常数，由下式给出：

$$\sum_s \rho_s=\sum_s C\mathrm{e}^{-\beta E_s}=1.$$

概率 ρ_s 常写为

$$\rho_s=\frac{1}{Z}\mathrm{e}^{-\beta E_s}, \tag{3.1.4}$$

式中，Z 由归一化条件确定

$$Z=\sum_s \mathrm{e}^{-\beta E_s}. \tag{3.1.5}$$

此函数称为系统的**配分函数**. 式中，β 的意义曾在 2.3 节作过讨论. 这里，它描述大热源的性质，我们有

$$\beta = \frac{1}{kT},$$

其中，T 为大热源的温度，当然也是系统的平衡温度. 为方便地计算热力学函数，常用配分函数的对数

$$\psi = \ln Z$$

之负指数函数来表示归一化常数，可将式(3.1.4)写为

$$\rho_s = \mathrm{e}^{-\psi-\beta E_s}.$$

此式和式(3.1.4)给出“封闭系”按微观状态能量分布的规律，称为**正则分布**. 由于吉布斯最早提出这个分布，因此亦称**吉布斯正则分布**，相应的系综称为**吉布斯正则系综**，或**正则系综**. 正则分布的性质主要取决于因子 $\mathrm{e}^{-\beta E_s}$，这个因子又称为**玻尔兹曼因子**. 玻尔兹曼因子给出封闭系统计规律的重要性质：在温度(β)确定时，系统处于某一可能的微观状态的概率随该状态的能量值升高而指数衰减；系统处于给定能量之状态的概率，亦随温度的升高而上升. 这表明，系综中的各系统不仅按能量分布，同时该分布还受热学特有的物理量——温度的影响. 由式(3.1.5)定义的配分函数 Z 亦称玻尔兹曼求和，其求和对系统的所有微观状态进行.

以上的讨论尚未涉及能级的简并. 如果考虑能级简并，若记能量为 E_l 的能级之简并度为 W_l，则系统处于 E_l 能级的概率为

$$\rho_l = \frac{1}{Z} W_l \mathrm{e}^{-\beta E_l}. \tag{3.1.6}$$

系统的配分函数可由下式计算：

$$Z = \sum_l W_l \mathrm{e}^{-\beta E_l}. \tag{3.1.7}$$

式中的求和只需对所有能级进行. 还可将式(3.1.6)写为

$$\rho_l = W_l \mathrm{e}^{-\psi-\beta E_l}.$$

根据式(3.1.6)和式(3.1.7)，不难给出正则分布的准经典极限. 在系统微观态准连续的情况下，我们用相空间(Γ 空间)来描述系统的力学运动状态，系统一个微观态在相空间占据一定的体积. 相空间一点($\boldsymbol{q}$，$\boldsymbol{p}$)(如 2.1 节约定，这里用 $\boldsymbol{q}$，$\boldsymbol{p}$ 分别代表系统中所有粒子的广义坐标和动量)对应之态的能量可写为 $E(\boldsymbol{q}, \boldsymbol{p})$. 根据对应关系，考虑粒子的全同性，相空间中体积元 $\mathrm{d}\Omega = \mathrm{d}\boldsymbol{q}\mathrm{d}\boldsymbol{p}$ 内的微观状态数则为

$$\frac{1}{N!h^{Nr}}\mathrm{d}\Omega$$

相当于式(3.1.6)中的 W_l. 于是，系统处于相体积 $\mathrm{d}\Omega$ 内的概率为

$$\rho(\boldsymbol{q},\boldsymbol{p})\mathrm{d}\Omega=\frac{1}{N!h^{Nr}}\frac{\mathrm{e}^{-\beta E(\boldsymbol{q},\boldsymbol{p})}}{Z}\mathrm{d}\Omega\,. \tag{3.1.8}$$

上式给出的系综分布为半经典正则分布(或简称为经典正则分布)，$\rho(\boldsymbol{q},\boldsymbol{p})$为经典正则分布的概率密度. 这时，系统的配分函数写为

$$Z=\frac{1}{N!h^{Nr}}\int\mathrm{e}^{-\beta E(\boldsymbol{q},\boldsymbol{p})}\mathrm{d}\Omega\,. \tag{3.1.9}$$

式中积分是对整个相空间进行的. 通常也将式(3.1.8)写为

$$\rho(\boldsymbol{q},\boldsymbol{p})\mathrm{d}\Omega=\frac{1}{N!h^{Nr}}\mathrm{e}^{-\psi-\beta E(\boldsymbol{q},\boldsymbol{p})}\mathrm{d}\Omega\,.$$

如果不计粒子的全同性，上式右端分母中的$N!$消失，为纯经典统计结果.

3.2 正则分布的热力学公式

与微正则分布情形一样，有了系综分布，我们就可以计算所有的热力学函数，同时也可导出与热力学定律相联系的热力学基本微分方程.

1. 热力学公式

考虑一封闭系，在粒子数N不变的条件下与外界(大热库)交换能量而达到平衡态. 这时，物体系与外界具有相同的温度，记为T. 与此同时，物体系与外界还可以通过做功的形式交换能量. 为简单起见，我们讨论只有压缩功的情形，即做功仅与体积的变化有关. 当物体系与外界达到共同的平衡态时，系统的温度和体积也达到相应的平衡值. 于是，可以用确定的T、V来表征物体系所处的宏观条件. 内能由微观能量的统计平均值给出，可通过用正则分布求系综平均计算，即

$$\overline{E}=\sum_s\rho_sE_s=\sum_s\frac{1}{Z}E_s\mathrm{e}^{-\beta E_s}=\frac{1}{Z}\left(-\frac{\partial}{\partial\beta}\sum_s\mathrm{e}^{-\beta E_s}\right)=-\frac{\partial}{\partial\beta}\ln Z\,. \tag{3.2.1}$$

若以$-V$为位形参量，相应的平均广义力即压强为

$$p=\sum_s\rho_s\frac{\partial E_s}{\partial(-V)}=-\frac{1}{Z}\sum_s\mathrm{e}^{-\beta E_s}\frac{\partial E_s}{\partial V}=\frac{1}{\beta}\frac{\partial}{\partial V}\ln Z\,. \tag{3.2.2}$$

对于一般情形，欲求平均广义力$\overline{Y}$，可将式(3.2.2)中的p和$-V$分别用$\overline{Y}$和广义坐标y代换得

$$\overline{Y}=-\frac{1}{\beta}\frac{\partial}{\partial y}\ln Z\,. \tag{3.2.3}$$

关于熵，原则上可以根据其定义——玻尔兹曼关系式(2.5.2)计算，但这须先计

算系统在给定宏观条件(T, V)下可能的微观状态数. 对于一般的热力学系统来讲，这是非常困难的. 因此，我们希望导出能用正则分布来计算熵的公式. 具体做法是：考虑如上的定质量简单系统，先证明微分式 $\mathrm{d}\bar{E}+p\mathrm{d}V$ 有一积分因子 β，再将它与热力学第二定律的基本微分方程式(2.5.24)比较，从而得到正则分布熵的表达式.

事实上

$$\begin{aligned}\beta(\mathrm{d}\bar{E}+p\mathrm{d}V)&=-\beta\mathrm{d}\left(\frac{\partial}{\partial\beta}\ln Z\right)+\left(\frac{\partial}{\partial V}\ln Z\right)\mathrm{d}V\\&=-\mathrm{d}\left(\beta\frac{\partial}{\partial\beta}\ln Z\right)+\left(\frac{\partial}{\partial\beta}\ln Z\right)\mathrm{d}\beta+\left(\frac{\partial}{\partial V}\ln Z\right)\mathrm{d}V.\end{aligned}\tag{3.2.4}$$

由于 $Z=Z(\beta, V)$，故式(3.2.4)右端后两项为 $\mathrm{d}\ln Z$，所以

$$\beta(\mathrm{d}\bar{E}+p\mathrm{d}V)=\mathrm{d}\left(\ln Z-\beta\frac{\partial}{\partial\beta}\ln Z\right)\tag{3.2.5}$$

为完整微分. 可见，β 确为 $\mathrm{d}\bar{E}+p\mathrm{d}V$ 的积分因子.

再看热力学第二定律给出的基本微分方程式(2.5.24)

$$\mathrm{d}\bar{E}=T\mathrm{d}S-p\mathrm{d}V.$$

上式可写为

$$\frac{1}{T}(\mathrm{d}\bar{E}+p\mathrm{d}V)=\mathrm{d}S.\tag{3.2.6}$$

这说明，$1/T$ 亦为 $\mathrm{d}\bar{E}+p\mathrm{d}V$ 的积分因子. 两个积分因子之比应为原函数 S 之函数，即

$$\frac{\beta}{1/T}=f(S).$$

又根据正则分布的导出过程可知，β 只反映大热源的恒温特性，应是系统与热源热平衡时共同的温度之函数，与系统其他性质(包括熵 S 的数值)无关. 同时，$1/T$ 与熵无关是显见的. 因此可知 $f(S)$ 事实上与熵无关，必为普适常量，不妨将它记为 $1/k$. 于是得

$$\beta=1/kT.$$

利用这一关系，比较式(3.2.5)和式(3.2.6)可得熵的表达式为

$$S=S_0+k\left(\ln Z-\beta\frac{\partial}{\partial\beta}\ln Z\right).$$

通常令熵常数 $S_0=0$，因此有

$$S = k\left(\ln Z - \beta\frac{\partial}{\partial\beta}\ln Z\right) = k(\psi + \beta\overline{E}). \tag{3.2.7}$$

通过对具体系统的计算，不难验证 k 即玻尔兹曼常量.

这样，我们就对简单系统用正则系综给出了结合热力学第一、第二定律的热力学基本微分式

$$\mathrm{d}E = T\mathrm{d}S - p\mathrm{d}V.$$

对式(3.2.7)应用式(3.1.4)可得

$$S = -k\overline{\ln\rho}. \tag{3.2.8}$$

可见，作为一个统计平均量，熵所对应的微观量是$-k\ln\rho$.

在热力学中，自由能定义为

$$F = E - TS.$$

根据这一定义，运用上面给出的熵的表达式，可得自由能的计算公式

$$F = -kT\ln Z = -kT\psi. \tag{3.2.9}$$

类似于微正则系综中用玻尔兹曼关系定义熵，上式即为统计物理对自由能的定义. 从后面的讨论将看到，只要用正则分布求出配分函数，进而获得自由能(作为宏观变量 T、V 的函数)，就可以求出所有热力学函数.

容易将正则系综理论应用到单原子分子理想气体. 用上文给出的理想气体能量(哈密顿量)表达式

$$H = \sum_{i=1}^{3N}\frac{p_i^2}{2m}$$

计算得到其配分函数为

$$Z = \frac{V^N}{N!h^{3N}}\left(\frac{2\pi m}{\beta}\right)^{3N/2}. \tag{3.2.10}$$

运用式(3.2.1)和式(3.2.2)，易得理想气体的平均能量 $\overline{E}$ 和物态方程. 结果与微正则分布得到的结果式(2.6.10)和式(2.6.11)相同. 用式(3.2.7)和式(3.2.10)计算理想气体的熵，亦得式(2.6.8)之结果. 进而可验证玻尔兹曼关系

$$S = k\ln W. \tag{3.2.11}$$

对于玻尔兹曼关系较为普遍的证明，留待以后进行.

2. 能量涨落

运用 1.4 节中关于涨落的理论，可以计算正则分布的能量涨落. 由式(1.4.14)可得能量的涨落为

$$\overline{(E-\bar{E})^2}=\overline{E^2}-(\bar{E})^2 . \tag{3.2.12}$$

进一步计算可得

$$\overline{E^2}-(\bar{E})^2=\sum_s \rho_s E_s^2-\left(\sum_s \rho_s E_s\right)^2=\frac{\sum\limits_s E_s^2 \mathrm{e}^{-\beta E_s}}{\sum\limits_s \mathrm{e}^{-\beta E_s}}-\frac{\left(\sum\limits_s E_s \mathrm{e}^{-\beta E_s}\right)^2}{\left(\sum\limits_s \mathrm{e}^{-\beta E_s}\right)^2}=-\frac{\partial \bar{E}}{\partial \beta}.$$

即

$$\overline{(E-\bar{E})^2}=-\frac{\partial \bar{E}}{\partial \beta}=kT^2 \frac{\partial \bar{E}}{\partial T}=kT^2 C_V . \tag{3.2.13}$$

由定义式(1.4.15)可得正则分布能量的相对涨落是

$$\frac{\overline{(E-\bar{E})^2}}{(\bar{E})^2}=-\frac{1}{(\bar{E})^2} \frac{\partial \bar{E}}{\partial \beta}=\frac{\partial}{\partial \beta} \frac{1}{\bar{E}}=\frac{kT^2 C_V}{(\bar{E})^2}. \tag{3.2.14}$$

对于单原子分子理想气体，已知

$$\bar{E}=3NkT/2 ,$$

因此

$$C_V=\frac{\partial \bar{E}}{\partial T}=\frac{3Nk}{2} .$$

代入式(3.2.14)，可求得单原子分子理想气体能量的相对涨落为

$$\frac{\overline{(E-\bar{E})^2}}{(\bar{E})^2}=\frac{2}{3N} . \tag{3.2.15}$$

对于实际的宏观系统，我们有 $N \gg 1$，因此由上式得出的正则分布能量涨落可以忽略不计. 事实上，相对涨落的大小，是由正则分布的性质所决定的. 单原子分子理想气体具有能量 E 的概率 $\rho(E) \propto W(E)\,\mathrm{e}^{-\beta E}$，其中 $W(E)$ 为气体能量为 E 时的微观态数. 根据 2. 6 节的估算可知 $W(E) \propto E^{3N/2-1}$，因此有

$$\rho(E) \propto E^{3N/2-1} \mathrm{e}^{-\beta E} .$$

由此可知，$\rho(E)$ 在平均能量 $\bar{E}$ 附近有一非常尖锐的极大(图 3-1). 这意味着系统能量为平均能量 $\bar{E}$ 的宏观状态几乎包含了系统全部可能的微观状态，系统出现能量偏离 $\bar{E}$ 的微观状态之可能性几乎为零，即能量的相对涨落趋近于零. 换言之，封闭系在平衡态时，“差不多”只能处在能量为 $\bar{E}$ 附近的微观态，这十分接近孤立系情形. 因此，用正则分布描述系统平衡态的宏观性质与用能量为 $\bar{E}$ 的孤立系之微正则分布描述的结果必相同. 在这种意义下，我们可以说正则系综等价于微正则系综.

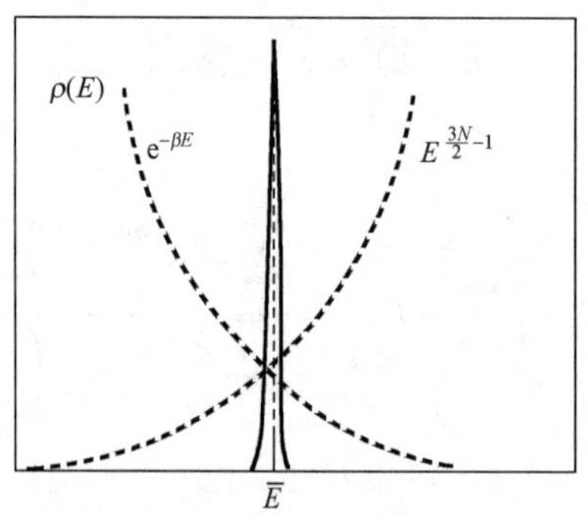

图 3-1 单原子分子理想气体$\rho(E)$–E关系示意

3.3 近独立子系的麦克斯韦-玻尔兹曼分布

作为正则系综的一个基本应用，我们来研究理想气体分子按单粒子能级的分布. 理想气体是由完全相同的近独立粒子组成的系统，每个粒子都是系统的一个“子系”，因此可以将理想气体定义为由**近独立子系**组成的系统. 同时，子系的概念还可以进一步推广，它既可以理解为通常意义下的气体分子，也可以理解为其他粒子或较为复杂的多粒子系统. 这样定义的理想气体概念更加宽泛. 研究理想气体分子的分布，就是研究近独立子系的分布. 将正则系综理论用于理想气体问题，针对“定域子系统”，可以导出子系按能级的分布，即麦克斯韦-玻尔兹曼分布. 同时，这个分布还可用最概然法由孤立系的微正则分布导出. 如果将“子系”视为多粒子组成的封闭系，由麦克斯韦-玻尔兹曼分布又可获得正则分布.

1. 麦克斯韦-玻尔兹曼分布

首先，让我们用正则分布导出可分辨近独立子系按能级的分布. 对于 N 个可分辨粒子组成的理想气体，我们可以指出每个粒子所处的状态以描述系统的微观态. 假定系统处于 s 态，其各粒子分别独立地占据单粒子态 1，2，…，j，…，记第 i 个粒子占据第 j 个态时的能量为 ε_{ij}，系统的总能量 E_s 则可写为

$$E_s = \varepsilon_{1j} + \varepsilon_{2k} + \cdots + \varepsilon_{Nl}. \tag{3.3.1}$$

由正则分布式(3.1.4)知，第 1 个粒子占据第 j 个微观状态的概率为

$$P_{1j} = \frac{1}{Z}\sum_{(N-1)} \mathrm{e}^{-\beta E_s}. \tag{3.3.2}$$

式中，$(N-1)$表示对其余 $N-1$ 个粒子所有可能的状态求和. 根据式(3.3.1)和式(3.1.5)可知

$$P_{1j}=\frac{\sum_k\cdots\sum_l \mathrm{e}^{-\beta(\varepsilon_{1j}+\varepsilon_{2k}+\cdots+\varepsilon_{Nl})}}{\sum_j\sum_k\cdots\sum_l \mathrm{e}^{-\beta(\varepsilon_{1j}+\varepsilon_{2k}+\cdots+\varepsilon_{Nl})}}=\frac{\mathrm{e}^{-\beta\varepsilon_{1j}}\sum_k\cdots\sum_l \mathrm{e}^{-\beta(\varepsilon_{2k}+\cdots+\varepsilon_{Nl})}}{\sum_j \mathrm{e}^{-\beta\varepsilon_{1j}}\sum_k\cdots\sum_l \mathrm{e}^{-\beta(\varepsilon_{2k}+\cdots+\varepsilon_{Nl})}}=\frac{\mathrm{e}^{-\beta\varepsilon_{1j}}}{\sum_j \mathrm{e}^{-\beta\varepsilon_{1j}}}. \tag{3.3.3}$$

此式对所有粒子均成立. 略去下标 1，可得任意粒子处于第 j 个单粒子状态的概率：

$$P_j=\frac{1}{z}\mathrm{e}^{-\beta\varepsilon_j},\qquad z=\sum_j \mathrm{e}^{-\beta\varepsilon_j}. \tag{3.3.4}$$

系统处于第 j 个单粒子状态的平均粒子数则为

$$f_j=NP_j=\frac{N}{z}\mathrm{e}^{-\beta\varepsilon_j}. \tag{3.3.5}$$

亦可写为

$$f_j=\mathrm{e}^{-\alpha-\beta\varepsilon_j},\qquad \mathrm{e}^{\alpha}=\frac{z}{N}. \tag{3.3.6}$$

此式给出**可分辨近独立粒子按状态的分布**，称为**麦克斯韦-玻尔兹曼分布**，简称**麦-玻分布**. 类似于配分函数的定义，我们将式(3.3.4)第二式确定的 z 称为**粒子配分函数**. 如果将这里的“粒子”理解为概念更为宽泛的“子系”，麦-玻分布即为“定域”子系按其微观状态的分布，z 则为**子系配分函数**.

在 3.2 节，我们已证明 $\beta=1/kT$，其中 k 为玻尔兹曼常量.

进一步可将麦-玻分布写成按能级分布的形式. 若能级 ε_l 的简并度为 ω_l，则在能级 ε_l 上分布的平均粒子数为

$$a_l=\omega_l\mathrm{e}^{-\alpha-\beta\varepsilon_l}. \tag{3.3.7}$$

此式为麦-玻分布的常见形式.

如果在任意能级 ε_l 上分布的粒子数远小于其简并度，即

$$a_l\ll\omega_l, \tag{3.3.8}$$

我们称气体为**非简并性**的，此式即为**非简并性条件**. 所谓非简并性，是指从统计物理角度来看，粒子的全同性已不重要，可以近似地认为是可分辨的，或称为“定域”的. 我们将这种系统称为**玻尔兹曼系统**，亦称麦克斯韦-玻尔兹曼系统. 习惯上，我们总是选取单粒子的最低能级——基态为能量零点，即 $\varepsilon_1=0$. 如果满足非简并性条件，由式(3.3.7)可知必有

$$\mathrm{e}^{-\alpha}\ll 1, \tag{3.3.9}$$

反之亦然. 因此，不等式(3.3.9)即非简并性条件的数学表达. 事实上，前面对麦-玻分布的推导是在定域粒子的前提下进行的，这相当于已暗中假定式(3.3.8)满足. 在以后的讨论中我们将逐步看到，当这一条件满足时，理想的量子系统(费米系和玻色系)都趋向玻尔兹曼系统，可用经典统计来研究.

2. 最概然法

麦-玻分布亦可由微正则分布出发用最概然法导出.

仍考虑上面所讨论的系统，只是将宏观条件改为孤立. 这时，系统的能量为确定值. 在这一前提下，考虑系统的粒子分别取各自的单粒子能量. 例如，有 a_l 个粒子的能量取第 l 个单粒子能级的能量 ε_l，或称第 l 个能级上有 a_l 个粒子. 列出所有能级上的粒子数，便给出粒子按能级的分布，记为 $\{a_l\}$. 显然，即使在宏观条件完全确定的情形下，这种分布也不是唯一的. 它必然与系统的瞬时宏观状态有关. 根据孤立系趋向平衡的事实容易理解，与未达到平衡态时相比，平衡态时系统粒子按能级的分布应该是概率(几率)最大的分布. 我们将这个分布称为**最概然**(最可几)**分布**. 对孤立系而言，根据微正则系综(等概率)假设，分布的概率与微观状态数成正比. 因此，最概然分布是包含微观状态最多的分布. 通过求概率极大(包含的微观状态数极大)的分布，即可导出平衡态时孤立系粒子按能级分布的形式，这种方法称为**最概然法**.

为了计算分布概率的极值，首先需要写出分布 $\{a_l\}$ 所包含的微观状态数的表达式.

假定单粒子能级 ε_l 的简并度为 ω_l，分布为 $\{a_l\}$ 时，有 a_l 个粒子占据该能级的 ω_l 个不同的单粒子态，我们来考虑有多少种占据方式. 首先，从 a_l 个粒子中取出一个粒子选择 ω_l 个状态占据，共有 ω_l 种方式；再从剩余的 a_l-1 个粒子中拿出一个粒子占据 ω_l 个状态，也有 ω_l 种方式；以此类推，直到拿出最后的一个粒子占据 ω_l 个状态，仍有 ω_l 种方式. 这样，a_l 个粒子占据 ω_l 个态的可能占据方式便有 $\omega_l^{a_l}$ 种. 考虑所有能级，可得总的占据方式数为 $\prod\limits_l \omega_l^{a_l}$. 由于粒子是可以分辨的，交换粒子会改变系统的状态. 而 N 个粒子两两交换的方式有 $N!$ 种，如果它们都导致新的微观态，系统包含的微观态数则为上述总占据方式数的 $N!$ 倍. 还应注意到，在 $N!$ 种交换方式中，对同一能级上粒子交换的 $\prod\limits_l a_l!$ 种方式在考虑该能级的占据方式数 $\omega_l^{a_l}$ 时已经计入，故应在考虑粒子交换带来新微观态的倍数时除去. 综合考虑这两种因素，微观态总数则为上述总占据方式数乘以因子 $N!\Big/\prod\limits_l a_l!$. 于是，对于给定分布 $\{a_l\}$，玻尔兹曼系统的微观状态数为

$$W = \frac{N!}{\prod\limits_l a_l!}\prod_l \omega_l^{a_l}. \tag{3.3.10}$$

微观状态数 W 取极大的条件是

$$\delta W\left(\{a_l\}\right) = 0.$$

为了便于数学处理，我们将分析 $\ln W$ 的变分极值，以代替对 W 极值条件的求解. 这样做的依据是 $\ln W$ 为 W 的单调增函数，二者同时达到极大值. 此外，在计算极值时，还要注意到系统所受的约束. 孤立系的粒子数和总能量是确定的，即系统受两个宏观约束条件的限制：粒子数

$$N=\sum_l a_l \tag{3.3.11}$$

和总能量

$$E=\sum_l a_l\varepsilon_l \tag{3.3.12}$$

均为常量. 通常用**拉格朗日**(Lagrange)**未定乘子法**变分确定有约束条件的极值，相应的方程为

$$\delta(\ln W-\alpha N-\beta E)=0\,, \tag{3.3.13}$$

式中，α 和 β 为**拉格朗日乘子**，分别由 N 和 E 为常量(两个约束条件)确定. 将式(3.3.10)给出的微观状态数代入，有

$$\ln W=\ln N!-\sum_l \ln a_l!+\sum_l a_l\ln\omega_l\,.$$

假定 $N\gg 1$(这对于宏观系统显然是成立的)，$a_l\gg 1$，应用斯特林公式于上式，有

$$\ln W=N(\ln N-1)-\sum_l a_l(\ln a_l-1)+\sum_l a_l\ln\omega_l\,.$$

将此式和约束条件式(3.3.11)与式(3.3.12)代入式(3.3.13)可得

$$\delta(\ln W-\alpha N-\beta E)=-\sum_l\left(\ln\frac{a_l}{\omega_l}+\alpha+\beta\varepsilon_l\right)\delta a_l=0\,.$$

因为各能级上的粒子数 a_l ($l=1,2,\cdots$)是相互独立的，所以上式成立的充分必要条件是所有 δa_l 的系数均为零，即

$$\ln\frac{a_l}{\omega_l}+\alpha+\beta\varepsilon_l=0\,. \tag{3.3.14}$$

整理即得能量为 ε_l 的能级上粒子数的最概然分布

$$a_l=\omega_l e^{-\alpha-\beta\varepsilon_l},\qquad l=1,2,\cdots.$$

此式即麦-玻分布，与前面由正则分布导出的结果式(3.3.7)完全相同. 式中的参数 α 和 β 由以下两式确定：

$$N=\sum_l \omega_l e^{-\alpha-\beta\varepsilon_l} \tag{3.3.15}$$

及

$$E=\sum_{l}\varepsilon_l\omega_l\mathrm{e}^{-\alpha-\beta\varepsilon_l}\ . \tag{3.3.16}$$

由式(3.3.15)可得

$$\mathrm{e}^{\alpha}=\frac{1}{N}\sum_{l}\omega_l\mathrm{e}^{-\beta\varepsilon_l}=\frac{z}{N}\ , \tag{3.3.17}$$

式中

$$z=\sum_{l}\omega_l\mathrm{e}^{-\beta\varepsilon_l}\ , \tag{3.3.18}$$

即式(3.3.4)定义的粒子配分函数. 根据式(3.3.17)还可解得

$$\alpha=\ln\frac{z}{N}\ .$$

在实际应用中，往往是在一定的温度下，亦即 $\beta=1/kT$ 为确定值时，利用麦-玻分布计算系统的平均能量 $\overline{E}$.

利用式(3.3.17)，可将麦-玻分布写为

$$a_l=\frac{N}{z}\omega_l\mathrm{e}^{-\beta\varepsilon_l},\qquad l=1,2,\cdots. \tag{3.3.19}$$

代入式(3.3.16)即得系统平均能量的表达式

$$\overline{E}=N\overline{\varepsilon}=N\frac{\sum\limits_{l}\varepsilon_l\omega_l\mathrm{e}^{-\beta\varepsilon_l}}{\sum\limits_{l}\omega_l\mathrm{e}^{-\beta\varepsilon_l}}=N\sum_{l}\varepsilon_l P_l\ .$$

上式最后一步用到了式(1.4.8). 最后的结果可以理解为，一个粒子处在 ε_l 能级上的概率为

$$P_l=\frac{\omega_l\mathrm{e}^{-\beta\varepsilon_l}}{\sum\limits_{l}\omega_l\mathrm{e}^{-\beta\varepsilon_l}}\ .$$

可见，麦-玻分布同样反映着统计规律性.

由式(3.3.7)也可以得出粒子在单粒子量子态上的最概然分布. 在第 l 能级上具有相同能量 ε_l 的 ω_l 个量子态被粒子占据的概率相同，因此所有量子态上的平均粒子数相等. 于是，处于能量为 ε_j 的一个量子态 j 上的平均粒子数则为

$$f_j=\mathrm{e}^{-\alpha-\beta\varepsilon_j}\ . \tag{3.3.20}$$

确定 α 和 β 的两个约束式可写为

$$N = \sum_j e^{-\alpha-\beta\varepsilon_j} \tag{3.3.21}$$

和

$$E = \sum_j \varepsilon_j e^{-\alpha-\beta\varepsilon_j} . \tag{3.3.22}$$

同样可以定义粒子配分函数

$$z = \sum_j e^{-\beta\varepsilon_j} . \tag{3.3.23}$$

它与式(3.3.4)完全相同. 应当注意，这里的求和是对所有的单粒子态进行的. 如果将粒子理解为子系，此式即子系配分函数，其中的求和是对子系所有微观状态的求和. 引入粒子(子系)配分函数后，粒子(子系)按单粒子(子系)状态的麦-玻分布式(3.3.20)又可写为

$$f_j = \frac{N}{z} e^{-\beta\varepsilon_j} . \tag{3.3.24}$$

3. 经典麦-玻分布

下面讨论麦-玻分布的经典极限. 经典系统的微观态是连续的，我们可以用 μ 空间的点来描述单粒子的微观态. 如 1.2 节的做法，将 μ 空间分割为一系列很小的相格子，其中第 l 个格子的体积元为 $\Delta\omega_l$，近似认为格内的单粒子态之能量相同，记为 ε_l，视之为第 l 个单粒子能级. 根据对应关系，相格子 $\Delta\omega_l$ 内单粒子态的数目为 $\Delta\omega_l / h^r$，相当于该能级的简并度. 这样，式(3.3.7)的麦-玻分布可以改写为

$$a_l = e^{-\alpha-\beta\varepsilon_l} \frac{\Delta\omega_l}{h^r} . \tag{3.3.25}$$

它给出经典近独立粒子系相格子 $\Delta\omega_l$ 中分布的粒子数，为**经典的麦-玻分布**.

确定参数 α 和 β 的两个约束条件则成为

$$N = \sum_l e^{-\alpha-\beta\varepsilon_l} \frac{\Delta\omega_l}{h^r} , \tag{3.3.26}$$

和

$$E = \sum_l \varepsilon_l e^{-\alpha-\beta\varepsilon_l} \frac{\Delta\omega_l}{h^r} , \tag{3.3.27}$$

相应的粒子配分函数写为

$$z = \sum_l e^{-\beta\varepsilon_l} \frac{\Delta\omega_l}{h^r} . \tag{3.3.28}$$

式(3.3.25)又可改写为

$$a_l = \frac{N}{z} \mathrm{e}^{-\beta \varepsilon_l} \frac{\Delta \omega_l}{h^r}. \tag{3.3.29}$$

由于状态可以连续变化，配分函数式(3.3.28)中对 μ 空间体积元 $\Delta\omega_l$ 的求和可以化为积分，即

$$\sum_l \Delta \omega_l \to \int \cdots \int \mathrm{d}q_1 \cdots \mathrm{d}q_r \mathrm{d}p_1 \cdots \mathrm{d}p_r = \int \mathrm{d}\omega,$$

粒子配分函数则可由下式计算：

$$z = \frac{1}{h^r} \int \cdots \int \mathrm{e}^{-\beta \varepsilon(q_1, \cdots, q_r, p_1, \cdots, p_r)} \mathrm{d}q_1 \cdots \mathrm{d}q_r \mathrm{d}p_1 \cdots \mathrm{d}p_r. \tag{3.3.30}$$

相体积元 $\mathrm{d}\omega$ 内的平均粒子数则为

$$\mathrm{d}N = \frac{1}{h^r} \mathrm{e}^{-\alpha - \beta \varepsilon(q_1, \cdots, q_r, p_1, \cdots, p_r)} \mathrm{d}\omega. \tag{3.3.31}$$

式中的 α 可通过式(3.3.6)由粒子配分函数 z 计算，进而完全确定麦-玻分布. 而配分函数的计算，则需要首先得知粒子能量对广义坐标和广义动量的依赖关系.

4. 关于麦-玻分布的讨论

以上我们用正则分布导出了近独立子系的麦-玻分布，在 3.2 节，我们已说明微正则分布等价于正则分布. 这就是说，无论是孤立系还是封闭系，在平衡态时，近独立子系的分布均为麦-玻分布. 在研究近独立子系性质时，两者是等价的.

还应该指出，我们这里说近独立，就意味着不是完全独立. 事实上，对于一个达到平衡态的系统来说，组成它的子系之间总是有相互作用的，正是这些相互作用使系统得以达到并保持其平衡态. 不过，这种相互作用的能量较子系的能量小得多，在讨论系统平衡态性质时可以略去，从而将系统的能量写成式(3. 3. 1)的形式. 在这种意义下，我们也可将近独立子系简单地称作“独立子系”.

设想我们研究的封闭系是由近独立子系组成的孤立系的一个“子系”，而将孤立系的其他部分看作与之交换热量的“热库”(外界). 这种情景与 3.1 节导出正则分布时设计的“复合孤立系”类似，所不同的只是这里的热库是由大量与封闭系完全相同的近独立子系构成. 3. 1 节在写出能量关系式(3.1.1)时，用到封闭系与热库之间的相互作用能可以略去的条件，这正是将“封闭系”视为孤立系之“近独立子系”的前提. 对于这样的子系，其微观状态的分布已用最概然分布给出，即为麦-玻分布. 因此，若将封闭系微观状态 s 的能量记 E_s，作为孤立系的子系，其处于态 s 的概率则由式(3.3.24)除以子系的数目给出

$$\rho_s = \frac{1}{Z}e^{-\beta E_s}. \tag{3.3.32}$$

这里把式(3.3.24)的 z 改写为 Z，表示我们现在研究的子系不是一个粒子，而是由多粒子组成的封闭系，其配分函数也将与单粒子不同而为封闭系的配分函数. 对式(3.3.32)的概率归一化，即可求得封闭系的配分函数为

$$Z = \sum_s e^{-\beta E_s}. \tag{3.3.33}$$

这里给出的封闭系按微观状态的分布即**正则分布**. 在上述推导过程中，我们对封闭系没有作任何特殊限制，因此式(3.3.32)是任意封闭系都满足的分布. 从这个意义上讲，我们由近独立子系的麦-玻分布导出了正则分布.

应当注意的是，这里导出正则分布时用到的麦-玻分布，是封闭系作为假想孤立系之近独立子系的分布，而不是封闭系内粒子的分布. 这两个分布属于不同的层次，不可混淆. 上述推导并不意味着封闭系内的粒子是近独立的. 倘若所讨论的封闭系是由近独立粒子构成，我们将不仅可以用正则分布，而且可以用麦-玻分布来计算系统的热力学函数，并获得同样结果. 因此可以说，这两种分布在其共同适用的范围内是等价的. 另外，我们已在 3.2 节说明了正则分布与微正则分布的等价性，所以又可以说：目前我们所涉及的三种分布在其共同适用范围内都是等价的.

还应指出，在用最概然法推导麦-玻分布的过程中，我们只考虑了 $\ln W$ 的一级变分为零的要求. 从严格意义上讲，还需要证明 $\ln W$ 的二级变分 $\delta^2(\ln W)$ 小于零，才能保证给出的 a_l 使 $\ln W$ 为极大值. 事实上

$$\delta^2(\ln W) = -\delta\sum_l \ln\left(\frac{a_l}{\omega_l}\right)\delta a_l = -\sum_l \frac{(\delta a_l)^2}{a_l}$$

又 $a_l > 0$，故有 $\delta^2(\ln W)<0$，即 $\delta^2 W<0$. 因此，前面求出的分布确为使 $\ln W$ 即 W 极大的分布.

另外，上文推导最概然分布满足的方程式(3.3.14)时，对 $\ln a_l!$ 应用了斯特林公式，这要求 a_l 远大于 1，这个条件往往不能被很好地满足. 这是最概然法的一个严重不足. 采用正则分布推导麦-玻分布的方法则不需要这样的先决条件，因而是严格的，这既弥补了最概然法的不足，同时也佐证了它的正确性.

3.4 麦克斯韦-玻尔兹曼分布的热力学公式

本节将从可分辨近独立粒子的麦-玻分布出发，计算热力学函数，导出热力学基本公式，并讨论由此分布导致的吉布斯佯谬.

1. 热力学公式

由 3.3 节导出的麦-玻分布，可以方便地求得各热力学函数.

用式(3.3.7)、(3.3.16)和(3.3.17)，可将系统的内能写为

$$\begin{aligned}\bar{E}&=\sum_l \varepsilon_l a_l=\sum_l \varepsilon_l \omega_l \mathrm{e}^{-\alpha-\beta\varepsilon_l}=\mathrm{e}^{-\alpha}\left(-\frac{\partial}{\partial\beta}\sum_l \omega_l \mathrm{e}^{-\beta\varepsilon_l}\right)\\&=\frac{N}{z}\left(-\frac{\partial z}{\partial\beta}\right)=-N\frac{\partial}{\partial\beta}\ln z.\end{aligned} \tag{3.4.1}$$

运用此式即可由粒子配分函数计算物体系的内能.

若将位形参量记为 y，相应于这一参量，外界施于能量 ε_l 之粒子的微观广义力则写为 $Y=\partial\varepsilon_l/\partial y$. 考虑所有粒子，外界对整个系统的平均广义力便可由下式计算：

$$\begin{aligned}\bar{Y}&=\sum_l \frac{\partial\varepsilon_l}{\partial y}a_l=\sum_l \frac{\partial\varepsilon_l}{\partial y}\omega_l \mathrm{e}^{-\alpha-\beta\varepsilon_l}=\mathrm{e}^{-\alpha}\left(-\frac{1}{\beta}\frac{\partial}{\partial y}\sum_l \omega_l \mathrm{e}^{-\beta\varepsilon_l}\right)\\&=-\frac{1}{\beta}\frac{N}{z}\frac{\partial z}{\partial y}=-\frac{N}{\beta}\frac{\partial}{\partial y}\ln z.\end{aligned} \tag{3.4.2}$$

作为一个特例，对简单均匀系统，即做功只与体积 V 变化有关的系统，可将位形参量选为$-V$，相应的广义力则为压强 p. 这样，只须作代换 $y\to -V$ 和 $\bar{Y}\to p$，便可由上式获得系统压强的表达式，即物态方程为

$$p=-\sum_l a_l\frac{\partial\varepsilon_l}{\partial V}=\frac{N}{\beta}\frac{\partial}{\partial V}\ln z. \tag{3.4.3}$$

类似于 3.2 节用正则分布计算熵的过程，考虑 $\beta(\mathrm{d}\bar{E}-\bar{Y}\mathrm{d}y)$，将式(3.4.1)和式(3.4.2)代入，并注意到粒子配分函数 z 仅为 β 和位形参量 y 的函数，即 $z=z(\beta, y)$，可得

$$\begin{aligned}\beta(\mathrm{d}\bar{E}-\bar{Y}\mathrm{d}y)&=-N\beta\mathrm{d}\left(\frac{\partial}{\partial\beta}\ln z\right)+N\left(\frac{\partial}{\partial y}\ln z\right)\mathrm{d}y\\&=N\left[\mathrm{d}\left(-\beta\frac{\partial}{\partial\beta}\ln z\right)+\left(\frac{\partial}{\partial\beta}\ln z\right)\mathrm{d}\beta+\left(\frac{\partial}{\partial y}\ln z\right)\mathrm{d}y\right]\\&=N\mathrm{d}\left(\ln z-\beta\frac{\partial}{\partial\beta}\ln z\right)\end{aligned} \tag{3.4.4}$$

为完整微分. 这一事实说明，β 是 $\mathrm{d}\bar{E}-\bar{Y}\mathrm{d}y$ 的积分因子. 通过类似于 3.2 节的讨论亦可说明，β 只是温度的函数，可写为 $\beta=1/kT$. 同时，可得系统熵的表达式

$$S=Nk\left(\ln z-\beta\frac{\partial}{\partial\beta}\ln z\right). \tag{3.4.5}$$

从以上推导过程，也可进一步导出热力学的基本微分式. 对仅有压缩功的简单系统，基本微分式为

$$\mathrm{d}\bar{E}=T\mathrm{d}S-p\mathrm{d}V\,.$$

由式(3.3.17)又可得

$$\ln z=\ln N+\alpha\,.$$

将其代入式(3.4.5)有

$$\begin{aligned}S&=Nk\left(\ln N+\alpha+\frac{\beta}{N}\bar{E}\right)=k(N\ln N+\alpha N+\beta\bar{E})\\&=k\left[N\ln N+\sum_l(\alpha+\beta\varepsilon_l)a_l\right].\end{aligned}\tag{3.4.6}$$

由式(3.3.7)可得

$$\ln\left(\frac{\omega_l}{a_l}\right)=\alpha+\beta\varepsilon_l\,.$$

最后可将式(3.4.5)化为

$$S=k\left[N\ln N-\sum_l a_l\ln a_l+\sum_l a_l\ln\omega_l\right].$$

与式(3.3.10)比较则得玻尔兹曼关系

$$S=k\ln W\,.\tag{3.4.7}$$

可见，用玻尔兹曼关系定义的熵与正则系综给出的熵完全一致.

根据定义可直接计算系统的自由能为

$$F=\bar{E}-TS=-NkT\ln z\,.\tag{3.4.8}$$

2. 吉布斯佯谬

经典理想气体是典型的可分辨近独立粒子系统. 现以最简单的单原子分子理想气体为例，讨论其热力学函数特别是混合熵的性质.

质量为 m 的经典单原子分子的能量为

$$\varepsilon=\frac{p_x^2+p_y^2+p_z^2}{2m}\,.$$

算出相应的**分子(粒子)配分函数**为

$$z=\frac{1}{h^3}\int\cdots\int\mathrm{e}^{-\beta(p_x^2+p_y^2+p_z^2)/2m}\mathrm{d}x\mathrm{d}y\mathrm{d}z\mathrm{d}p_x\mathrm{d}p_y\mathrm{d}p_z=\frac{V}{h^3}\left(\frac{2\pi m}{\beta}\right)^{3/2}.$$

由此立即可以获得各热力学函数：

内能

$$E=\frac{3}{2}NkT\ .$$

物态方程

$$pV=NkT\ .$$

熵

$$S=Nk\left(\ln z-\beta\frac{\partial}{\partial\beta}\ln z\right)=Nk\left\{\ln\left[\frac{V}{h^3}\left(\frac{2\pi m}{\beta}\right)^{3/2}\right]+\frac{3}{2}\right\}.$$

我们注意到，由式(3.4.6)的第二式给出的熵和由上式得出的理想气体熵与粒子数不成正比，这同其广延量性质不符. 用这种方法计算气体混合的熵变，将会导致**吉布斯佯谬**：

对于性质相同(如温度、压强相等)的同种气体混合过程熵的计算得出混合熵增加的结论.

假定一孤立的容器用挡板分隔为两个体积相同的部分，两边充满等量、等温的同种气体，其分子数和体积分别均为 N 和 V. 若抽去挡板，令其在温度不变的前提下“混合”. 混合后，气体共处于一个大容器中，其分子数和体积分别为 $2N$ 和 $2V$. 考虑气体经历这一过程熵的变化. 为便于说明问题，我们仍限于讨论单原子分子理想气体. 后面将看到，这种特殊假定并不影响讨论的一般性.

记混合前每部分的熵为 S_V，混合后气体的熵为 S_{2V}. 用上面给出的关于经典单原子分子理想气体的结果，立即可以得到熵的增加值为

$$\Delta S=S_{2V}-2S_V=2Nk\ln(2V)-2Nk\ln V=2Nk\ln 2>0\ .$$

由此得出结论：同种理想气体等温混合后熵增加.

这个结论显然是错误的. 因为两部分气体完全相同，挡板抽取后事实上没有发生任何宏观过程. 根据熵的广延性，大容器气体的熵理应为原来两部分气体熵的总和，即“混合”后熵不会增加. 这里出现一个经典统计物理计算与热力学结论的矛盾，历史上将之称为吉布斯佯谬. 这个矛盾可以用描述微观粒子的量子论来排解.

在经典论看来，同种气体的分子尽管性质相同，但总是可以分辨的. 可以设想对两边的分子预先“着色”(标以不同的符号并进行跟踪). 抽去挡板后，两种不同“颜色”的分子将混合在一起，再插入挡板，系统将不能自动恢复到最初的状态，因此过程是不可逆的，其熵必增. 如果计入量子力学的全同性原理，情况则大不相同. 事实上，性质完全相同的粒子是不可分辨的，因此挡板抽取后系统的状态与抽取前没有任何不同，过程是可逆的，其熵不变. 可见，吉布斯佯谬是因认定粒子可分辨

所致. 在前文关于麦-玻分布的推导中，采用了式(3.3.10)描述玻尔兹曼系统的微观状态数，它是以粒子的可分辨性为前提的. 考虑全同性后，因为 N 个粒子的任何互换并不产生新的微观状态，所以正确的计数应该是将该式除以 N 粒子交换的总数 $N!$，即乘以因子 $1/N!$. 这个因子常称为**吉布斯校正因子**. 引入这个因子后，体系配分函数式(3.3.33)成为

$$Z=\frac{1}{N!}\sum_{s}\mathrm{e}^{-\beta E_s}\ . \tag{3.4.9}$$

熵的表达式(3.4.5)则修正为

$$S=Nk\left(\ln z-\beta\frac{\partial}{\partial\beta}\ln z\right)-k\ln N!=k(\alpha N+\beta E+N)\,. \tag{3.4.10}$$

这样得到的熵与粒子数成正比，满足熵的广延量性质要求. 这种计数方法在考虑玻尔兹曼系统的微观状态数时，将式(3.3.10)除以 $N!$，获得了熵的正确结果，因而又被称为**正确的玻尔兹曼计数**. 具体计算单原子分子理想气体的熵为

$$S=Nk\left\{\ln\left[\frac{V}{Nh^3}\left(\frac{2\pi m}{\beta}\right)^{3/2}\right]+\frac{5}{2}\right\}.$$

对上述混合过程，熵增加值的计算结果为 $\Delta S=0$，吉布斯佯谬问题得以解决.

3.5 能均分定理

经典情形的麦克斯韦-玻尔兹曼分布可直接应用于计算某些实际系统如理想气体、简单固体的热力学函数，这些问题将在后面的章节中讨论. 不过，对于近独立粒子组成的经典系统，还可以通过一种更简便的方法来计算其内能，并进一步得到可由实验观测的热容量，以检验理论的正确性. 这种方法就是运用能均分定理实现内能的计算. **能均分定理**表述为：

对于处在温度为 T 的平衡态的经典系统，粒子能量中每一个平方项的统计平均值为 $\frac{1}{2}kT$.

下面证明这一定理.

单粒子的能量可写为动能和势能两部分之和

$$\varepsilon=\varepsilon_{\mathrm{k}}+\varepsilon_{\mathrm{p}}\,.$$

先考虑动能项. 粒子的动能部分写为

$$\varepsilon_{\mathrm{k}}=\frac{1}{2}\sum_{i=1}^{r}a_i p_i^2 . \tag{3.5.1}$$

这里，r 为粒子的自由度. $a_i>0$，而且 a_i 可能为广义坐标 q_1，q_2，…，q_{r} 的函数，但与 p_1，p_2，…，p_{r} 无关. 动能项的平均值可用麦-玻分布计算如下：

$$\begin{aligned}\overline{\frac{1}{2}a_i p_i^2}&=\frac{1}{N}\int\cdots\int\frac{1}{2}a_i p_i^2\mathrm{e}^{-\alpha-\beta\varepsilon}\frac{\mathrm{d}q_1\cdots\mathrm{d}q_r\mathrm{d}p_1\cdots\mathrm{d}p_r}{h^r}\\&=\frac{1}{N}\int\frac{1}{2}a_i p_i^2\mathrm{e}^{-\frac{\beta}{2}a_i p_i^2}\mathrm{d}p_i\frac{N}{zh^r}\underbrace{\int\cdots\int}_{2r-1\text{个}}\mathrm{e}^{-\beta\varepsilon+\frac{\beta}{2}a_i p_i^2}\mathrm{d}q_1\cdots\mathrm{d}q_r\mathrm{d}p_1\cdots\mathrm{d}p_{i-1}\mathrm{d}p_{i+1}\cdots\mathrm{d}p_r.\end{aligned} \tag{3.5.2}$$

后一式的前一个积分可以通过分部积分实现

$$\begin{aligned}\int_{-\infty}^{\infty}\frac{1}{2}a_i p_i^2\mathrm{e}^{-\frac{\beta}{2}a_i p_i^2}\mathrm{d}p_i&=\int_{-\infty}^{\infty}\left(-\frac{p_i}{2\beta}\right)\mathrm{d}\mathrm{e}^{-\frac{\beta}{2}a_i p_i^2}\\&=\left[-\frac{p_i}{2\beta}\mathrm{e}^{-\frac{\beta}{2}a_i p_i^2}\right]_{-\infty}^{\infty}+\frac{1}{2\beta}\int_{-\infty}^{\infty}\mathrm{e}^{-\frac{\beta}{2}a_i p_i^2}\mathrm{d}p_i.\end{aligned} \tag{3.5.3}$$

不难看出，上式右端第一项等于零. 将式(3.5.3)代入式(3.5.2)得

$$\overline{\frac{1}{2}a_i p_i^2}=\frac{1}{2\beta z}\underbrace{\int\cdots\int}_{2r\text{个}}\mathrm{e}^{-\beta\varepsilon}\frac{\mathrm{d}q_1\cdots\mathrm{d}q_r\mathrm{d}p_1\cdots\mathrm{d}p_r}{h^r}=\frac{1}{2\beta}=\frac{1}{2}kT . \tag{3.5.4}$$

再考虑势能项. 假定粒子的势能 ε_{p} 中有 r' 项为平方项，写为

$$\varepsilon_{\mathrm{p}}=\frac{1}{2}\sum_{i=1}^{r'}b_i q_i^2+\varepsilon'_{\mathrm{p}}(q_{r'+1},\cdots,q_r) , \tag{3.5.5}$$

其中，$b_i>0$，而且 b_i 可能为 $q_{r'+1}$，…，q_r 的函数，但与 q_1，q_2，…，$q_{r'}$ 无关. 对势能的平方项作类似于动能项的计算可得

$$\overline{\frac{1}{2}b_i q_i^2}=\frac{1}{2}kT . \tag{3.5.6}$$

这就证明了经典的能均分定理.

运用能均分定理，可以方便地计算经典系统能量中坐标和动量平方项的统计平均值. 倘若系统总能量表达式中仅包含坐标和动量的平方项，计算将变得十分简单. 以 N 个单原子分子组成的理想气体为例，其单粒子能量表达式为

$$\varepsilon=\frac{1}{2m}(p_x^2+p_y^2+p_z^2) ,$$

包含三个平方项. 由能均分定理可得每个分子的平均能量为 $3kT/2$，从而得到 N 个分子气体的平均能量(内能)为 $3NkT/2$. 与前面已知的结论式(2.6.10)相同.

3.6 肖特基缺陷

在前面几节的讨论中，我们建立了宏观热力学量熵与系统微观状态数的重要关系，即玻尔兹曼关系. 利用这一关系，可以方便地讨论一些热力学系的性质. 作为一个实例，本节讨论一种半导体缺陷——**肖特基**(Schottky)**缺陷**的浓度.

在绝对零度($T\to 0$K)时，理想固体(晶体)中的原子或离子完全周期性地排列在确定的位置上. 以下将原子或离子简称为粒子. 这些由粒子间相互作用总能量最低而决定的平衡位置称为**格点**. 当温度 $T>0$K 时，粒子将由于热扰动而围绕其平衡位置振动. 随着温度的升高，粒子的振动逐渐增强，有一些粒子的振动能量大到克服束缚能而完全脱离格点，迁移到其他地方，留下空位，晶体便出现缺陷. 当缺陷的数目远小于格点总数且互不相邻时，我们将这类缺陷称为**点缺陷**. 若脱离原位的粒子迁移到固体表面上，形成新的表面层，则称为肖特基缺陷. 如图 3-2 所示.

随着温度的上升，缺陷的数目将逐渐增多. 现在，让我们来讨论热平衡时晶体中肖特基缺陷的数目对温度的依赖关系. 由于在晶体内部粒子与其周围较多的粒子相结合，它在晶体内较在表面时的能量更低. 设由 N 个粒子组成的固体形成 n 个肖特基缺陷，若空位的位置彼此间相距较远，即 $N\gg n$，每个空位周围均无其他空位，则形成每个缺陷的能量均相等. 设粒子在晶体内的能量为能量零点，将形成一个肖特基缺陷的能量记为 $\varepsilon(>0)$，称为缺陷的**激发能**. 系统的能量则可写为

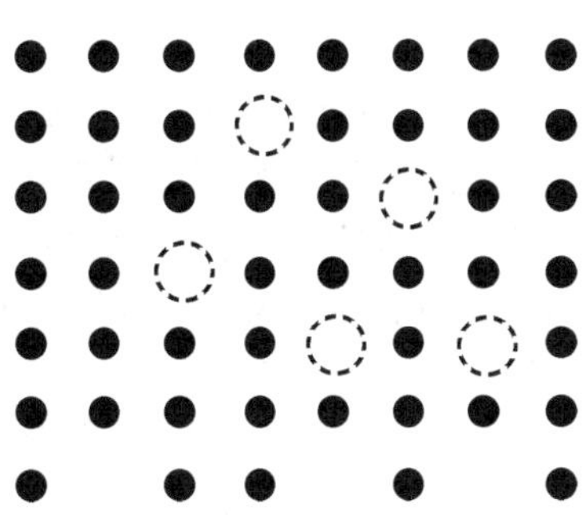

图 3-2 肖特基缺陷示意图

$$E=n\varepsilon . \tag{3.6.1}$$

因为 $N\gg n$，故可忽略由于肖特基缺陷的出现对晶体体积带来的变化. 在热平衡时，系统具有确定的 T、V、N. 晶体中出现 n 个肖特基缺陷的构型，相当于 N 个粒子分布在 $N+n$ 个格点上，即从 $N+n$ 个格点中抽取出 n 个空位的组合. 根据式(1.4.18)，可得系统的微观状态数为

$$W(n)=\frac{(N+n)!}{n!N!}. \tag{3.6.2}$$

由玻尔兹曼关系式(3.2.11)，得知系统的熵为

$$S(n)=k\ln W(n)=k\ln\frac{(N+n)!}{n!N!}. \tag{3.6.3}$$

由式(3.2.6)求得系统在热平衡时的温度满足

$$\frac{1}{T}=\left(\frac{\partial S}{\partial E}\right)_V=\frac{\mathrm{d}S(n)}{\mathrm{d}n}\frac{\mathrm{d}n}{\mathrm{d}E}=\frac{1}{\varepsilon}\frac{\mathrm{d}S(n)}{\mathrm{d}n}. \tag{3.6.4}$$

考虑到 $n\gg 1$，运用斯特林公式(1.4.45)于式(3.6.3)，可得

$$S(n)=k\left[(N+n)\ln(N+n)-N\ln N-n\ln n\right]. \tag{3.6.5}$$

由此得

$$\frac{\mathrm{d}S(n)}{\mathrm{d}n}=k\left[\ln(N+n)-\ln n\right]=k\ln\frac{N+n}{n}. \tag{3.6.6}$$

将式(3.6.6)代入式(3.6.4)，可解得

$$\frac{n}{N}=\frac{1}{\mathrm{e}^{\varepsilon/kT}-1}. \tag{3.6.7}$$

对于 $n\ll N$ $(\varepsilon\gg k\mathrm{T})$ 的情形，式(3.6.7)可写成

$$n\approx N\mathrm{e}^{-\varepsilon/kT}. \tag{3.6.8}$$

式(3.6.8)表明：在 $T=0\mathrm{K}$ 时，$n=0$，系统处于无缺陷的最低能量 $E=0$ 状态，称为基态. 此时，系统的微观状态数 $W(0)=1$，系统是完全有序的理想晶体. 对于实际晶体，缺陷激发能 ε 的典型值约为 1eV，在室温 $T\sim 300\mathrm{K}$ 时，$n/N\sim 10^{-17}$；当温度 $T\sim 1000\mathrm{K}$ 时，$n/N\sim 10^{-6}$. 由此可见，我们最初考虑 $N\gg n$ 是合理的.

3.7 二能态与负温度

到目前为止，我们所讨论的常见系统(如理想气体)有一个显著的特点，即单粒子能级无上限. 随着温度的升高，系统越来越多的粒子被激发到高能级，物系的内能不断增加. 对于粒子数 N 给定的系统，若选取外参量(广义坐标)为 y，由热力学第二定律式(2.5.24)和熵的统计物理定义(2.5.2)有

$$\frac{1}{T}=\left(\frac{\partial S}{\partial E}\right)_y=k\frac{\partial}{\partial E}\ln W. \tag{3.7.1}$$

上式的第二步用到了玻尔兹曼关系. 在给定的宏观条件下，常见系统可能的微观状态数随平均能量或内能增高而增加. 由式(3.7.1)可见，对此类系统而言，熵亦为内能的单调增函数，物系的温度 T>0K. 物系内能随温度升高的增加意味着越来越多的粒子被激发到高能级，导致系统混乱度即熵的增大.

本节将讨论一类比较特殊的系统. 这类系统的熵在一定条件下会随着内能的增加而减少. 这时，式(3.7.1)给出 T<0K 的结论，即系统处于**负温度**状态. 这样的系统最简单的例子就是仅有两个单粒子能级的**二能态**系统.

设二能态系统的两个能级的能量分别为$+\varepsilon$和$-\varepsilon$，将两个能级上的粒子数依次记为 N_+和 N_-，则系统的总粒子数 N 满足

$$N = N_+ + N_- . \tag{3.7.2}$$

系统的能量为

$$E = N_+\varepsilon - N_-\varepsilon . \tag{3.7.3}$$

由式(3.7.2)和式(3.7.3)可得

$$N_+ = \frac{N}{2}\left(1+\frac{E}{N\varepsilon}\right), \qquad N_- = \frac{N}{2}\left(1-\frac{E}{N\varepsilon}\right). \tag{3.7.4}$$

对于给定的分布$\{N_+, N_-\}$，系统的微观状态数为

$$W = \frac{N!}{N_+!N_-!} .$$

由玻尔兹曼关系式(2.5.2)可得熵为

$$S = k\ln W = k\ln\frac{N!}{N_+!N_-!} . \tag{3.7.5}$$

将式(3.7.4)代入式(3.7.5)，考虑到 $N_+ \gg 1$ 和 $N_- \gg 1$，应用斯特林公式可得

$$\begin{aligned} S &= k\left[N\ln N - N_+\ln N_+ - N_-\ln N_-\right] \\ &= kN\left[\ln 2 - \frac{1}{2}\left(1+\frac{E}{N\varepsilon}\right)\ln\left(1+\frac{E}{N\varepsilon}\right) - \frac{1}{2}\left(1-\frac{E}{N\varepsilon}\right)\ln\left(1-\frac{E}{N\varepsilon}\right)\right]. \end{aligned} \tag{3.7.6}$$

代入式(3.7.1)可得

$$\frac{1}{T} = \frac{\partial S}{\partial E} = \frac{k}{2\varepsilon}\ln\frac{N\varepsilon - E}{N\varepsilon + E} . \tag{3.7.7}$$

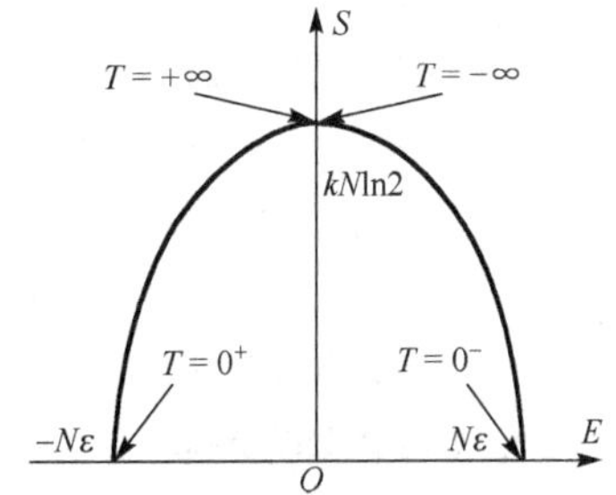

图 3-3　二能态系统的 S-E 关系

用式(3.7.6)给出二能态系统熵 S 随内能 E 变化的行为，其定性曲线如图 3-3 所示. 结合式(3.7.7)可知，当 $E<0$ 时，$\partial S/\partial E>0$，系统处于正温状态. 在 $T=0^+$时，所有的粒子均处于$-\varepsilon$ 能级，系统的能量为$-N\varepsilon$， 熵取最小值 $S=0$. 在 $T>0$ 时，则有粒子被激发到 ε 能级. 随着温度的升高，处于 ε 能级的粒子数将逐渐增多，系统的熵随之增加. 当 $T\to\infty$时，粒子在两个能级上平均分布，即 $N_+=N_-=N/2$. 此时，系统的能量为 $E=0$，熵达到最大值 $S=kN\ln 2$. 当 $E>0$ 时，$\partial S/\partial E<0$，系统处于负温状态. 此时，系统 S 随 E 的变化关系与正温情形正好相反. 当系统的能量取 $E=0$ 时，熵取最大值 $S=kN\ln 2$，对应于 $T\to-\infty$. 这就是说，正、负无穷温度下

系统能量相同. 随着温度从负无穷升高，ε 能级上的粒子数从 $N_+ = N/2$ 逐渐增多，系统的熵即混乱度则随之减少. 当 $T \to 0^-$时， 粒子全部处于 ε 能级，即 $N_+ = N$，$N_- = 0$. 此时，系统达到最大能量 $E = N\varepsilon$，而熵则取最小值 $S = 0$. 可见，处在负温状态系统的能量高于处在正温状态系统的能量，负温度比正温度“更热”，负绝对零度是二能态系统能量最高的状态，而正绝对零度是二能态系统能量最低的状态.

核自旋系统(如 LiF 晶体中的核自旋)是一个可处于负温状态的实际系统. 设核自旋量子数为 1/2，自旋磁矩为 $e\hbar/2M$. 当系统处于磁感应强度为 $\boldsymbol{B}$ 的外磁场中(此时 $\boldsymbol{B}$ 为式(3.7.1)中的外参量 y)，自旋磁矩的能量有两个取值 $\pm\varepsilon = \pm Be\hbar/2M$，分别对应于磁矩逆、顺磁场方向(参考式(1.2.14)).此类系统的熵与内能的关系及温度性质具有上文讨论的特征. 根据上述讨论，我们已知负温系统较正温系统能量更高，若令其与外界热接触，势必向外界(为正温)迅速传递能量而使自身温度转向正温，导致负温状态无法实现. 因此，欲实现负温状态，必须将系统孤立. 对于核自旋系，如果核自旋之间相互作用的弛豫时间①t_1 远小于核自旋与晶格相互作用的弛豫时间 t_2，则可在一定时间内避免核自旋系统向晶格传递能量(如 LiF 晶体，$t_1 \sim 10^{-5}$s，$t_2 \sim$ 5min)，使核自旋系相对孤立，实现负温状态. 1951 年普塞尔(Purcell)和庞德(Pound)②首先实现了核自旋系统的负温状态. 做法是将 LiF 晶体置于强磁场中，使其内部的核自旋沿磁场方向排列，然后让磁场突然反向，使核自旋来不及跟随磁场转向，以致大多数自旋沿反磁场方向排列而处于高能态. 经过 t_1 后，核自旋系统达到内部平衡而处于负温状态. 这种状态可持续数分钟.

讨　论　题

第 3 章小结

3.1　正则分布的最重要结论是什么？

3.2　试比较 $S = -k\sum_s \rho_s \ln \rho_s$ 与 $S = k\ln W$ ，有何结论？

3.3　指出最概然法的弊端.

3.4　叙述由正则分布推导麦玻分布的思路.

3.5　麦-玻分布中最重要的结论为何？

3.6　用统计物理的概念说明正则分布与麦-玻分布的热力学公式间之关系.

3.7　讨论肖特基缺陷的假设.

3.8　讨论实现负温状态的条件.

3.9　指出化学势的物理意义.

---

① 未达平衡态的系统中粒子相互作用交换能量和动量,可使各部分性质经一段时间后趋向一致，使系统近似达平衡态，所需这段时间 t 称为弛豫时间.

② Purcell E M, Pound R V. 1951. *Phys. Rev.* ,81：279.

3.10 我们在推导正则分布时，是如何用到系综概念的？

3.11 指出自由能的物理意义.

3.12 为何讨论涨落？

习　　题

3.1　试证明，对正则分布，熵可表示为

$$S = -k\sum_s \rho_s \ln \rho_s ,$$

式中，$\rho_s = \mathrm{e}^{-\beta E_s}/Z$ 是系统处于 s 态的概率.

3.2　对单原子分子理想气体，由正则分布验证玻尔兹曼关系

$$S = k\ln W .$$

3.3　体积为 V 的容器内盛有 A、B 两种组分的单原子分子混合理想气体，其分子数分别为 N_A 和 N_B，温度为 T. 试用正则系综理论求此混合理想气体的物态方程、内能和熵.

3.4　一个处于热平衡的系统，能量为 E，能量平均值为 $\bar{E}$，试证明

$$\overline{(E-\bar{E})^2} = kT^2 C_V ,$$

式中，k 为玻尔兹曼常量，T 为系统的温度，C_V 为系统的定容热容量.

3.5　一个体积为 V 的导热容器被不可穿透的隔板分成左右两部分，体积分别为 V_1 和 V_2，内部充满稀薄气体. 令容器置于温度为 T 的热库之中，系统与热库交换热量达热平衡. 假定温度较高，气体可视为经典理想气体. 试求：

(1) 左边气体由 N_1 个 He^4 分子构成，右边气体由 N_2 个 He^3 分子构成，在隔板上开一小孔，使两边的气体可均匀混合. 试求开孔前后气体熵的改变.

(2) 两边均为 He^4 气体，试求开孔前后气体熵的改变.

3.6　设一维线性谐振子能量的经典表达式为

$$\varepsilon = \frac{1}{2m}p^2 + \frac{1}{2}m\omega^2 q^2 ,$$

试计算经典近似下的振动配分函数 Z、内能和熵.

3.7　非相对论粒子的能量为

$$\varepsilon = \frac{1}{2m}\boldsymbol{p}^2 = \frac{1}{2m}\left(\frac{2\pi\hbar}{L}\right)^2 (n_x^2 + n_y^2 + n_z^2) ,$$

其中 n_x，n_y，$n_z = 0$，±1，±2，$\cdots$. 试根据公式

$$p = -\sum_l a_l \frac{\partial \varepsilon_l}{\partial V}$$

证明，非相对论粒子的玻尔兹曼系统的物态方程为 $p=\dfrac{2E}{3V}$.

3.8 气体的体积为 V，温度为 T，由 N 个不可区分的零静止质量粒子构成，粒子的能量和动量 p 有关系 $\varepsilon=cp$，c 为光速，在区间 $p\sim p+\mathrm{d}p$ 内，单粒子状态的数目为 $4\pi Vp^2\mathrm{d}p/h^3$，试求该气体的物态方程和内能.

3.9 试根据公式 $p=-\sum_l a_l\dfrac{\partial\varepsilon_l}{\partial V}$ 证明，满足

$$\varepsilon=cp=c\frac{2\pi\hbar}{L}(n_x^2+n_y^2+n_z^2)^{1/2}$$

(其中 n_x，n_y，$n_z=0$，±1，±2，…)的极端相对论粒子组成的玻尔兹曼系统的物态方程为

$$p=\frac{E}{3V}.$$

3.10 当选择不同的能量零点时，粒子第 l 个能级的能量可以取为 ε_l 或 ε_l^*. 以 Δ 表示两者之差. 试证明相应的粒子配分函数存在以下关系

$$z^*=\mathrm{e}^{-\beta\Delta}z；$$

并讨论由配分函数 z 和 z^* 求得的热力学函数有何差别.

3.11 晶体由 N 个原子组成，如图 3-4 所示. 当原子离开正常位置而占据图中的格点间隙位置时，晶体中就出现空位和**填隙原子**. 晶体的这种缺陷称为**弗仑克尔(Frenkel)缺陷**. 假设正常位置和填隙位置数均为 N，试证明由于在晶体中形成 n 个空位和填隙原子而具有的熵等于

$$S=2k\ln\frac{N!}{n!(N-n)!}.$$

设原子在填隙位置和正常位置的能量差为 u，证明当 $n\ll N$ 时，有

$$n\approx N\mathrm{e}^{-\frac{u}{2kT}}.$$

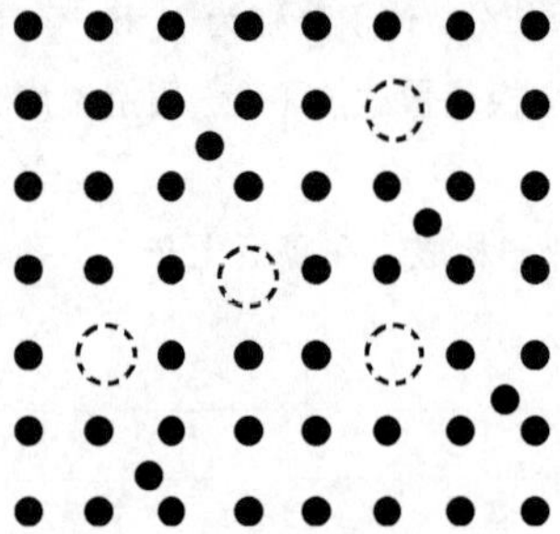

图 3-4 弗仑克尔缺陷示意

3.12 N 个自旋 1/2 的粒子排成一条直线，设仅最近邻粒子间有相互作用. 当两近邻自旋取向相同(都向上或都向下)时，两者相互作用能为 ε；取向相反时，相互作用能为$-\varepsilon$. 试求此系统在温度为 T 时的配分函数.

3.13 设一固体由 N 个自旋为 1 的无相互作用核组成，每个核均可处在量子数为 $m=0$，±1 三态中的任一态. 若核在 $m=0$ 态的能量为 0，在 $m=\pm1$ 态的能量为 ε. 试求体系配分函数并导出系统的熵和内能.

3.14 由单原子分子组成的顺磁气体，单位体积的分子数为 N_0. 当温度不太高时，可近似认为每个原子都处于基态：其固有磁矩 μ 与外磁场 H 只有平行和反平行两种取向. 设气体服从麦-玻

分布，试计算：

(1) 分子处于 μ 与外磁场 H 平行的概率 $\rho_{\uparrow\uparrow}$；

(2) 分子处于 μ 与外磁场 H 反平行的概率 $\rho_{\uparrow\downarrow}$；

(3) 分子平均磁矩 $\overline{\mu\cos\theta}$；

(4) 写出气体的磁化强度，并讨论 $\mu H \gg kT$ 和 $\mu H \ll kT$ 两种极限下的结果.

3.15　系统由 N 个线性谐振子组成，求能量等于和大于给定能量 $\varepsilon=\hbar\omega(n+1/2)$ 的振子数.

第4章　部分要点、难点视频

第4章

均匀物质的热力学性质

系统各处物理性质完全相同的均匀物质是热物理研究的最基本对象. 前面两章已从宏观系统的微观力学运动出发，运用系综理论，获得了热力学的基本定律，导出均匀系的热力学基本微分公式. 本章将以这些结果为前提，运用热力学方法，集中从宏观的角度讨论均匀物质的热力学性质. 首先从热力学基本微分式出发，导出麦克斯韦关系等重要的热力学关系，并介绍其简单的应用；进而给出基本热力学函数的计算方法，引入特性函数(热力学势)概念；同时将具体讨论表面张力、电磁介质、气体绝热膨胀和节流过程等.

4.1　麦克斯韦关系及其应用

热力学的基本研究方法就是从热力学基本定律出发，通过数学的演绎推理，给出各热力学量之间的关系；运用关于具体物质基本性质的知识(这些知识可通过实验观测或统计物理计算获得)，通过热力学关系推知物体全部热学性质，进而从理论上诠释或预言宏观实验现象. 因此，熟练掌握各种热力学关系，对研究物体系的热力学性质是十分重要的. 本节将利用 1.4 节给出的数学公式，由均匀系的基本微分式导出热力学函数之间最常用的几个偏导数关系，即所谓麦克斯韦关系，并演示其简单的应用.

1. 麦克斯韦关系

前面两章的讨论已给出均匀的定质量系统之热力学基本微分方程为

$$\mathrm{d}E = T\mathrm{d}S - p\mathrm{d}V\,. \tag{4.1.1}$$

这里已假定系统的做功仅与体积变化有关. 上式给出内能作为熵和体积的函数之完整微分. 根据完整微分的充要条件式(1.4.35)，可得偏导数关系

$$\left(\frac{\partial T}{\partial V}\right)_S = -\left(\frac{\partial p}{\partial S}\right)_V\,. \tag{4.1.2}$$

将焓的定义

$$H = E + pV$$

代入式(4.1.1)可得微分式

$$dH = TdS + Vdp . \tag{4.1.3}$$

由此式的完整微分条件得

$$\left(\frac{\partial T}{\partial p}\right)_S = \left(\frac{\partial V}{\partial S}\right)_p . \tag{4.1.4}$$

用自由能的定义

$$F = E - TS ,$$

由式(4.1.1)又得

$$dF = -SdT - pdV . \tag{4.1.5}$$

其完整微分充要条件为

$$\left(\frac{\partial S}{\partial V}\right)_T = \left(\frac{\partial p}{\partial T}\right)_V . \tag{4.1.6}$$

将吉布斯函数的定义

$$G = E + pV - TS$$

代入式(4.1.1)有

$$dG = -SdT + Vdp . \tag{4.1.7}$$

类似地给出偏导数关系

$$\left(\frac{\partial S}{\partial p}\right)_T = -\left(\frac{\partial V}{\partial T}\right)_p . \tag{4.1.8}$$

式(4.1.2)、式(4.1.4)、式(4.1.6)和式(4.1.8)给出 T、S、p、V 四个变量之间的偏导数关系，是最基本的热力学关系. 这些关系首先由英国物理学家麦克斯韦总结出来，因此称为**麦克斯韦关系**，简称**麦氏关系**. 从以上推导过程看到：式(4.1.3)、式(4.1.5)和式(4.1.7)均由基本微分式(4.1.1)得来，同源于一个微分方程，彼此等价，因此只有一个是独立的. 由任何一个麦氏关系出发，运用偏导数关系，均可导出所有其他三个麦氏关系(请读者自己练习推导).

麦氏关系给出了热力学函数之间的导数关系. 运用这些关系，可以实现不同热力学函数随相应自变量(独立变量)变化的关系之间的变换，从而将实验上无法测量的物理量(如熵随体积、压强的变化)换成可测量的物理量(如压强、体积随温度的变化). 这就为我们通过实验观测确定热力学函数提供了很大的方便. 因此，熟记这些关系对热力学的学习和运用是十分必要的. 以后的讨论还将看到，只要写出一个热力学态函数的完整微分表达式，就可以确定一个或多个热力学函数间的导数关系，我们将它们统称为麦氏关系. 例如，对粒子数可变的系统，由 2.5 节已知其热力学基本微分式为

$$\mathrm{d}E = T\mathrm{d}S - p\mathrm{d}V + \mu\mathrm{d}N .$$

此式给出内能的完整微分表达式. 推广式(1.4.35)的完整微分充要条件到三个自变量情形，可得以下麦克斯韦关系组：

$$\left(\frac{\partial T}{\partial V}\right)_{S,N} = -\left(\frac{\partial p}{\partial S}\right)_{V,N} ,$$

$$\left(\frac{\partial T}{\partial N}\right)_{S,V} = \left(\frac{\partial \mu}{\partial S}\right)_{N,V} ,$$

$$\left(\frac{\partial p}{\partial N}\right)_{V,S} = -\left(\frac{\partial \mu}{\partial V}\right)_{N,S} .$$

采用类似于式(4.1.3)～式(4.1.8)的方法，可写出粒子数可变系统的其他热力学函数，例如焓、自由能、吉布斯函数等的完整微分式，还可获得其他一些麦克斯韦关系组. 请读者自行练习导出.

2. 麦氏关系的简单应用

下面我们举几个简单实例，说明麦氏关系的应用.

例 1 以 T、V 为独立变量计算内能的微改变量 $\mathrm{d}E$.

在式(4.1.1)中，作为自变量之一的 S 无法直接测量，有时不便使用. 可将独立变量换为 T 和 V. 将 S 的完整微分代入式(4.1.1)得

$$\begin{aligned}\mathrm{d}E &= T\mathrm{d}S - p\mathrm{d}V \\ &= T\left[\left(\frac{\partial S}{\partial T}\right)_V \mathrm{d}T + \left(\frac{\partial S}{\partial V}\right)_T \mathrm{d}V\right] - p\mathrm{d}V \qquad (4.1.9) \\ &= T\left(\frac{\partial S}{\partial T}\right)_V \mathrm{d}T + \left[T\left(\frac{\partial S}{\partial V}\right)_T - p\right]\mathrm{d}V.\end{aligned}$$

以 T、V 为独立变量时内能的完整微分是

$$\mathrm{d}E = \left(\frac{\partial E}{\partial T}\right)_V \mathrm{d}T + \left(\frac{\partial E}{\partial V}\right)_T \mathrm{d}V . \tag{4.1.10}$$

比较式(4.1.9)与式(4.1.10)可得

$$\left(\frac{\partial E}{\partial T}\right)_V = T\left(\frac{\partial S}{\partial T}\right)_V = \left(\frac{đQ}{\mathrm{d}T}\right)_V \equiv C_V , \tag{4.1.11}$$

C_V 称为定容热容量. 同时有

$$\left(\frac{\partial E}{\partial V}\right)_T = T\left(\frac{\partial S}{\partial V}\right)_T - p = T\left(\frac{\partial p}{\partial T}\right)_V - p . \tag{4.1.12}$$

式(4.1.12)的最后一步用到麦氏关系式(4.1.6). 于是，内能的微分又写为

$$\begin{aligned} \mathrm{d}E &= C_V \mathrm{d}T + \left[T\left(\frac{\partial p}{\partial T}\right)_V - p\right]\mathrm{d}V \\ &= C_V \mathrm{d}T + (T\beta - 1)p\mathrm{d}V, \end{aligned} \tag{4.1.13}$$

式中

$$\beta = \frac{1}{p}\left(\frac{\partial p}{\partial T}\right)_V \tag{4.1.14}$$

称为**定容压强系数**，根据物态方程可计算出它的数值.

例 2　以 T、p 为独立变量计算焓的微改变量 $\mathrm{d}H$.

将 S 的完整微分代入式(4.1.3)可得

$$\begin{aligned} \mathrm{d}H &= T\mathrm{d}S + V\mathrm{d}p \\ &= T\left[\left(\frac{\partial S}{\partial T}\right)_p \mathrm{d}T + \left(\frac{\partial S}{\partial p}\right)_T \mathrm{d}p\right] + V\mathrm{d}p \\ &= T\left(\frac{\partial S}{\partial T}\right)_p \mathrm{d}T + \left[T\left(\frac{\partial S}{\partial p}\right)_T + V\right]\mathrm{d}p. \end{aligned} \tag{4.1.15}$$

以 T、p 为独立变量时焓的完整微分是

$$\mathrm{d}H = \left(\frac{\partial H}{\partial T}\right)_p \mathrm{d}T + \left(\frac{\partial H}{\partial p}\right)_T \mathrm{d}p. \tag{4.1.16}$$

比较式(4.1.15)与式(4.1.16)可得

$$\left(\frac{\partial H}{\partial T}\right)_p = T\left(\frac{\partial S}{\partial T}\right)_p = \left(\frac{đQ}{\mathrm{d}T}\right)_p \equiv C_p, \tag{4.1.17}$$

C_p 称为定压热容量. 同时有

$$\left(\frac{\partial H}{\partial p}\right)_T = T\left(\frac{\partial S}{\partial p}\right)_T + V = -T\left(\frac{\partial V}{\partial T}\right)_p + V. \tag{4.1.18}$$

推导式(4.1.18)的最后一步用到了麦氏关系式(4.1.8). 于是，焓的微分又写为

$$\begin{aligned} \mathrm{d}H &= C_p \mathrm{d}T + \left[V - T\left(\frac{\partial V}{\partial T}\right)_p\right]\mathrm{d}p \\ &= C_p \mathrm{d}T + (1 - T\alpha)V\mathrm{d}p, \end{aligned} \tag{4.1.19}$$

式中

$$\alpha = \frac{1}{V}\left(\frac{\partial V}{\partial T}\right)_p \tag{4.1.20}$$

称为**定压膨胀系数**，根据物态方程也可计算出它的数值.

例 3 定压热容量与定容热容量之差.

由式(4.1.11)和式(4.1.17)可得

$$C_p - C_V = T\left[\left(\frac{\partial S}{\partial T}\right)_p - \left(\frac{\partial S}{\partial T}\right)_V\right]. \tag{4.1.21}$$

根据复合函数的偏导数式(1.4.27)，考虑到 $S(T,\ p)=S\ [T,\ V(T,\ p)]$，我们有

$$\left(\frac{\partial S}{\partial T}\right)_p = \left(\frac{\partial S}{\partial T}\right)_V + \left(\frac{\partial S}{\partial V}\right)_T \left(\frac{\partial V}{\partial T}\right)_p. \tag{4.1.22}$$

将式(4.1.22)整理后代入式(4.1.21)并应用麦氏关系式(4.1.6)，可得

$$C_p - C_V = T\left(\frac{\partial p}{\partial T}\right)_V \left(\frac{\partial V}{\partial T}\right)_p = TpV\beta\alpha = \frac{TV\alpha^2}{\kappa} > 0, \tag{4.1.23}$$

式中

$$\kappa = -\frac{1}{V}\left(\frac{\partial V}{\partial p}\right)_T \tag{4.1.24}$$

称为**等温压缩系数**. 应注意，式(4.1.23)为定质量系统的普适关系.

对于理想气体，将物态方程式(2.6.11)代入式(4.1.23)，易得

$$C_p - C_V = Nk = nR, \tag{4.1.25}$$

式中，n 为气体物质的量(摩尔数).

4.2 基本热力学函数

在前面的讨论中，我们已接触到不少描述状态的态函数，热力学中将它们称为热力学函数. 例如，压强、温度、内能、焓、熵、自由能和吉布斯函数等. 在所有的热力学函数中，最基本的是物态方程、内能和熵. 它们分别与热力学的三个定律相联系：热力学第零定律(热平衡定律)引入温度的概念，进而可建立物态方程，如温度作为体积和压强的函数 $T(V,p)$；热力学第一定律(能量守恒)引入内能 E；热力学第二定律(宏观过程的不可逆性)引入熵 S. 其他热力学函数都可用这三个函数来表示. 基本热力学函数之间的微分关系由热力学基本微分方程式(2.5.24)给出，其他热力学函数之间的微分关系，皆可由其定义通过基本微分方程导出（见 4.1 节）.

一般来讲，通过实验测量或理论计算可确定系统的物态方程. 其他基本热力学函数则可用物态方程和另外的可观测量之实验结果，通过热力学关系计算获得. 本节将通过具体的例子演示获得基本热力学函数的方法.

1. 基本热力学函数的确定

下面讨论当独立变量给定时，如何根据可观测量来确定(计算)定质量简单均匀系的基本热力学函数. 一般来说，物体系的体积、压强和温度较容易测量，它们之间的关系构成物态方程. 因此，我们先假定物体系的物态方程为已知，分别选择温度 T 与体积 V 或温度 T 与压强 p 为独立变量，研究确定其他两个基本热力学函数的方法.

1) 以 T、V 为独立变量，先求内能 E 较为方便

假定物态方程已通过实验测得为

$$p = p(T,V).$$

在 4.1 节，我们曾由热力学基本微分方程

$$\mathrm{d}E = T\mathrm{d}S - p\mathrm{d}V$$

导出式(4.1.13)，即

$$\mathrm{d}E = C_V \mathrm{d}T + \left[T\left(\frac{\partial p}{\partial T}\right)_V - p\right]\mathrm{d}V$$

上式给出以(T, V)为独立变量时内能完整微分的表达式. 对它积分为

$$E = \int\left\{C_V \mathrm{d}T + \left[T\left(\frac{\partial p}{\partial T}\right)_V - p\right]\mathrm{d}V\right\} + E_0, \tag{4.2.1}$$

式中，E_0 为内能常数. 式(4.2.1)中微分的第一项系数 C_V 可由实验测得，第二项系数则通过物态方程由实验给出，因此它给出一种由实验观测结果获得内能的计算方法.

再来考虑熵. 由热力学基本微分式(4.1.1)有

$$\mathrm{d}S = \frac{\mathrm{d}E + p\mathrm{d}V}{T}.$$

将式(4.1.13)代入上式并积分，可得

$$S = \int\left[\frac{C_V}{T}\mathrm{d}T + \left(\frac{\partial p}{\partial T}\right)_V \mathrm{d}V\right] + S_0, \tag{4.2.2}$$

式中，S_0 为熵常数.

根据上面给出的方法计算，我们就可以利用实验观测结果获得基本热力学函数. 我们注意到，式(4.2.1)和式(4.2.2)对内能和熵的计算都需要事先知道定容热容量 C_V 作为温度和体积的函数，即任意体积下热容量随温度变化的规律. 尽管这一规律在原则上可以由实验获得，但实际测量还是十分困难的. 事实上，我们可以运用热力学关系使这一问题简化. 容易证明，式(4.2.1)和式(4.2.2)中的 C_V 可由某一特定体积下

的 C_V^0 通过计算求出(习题 4.11)，因此我们只需测得某一特定体积下的 C_V 即可.

2) 以 T、p 为独立变量，先求焓 H 较为方便

假定物态方程已通过实验测得为

$$V = V(T, p).$$

由式(4.1.19)易得

$$H = \int\left\{C_p \mathrm{d}T + \left[V - T\left(\frac{\partial V}{\partial T}\right)_p\right]\mathrm{d}p\right\} + H_0. \tag{4.2.3}$$

由实验观测获得物态方程和 C_p，即可计算焓，进而利用关系 $E = H - pV$ 算出基本热力学函数内能.

由微分式(4.1.3)有

$$\mathrm{d}S = \frac{\mathrm{d}H - V\mathrm{d}p}{T}.$$

将式(4.1.19)代入上式并积分，可得熵的计算公式

$$S = \int\left[\frac{C_p}{T}\mathrm{d}T - \left(\frac{\partial V}{\partial T}\right)_p \mathrm{d}p\right] + S_0'', \tag{4.2.4}$$

这里 S_0'' 也为熵常数. 于是，可以确定基本热力学函数.

以上两式对焓和熵的计算需要事先知道定压热容量 C_p 作为温度和压强的函数. 尽管定压热容量的实验观测较定容热容量容易实现，但获得任意压强下热容量随温度的变化规律仍然比较麻烦. 与定容热容量类似，我们也可以证明任意压强下的 C_p 可由某一特定压强时的 C_p^0 通过计算获得(习题 4.11).

2. 沿特殊路径的积分

式(4.2.1)～式(4.2.4)的积分计算是比较繁琐的，我们可以寻找一些简便的方法来处理这类运算. 由于热力学函数都是态函数，所以上面各式的积分值都与选择的积分路径无关. 因此，在实现各积分的计算时，可选择特殊的容易计算的路径. 下面以式(4.2.3)和式(4.2.4)为例来说明这点.

计算从 (T_0, p_0) 到 (T, p) 的积分，可以选择先经历一等压过程由 (T_0, p_0) 到 (T, p_0)，再经一等温过程由 (T, p_0) 到 (T, p) 来实现. 在 p-T 平面上就是先沿一水平的直线段积分，再沿一垂直线段积分，这就使计算大大简化. 用这条路径计算焓的积分表达式是

$$H = \int_{T_0}^{T} C_p(T, p_0)\mathrm{d}T + \int_{p_0}^{p}\left[V - T\left(\frac{\partial V}{\partial T}\right)_p\right]\mathrm{d}p + H(T_0, p_0). \tag{4.2.5}$$

熵的表达式则为

$$S=\int_{T_0}^{T}\frac{C_p(T,p_0)}{T}\mathrm{d}T-\int_{p_0}^{p}\left(\frac{\partial V}{\partial T}\right)_p\mathrm{d}p+S'(T_0,p_0)\,. \tag{4.2.6}$$

至此，我们给出了根据可观测量的实验结果，运用热力学关系计算三个基本热力学函数的方法，一旦求出基本热力学函数，即可用它们算出其他热力学函数.

3. 理想气体的热力学函数

现在以理想气体为例给出各个热力学函数的计算结果. 理想气体的物态方程为

$$pV=NkT=nRT\,, \tag{4.2.7}$$

式中，n 和 R 分别是气体的物质的量和气体常数. 将式(4.2.7)代入式(4.1.13)可得

$$\mathrm{d}E=C_V\mathrm{d}T\,, \tag{4.2.8}$$

即内能仅为温度的函数. 于是有

$$E=\int C_V\mathrm{d}T+E_0\,, \tag{4.2.9}$$

摩尔内能为

$$u=\frac{E}{n}=\int c_V\mathrm{d}T+u_0\,. \tag{4.2.10}$$

式中，定容摩尔热容量 c_V 亦称定容比热. 当温度变化范围不大时，可认为 C_V 为常数，则有

$$E=C_VT+E_0\,, \tag{4.2.11}$$

和

$$u=c_VT+u_0\,. \tag{4.2.12}$$

早在 1845 年，焦耳(Joule)通过气体的绝热自由膨胀实验讨论气体的内能时已得到**理想气体的内能仅为温度的函数**的结论，即式(4.2.8). 这个结论称为**焦耳定律**. 若将理想气体的物态方程式(4.2.7)代入式(4.1.19)，可知焓也仅为温度的函数，即

$$\mathrm{d}H=C_p\mathrm{d}T\,, \tag{4.2.13}$$

故有

$$H=\int C_p\mathrm{d}T+H_0\,, \tag{4.2.14}$$

摩尔焓为

$$h=\frac{H}{n}=\int c_p\mathrm{d}T+h_0\,. \tag{4.2.15}$$

式中，c_p 为定压比热. 当温度变化范围不大时，C_p 也可认为是常数，这时有

$$H = C_p T + H_0 , \tag{4.2.16}$$

及

$$h = c_p T + h_0 . \tag{4.2.17}$$

根据式(4.2.2)和式(4.2.7)，可得到以 T、V 为独立变量时理想气体的熵

$$S = \int \frac{C_V}{T} \mathrm{d}T + nR\ln V + S_0 . \tag{4.2.18}$$

需要指出，根据熵的广延性可知，式(4.2.18)中的熵常数 S_0 应与气体的物质的量(分子数)有关. 可以将之写为

$$S_0 = S_0' - nR\ln V , \tag{4.2.18a}$$

式中，S_0' 与 n 成正比.

结合式(4.2.7)可写出由式(4.2.2)获得的理想气体摩尔熵的微分

$$\mathrm{d}s = \frac{c_V}{T}\mathrm{d}T + \frac{R}{v}\mathrm{d}v ,$$

进而得摩尔熵

$$s = \frac{S}{n} = \int \frac{c_V}{T}\mathrm{d}T + R\ln v + s_0 . \tag{4.2.19}$$

式中，摩尔体积 v 亦称比容.热容量为常数时，有

$$S = C_V \ln T + nR\ln V + S_0 , \tag{4.2.20}$$

摩尔熵为

$$s = c_V \ln T + R\ln v + s_0 . \tag{4.2.21}$$

值得注意，这里 $S = ns$，但 $s_0 = S'_0/n \neq S_0/n$.

当以 T、p 为独立变量时，根据式(4.2.4)，可得到理想气体的熵

$$S = \int \frac{C_p}{T}\mathrm{d}T - nR\ln p + S_0'' . \tag{4.2.22}$$

摩尔熵为

$$s = \int \frac{c_p}{T}\mathrm{d}T - R\ln p + s_0'' . \tag{4.2.23}$$

热容量为常数时，有

$$S = C_p \ln T - nR\ln p + S_0'' , \tag{4.2.24}$$

摩尔熵为

$$s = c_p \ln T - R\ln p + s_0'' . \tag{4.2.25}$$

由式(4.2.9)和式(4.2.18)得到理想气体的自由能为

$$F = E - TS = \int C_V \mathrm{d}T - T\int \frac{C_V}{T}\mathrm{d}T - nRT\ln V + E_0 - TS_0 . \tag{4.2.26}$$

对上式的第二个积分进行分部积分可得

$$\int \frac{C_V}{T}\mathrm{d}T = \frac{1}{T}\int C_V \mathrm{d}T + \int \frac{\mathrm{d}T}{T^2}\int C_V \mathrm{d}T . \tag{4.2.27}$$

代入式(4.2.26)得

$$F = -T\int \frac{\mathrm{d}T}{T^2}\int C_V \mathrm{d}T - nRT\ln V + E_0 - TS_0 . \tag{4.2.28}$$

理想气体的摩尔自由能为

$$f = -T\int \frac{\mathrm{d}T}{T^2}\int c_V \mathrm{d}T - RT\ln v + u_0 - Ts_0 . \tag{4.2.29}$$

类似于由式(4.2.26)导出式(4.2.28)的步骤，可求得理想气体的吉布斯函数

$$G = H - TS = -T\int \frac{\mathrm{d}T}{T^2}\int C_p \mathrm{d}T + nRT\ln p + H_0 - TS_0'' . \tag{4.2.30}$$

理想气体的摩尔吉布斯函数为

$$g = -T\int \frac{\mathrm{d}T}{T^2}\int c_p \mathrm{d}T + RT\ln p + h_0 - Ts_0'' = RT\left[\varphi(T) + \ln p\right], \tag{4.2.31}$$

式中，φ仅为温度的函数，定义为

$$\varphi(T) = \frac{h_0}{RT} - \frac{s_0''}{R} - \int \frac{\mathrm{d}T}{RT^2}\int c_p \mathrm{d}T . \tag{4.2.32}$$

这一结果将应用于以后关于相变和临界现象的讨论. 摩尔吉布斯函数 g 与化学势 μ 本质相同，它们之间的关系为

$$\mu = \frac{G}{N} = \frac{k}{R}g = \frac{g}{N_0} . \tag{4.2.33}$$

在热力学教科书中，有时也将 g 称为化学势.

4.3　特 性 函 数

4.2 节介绍了根据实验获得的参量计算基本热力学函数的方法. 这些计算多涉及积分，有时还是比较复杂的. 倘若可以减少积分计算，采用微分运算来求解一部

分热力学函数，问题将大为简化. 马休(Massieu)于1869年证明：

对于均匀系统，如果独立变量选择得当，只要获得一个热力学函数就可通过偏导数运算求得系统其他的热力学函数，这个热力学函数称为特性函数，亦称热力学势. 显然，特性函数可完全确定系统在平衡态的性质. 本节将给出若干特性函数，并讨论如何获得这些特性函数. 最后以表面张力为例说明特性函数的应用.

1. 常用的特性函数

我们仍然从热力学基本微分公式出发. 对于定质量均匀系统，若选择 S、V 为独立变量，内能的完整微分式可由热力学基本微分式给出为

$$\mathrm{d}E = T\mathrm{d}S - p\mathrm{d}V.$$

显然有

$$T = \left(\frac{\partial E}{\partial S}\right)_V \tag{4.3.1}$$

和

$$p = -\left(\frac{\partial E}{\partial V}\right)_S. \tag{4.3.2}$$

以上两式给出温度和压强的表达式 $T=T(S, V)$ 和 $p=p(S, V)$. 由两式消去 S 则得物态方程

$$T = T(p, V).$$

如果获得内能作为熵和体积的函数 $E=E(S, V)$，就相当于将三个基本热力学函数写为 (S, V) 的函数，进一步也可求得所有热力学函数作为 (S, V) 的函数之表达式. 例如：

焓

$$H = E + pV = E - V\left(\frac{\partial E}{\partial V}\right)_S, \tag{4.3.3}$$

自由能

$$F = E - TS = E - S\left(\frac{\partial E}{\partial S}\right)_V, \tag{4.3.4}$$

吉布斯函数

$$G = E + pV - TS = E - V\left(\frac{\partial E}{\partial V}\right)_S - S\left(\frac{\partial E}{\partial S}\right)_V. \tag{4.3.5}$$

可见，**内能 E 是以 S、V 为独立变量的特性函数(热力学势)**.

由上面给出的结果看到，如果能够获得内能作为熵和体积函数的具体形式，其

他所有热力学函数均可通过偏导数运算简单地求出. 然而，因为我们无法通过实验观测直接获得熵的数值，所以内能作为特性函数的应用并不方便. 选择不同的独立变量，还可以找到其他更加适用的特性函数. 这里以最常用的特性函数自由能和吉布斯函数为例加以说明.

以 T、V 为独立变量时，容易证明自由能 F 为特性函数. 根据式(4.1.5)

$$\mathrm{d}F = -S\mathrm{d}T - p\mathrm{d}V$$

及 F 为完整微分的要求可得

$$S = -\left(\frac{\partial F}{\partial T}\right)_V \tag{4.3.6}$$

和

$$p = -\left(\frac{\partial F}{\partial V}\right)_T . \tag{4.3.7}$$

上式给出物态方程 $p=p(V, T)$. 系统的内能为

$$E = F + TS = F - T\left(\frac{\partial F}{\partial T}\right)_V . \tag{4.3.8}$$

上式通常称为**吉布斯-亥姆霍兹**(Helmholtz)**方程**.

式(4.3.6)～式(4.3.8)给出由自由能通过微商求全部基本热力学函数的公式，进而可以确定所有热力学函数，所以自由能是以 T、V 为独立变量的特性函数. 根据定义即可求出系统的其他热力学函数. 例如：

焓

$$H = E + pV = F - T\left(\frac{\partial F}{\partial T}\right)_V - V\left(\frac{\partial F}{\partial V}\right)_T , \tag{4.3.9}$$

吉布斯函数

$$G = H - TS = F - V\left(\frac{\partial F}{\partial V}\right)_T . \tag{4.3.10}$$

若以 T、p 为独立变量，吉布斯函数 G 则为特性函数. 由式(4.1.7)

$$\mathrm{d}G = -S\mathrm{d}T + V\mathrm{d}p$$

及完整微分的要求可得熵

$$S = -\left(\frac{\partial G}{\partial T}\right)_p \tag{4.3.11}$$

和物态方程

$$V=\left(\frac{\partial G}{\partial p}\right)_T. \tag{4.3.12}$$

系统的焓则可写为

$$H=G+TS=G-T\left(\frac{\partial G}{\partial T}\right)_p. \tag{4.3.13}$$

上式也称为吉布斯-亥姆霍兹方程.

再求出内能为

$$E=H-pV=G-T\left(\frac{\partial G}{\partial T}\right)_p-p\left(\frac{\partial G}{\partial p}\right)_T. \tag{4.3.14}$$

至此，基本热力学函数全部确定. 可见，吉布斯函数是以 T、p 为独立变量的特性函数.

系统的自由能则可表示为

$$F=E-TS=G-p\left(\frac{\partial G}{\partial p}\right)_T. \tag{4.3.15}$$

原则上，只要适当地选取独立变量，各热力学函数均可以成为特性函数. 例如，可以证明(请读者自证)，焓是独立变量为 S、p 时的特性函数. 因为熵 S 无法通过实验直接测量获得，作为自变量使用不便，故不常使用.

还应指出，当独立变量选定后，系统的特性函数并不是唯一的. 例如，选取 T、V 为独立变量时，不仅自由能是特性函数，还可以证明函数

$$J=-\frac{F}{T}=S-\frac{E}{T}$$

也是特性函数. J 称为**马休函数**.

2. 特性函数的获得

一些特性函数可以通过某些热力学量的实验测量结果或由统计物理方法计算. 例如，第 3 章已给出由正则系综获得自由能的方法，以后的章节还将给出其他特性函数的统计物理结果. 这里以吉布斯函数为例，介绍由实验测量获得特性函数的方法.

以温度 T 和压强 p 为独立变量，容易测量体积作为它们的函数，从而获得物态方程

$$V=V(T,p).$$

吉布斯函数的完整微分式为

$$\mathrm{d}G=-S\mathrm{d}T+V\mathrm{d}p.$$

用 4.2 节的方法即可通过沿特殊路径积分计算吉布斯函数(作为 T、p 的函数). 将积分路径选择为沿 p-T 平面的折线：先沿定压（p_0）路径由(T_0, p_0)到(T, p_0)的线段积分，再沿定温（T）路径由(T, p_0)到(T, p)积分，即有

$$G=-\int_{T_0}^{T} S(T,p_0)\mathrm{d}T+\int_{p_0}^{p} V(T,p)\mathrm{d}p+G(T_0,p_0)\,. \tag{4.3.16}$$

由式(4.1.17)写出熵与定压热容量之间的关系为

$$\left(\frac{\partial S}{\partial T}\right)_p=\frac{C_p(T,p)}{T}\,.$$

在确定压强 p_0 下，上式两端对 T 积分有

$$S(T,p_0)=\int_{T_0}^{T}\frac{C_p(T,p_0)}{T}\mathrm{d}T+S(T_0,p_0)\,. \tag{4.3.17}$$

代入式(4.3.16)得

$$\begin{aligned}G(T,p)=&-\int_{T_0}^{T}\mathrm{d}T\int_{T_0}^{T}\frac{C_p(T,p_0)}{T}\mathrm{d}T-(T-T_0)S(T_0,p_0)\\&+\int_{p_0}^{p}V(T,p)\mathrm{d}p+G(T_0,p_0)\end{aligned}\,. \tag{4.3.18}$$

由上式可见，只需测得在某一压强 p_0、不同温度下的热容量 $C_p(T, p_0)$，我们就可以积分计算任意温度和压强下的吉布斯函数. 通常又将 $C_p(T, p_0)$展开为 T 的幂级数形式

$$C_p(T,p_0)=a+bT+cT^2+\cdots, \tag{4.3.19}$$

式中，a、b、c 等均为常数. 用此式将式(4.3.18)中的第一个积分化简，展开式中的各系数可通过与实验结果拟合获得.

3. 表面张力

迄今为止，我们所讨论的物体系还仅局限于所谓“简单均匀系”，即只有当体积膨胀或压缩时物体系才与外界有做功形式的能量交换. 这种物体系的体积较大，在微观上看来趋于无穷，因此可以不考虑边界带来的影响. 在有些实际问题中，我们研究的物体的尺度不是很大，或者某个方向的尺度明显地受到限制，甚至近似属于低维系统. 因此，研究低维系统的热力学性质是十分必要的. 例如，在讨论定质量液体表面问题时，如果体积可以认为不发生变化，就可以将表面近似地处理为一个均匀的二维系统. 这时，位形参数由大块系统时的体积蜕变为表面积. 它所对应的广义力则是表面张力. 在一个微过程中，外界对物体系做的功可以写为

$$đ\mathscr{W}=\sigma\mathrm{d}A\,.$$

在仅考虑外界克服表面张力做功时，热力学第二定律基本微分方程式(4.1.1)可改

写为

$$\mathrm{d}E = T\mathrm{d}S + \sigma\mathrm{d}A\,, \tag{4.3.20}$$

式中，σ 为**表面张力系数**，A 为液体的表面积. 式(4.3.20)右端第二项表示在准静态过程中液体表面积改变 $\mathrm{d}A$ 时，外界对系统所做的功. 对应于式(4.1.5)，我们有

$$\mathrm{d}F = -S\mathrm{d}T + \sigma\mathrm{d}A. \tag{4.3.21}$$

可见，若选温度 T 和表面积 A 为独立变量，自由能 F 为特性函数.

根据自由能的完整微分式(4.3.21)，我们有

$$S = -\left(\frac{\partial F}{\partial T}\right)_A\,, \tag{4.3.22}$$

$$\sigma = \left(\frac{\partial F}{\partial A}\right)_T. \tag{4.3.23}$$

如果σ 仅为温度的函数，即$\sigma = \sigma(T)$，由式(4.3.23)可得物态方程

$$F = \sigma(T)A\,. \tag{4.3.24}$$

将上式代入式(4.3.22)，便可得到系统的熵为

$$S = -A\frac{\mathrm{d}\sigma}{\mathrm{d}T}. \tag{4.3.25}$$

类似于式(4.3.8)，可得系统的内能为

$$E = F + TS = F - T\left(\frac{\partial F}{\partial T}\right)_A = A\left(\sigma - T\frac{\mathrm{d}\sigma}{\mathrm{d}T}\right). \tag{4.3.26}$$

其他热力学函数则容易通过以上各函数计算. 可见，只要得知表面张力系数σ, 便可计算出所有的热力学函数.

4.4 磁介质的热力学性质

前面几节所讨论的问题均未涉及外加电磁场. 在很多实际情况中，往往需要考虑外场的存在. 本节将以磁场为例介绍处理这类问题的方法，电场情形与之完全类似.

1. 基本微分方程

考虑置于匀强磁场中的各向同性磁介质. 这时，描述系统的独立变量中应增加反映磁场的位形参量——磁感应强度 $\boldsymbol{B}$. 外磁场所做的微功可写作

$$đ\mathscr{W} = V\mathscr{H}\cdot\mathrm{d}\boldsymbol{B}\,. \tag{4.4.1}$$

式中，$\mathscr{H}$ 为磁场强度. 由电磁学可知 $\boldsymbol{B}$、$\mathscr{H}$、磁导率 μ_0 和磁化强度 $\boldsymbol{m}$ 满足如下关系：

$$\boldsymbol{B}=\mu_0(\mathscr{H}+\boldsymbol{m}).\tag{4.4.2}$$

为了简化推导过程，我们仅讨论 $\boldsymbol{B}$、$\mathscr{H}$ 和 $\boldsymbol{m}$ 方向相同，μ_0 为常数的情形. 这时，式(4.4.1)右端可写做标量形式，化为

$$đ\mathscr{W}=V\mathrm{d}\left(\frac{1}{2}\mu_0\mathscr{H}^2\right)+\mu_0 V\mathscr{H}\ \mathrm{d}m.\tag{4.4.3}$$

式中，首项为激发空间磁场时外界所做的功，它与介质的磁化无关；后项则为磁化介质所做的功. 如果我们所讨论的热力学系统只包含磁介质，则只需计入后项. 将机械压强记为 p_0，由式(2.5.23)可得到适用于磁介质的热力学基本微分方程：

$$\mathrm{d}E=T\mathrm{d}S-p_0\mathrm{d}V+\mu_0 V\mathscr{H}\ \mathrm{d}m.\tag{4.4.4}$$

式中，右端第二项表示外界对磁介质所做的压力功，第三项为外磁场磁化介质所做的功.

若以 T、V 和 $\mathscr{H}$ 为独立变量，再记磁介质的总磁矩为 $\mathscr{M}=mV$，可引入相当于自由能的特性函数

$$\Psi=E-TS-\mu_0\mathscr{H}\mathscr{M}.\tag{4.4.5}$$

写出 Ψ 的完整微分式为

$$\mathrm{d}\Psi=-S\mathrm{d}T-p_0\mathrm{d}V-\mu_0\mathscr{M}\,\mathrm{d}\mathscr{H}-\mu_0 m\mathscr{H}\ \mathrm{d}V.\tag{4.4.6}$$

引入“总压强”

$$p=p_0+\mu_0 m\mathscr{H},$$

式(4.4.6)可化为

$$\mathrm{d}\Psi=-S\mathrm{d}T-p\mathrm{d}V-\mu_0\mathscr{M}\,\mathrm{d}\mathscr{H}.\tag{4.4.7}$$

为便于讨论，选取 T、p 和 $\mathscr{H}$ 为独立变量. 这时，由式(4.4.7)可将吉布斯函数

$$G=H-TS=\Psi+pV\tag{4.4.8}$$

的微分式写为

$$\mathrm{d}G=-S\mathrm{d}T+V\mathrm{d}p-\mu_0\mathscr{M}\,\mathrm{d}\mathscr{H}.\tag{4.4.9}$$

由此式可以看出，吉布斯函数是以 T、p 和 $\mathscr{H}$ 为独立变量时的特性函数.

2. 热力学关系

现在，我们以式(4.4.9)为基础来讨论磁介质的热力学性质. 将完整微分条件应用于上式，易得

$$-\mu_0\left(\frac{\partial\mathscr{M}}{\partial p}\right)_{T,\mathscr{H}}=\left(\frac{\partial V}{\partial\mathscr{H}}\right)_{T,p}\tag{4.4.10}$$

和

$$\mu_0\left(\frac{\partial \mathscr{M}}{\partial T}\right)_{p,\mathscr{H}}=\left(\frac{\partial S}{\partial \mathscr{H}}\right)_{p,T} . \tag{4.4.11}$$

式(4.4.10)表示**压磁效应**(左端)和**磁致伸缩**(右端)的关系. 现将式(4.4.11)右端的偏导数换为易测量之量的偏导数. 利用偏微分关系

$$\left(\frac{\partial S}{\partial \mathscr{H}}\right)_{p,T}=-\left(\frac{\partial S}{\partial T}\right)_{p,\mathscr{H}}\left(\frac{\partial T}{\partial \mathscr{H}}\right)_{p,S} , \tag{4.4.12}$$

定义定磁场强度 $\mathscr{H}$ 之定压热容量

$$C_{p,\mathscr{H}}=T\left(\frac{\partial S}{\partial T}\right)_{p,\mathscr{H}} , \tag{4.4.13}$$

可由式(4.4.11)和式(4.4.12)导出

$$\left(\frac{\partial T}{\partial \mathscr{H}}\right)_{p,S}=-\frac{T\mu_0}{C_{p,\mathscr{H}}}\left(\frac{\partial \mathscr{M}}{\partial T}\right)_{p,\mathscr{H}} . \tag{4.4.14}$$

上式给出**磁热效应**和**热磁效应**之间的关系. 由**居里**(Curie)**定律**知磁介质的总磁矩和外磁场强度满足的关系为

$$\mathscr{M}=\frac{CV}{T}\mathscr{H} , \tag{4.4.15}$$

式中，C 称为**居里系数**. 将式(4.4.15)代入式(4.4.14)，当忽略磁介质的体积随温度的变化时，可有

$$\left(\frac{\partial T}{\partial \mathscr{H}}\right)_{p,S}=\frac{CV\mu_0}{C_{p,\mathscr{H}}T}\mathscr{H}>0 . \tag{4.4.16}$$

由上式易知：绝热定压去磁可使温度降低. 目前，根据这一原理可获得 1K 以下的低温.

3. 电介质热力学关系

下面扼要讨论处于匀强电场中的均匀电介质的热力学性质.

根据电磁学理论中磁学量与电学量的对称关系，不难将上述推导过程推广到讨论电介质的性质. 作代换：磁场强度 $\mathscr{H}\to$电场强度 $\mathscr{E}$、磁感应强度 $\boldsymbol{B}\to$电位移矢量 $\boldsymbol{D}$、磁化强度 $\boldsymbol{m}\to$极化强度 $\boldsymbol{P}$、总磁矩 $\mathscr{M}\to$总电矩 $\mathscr{P}$ 和磁导率 $\mu_0\to$介电常量 ε_0，重复类似自式(4.4.1)至式(4.4.14)的推导，可得与式(4.4.10)对应的关系式

$$-\varepsilon_0\left(\frac{\partial \mathscr{P}}{\partial p}\right)_{T,\mathscr{E}}=\left(\frac{\partial V}{\partial \mathscr{E}}\right)_{T,p} , \tag{4.4.17}$$

对应于式(4.4.14)有

$$\left(\frac{\partial T}{\partial \mathscr{E}}\right)_{p,S}=-\frac{T\varepsilon_0}{C_{p,\mathscr{E}}}\left(\frac{\partial \mathscr{P}}{\partial T}\right)_{p,\mathscr{E}}. \tag{4.4.18}$$

式(4.4.17)给出**压电效应**和**电致伸缩**的关系. 式(4.4.18)给出**电热效应**和**热电效应**的关系.

4.5 焦耳效应和焦耳-汤姆孙效应

现在讨论气体绝热膨胀过程，这是研究气体性质的一类重要过程. 我们主要研究两个实验：焦耳实验和焦耳-汤姆孙(Thomson)实验，重点分析后者.

1. 焦耳效应

1845 年，焦耳为研究气体内能做过一个实验：将气体压缩在一个容器的一半，使另一半容器为真空，中间以阀门相隔，整个容器置于水中. 突然打开阀门，让一半容器中的气体无阻力地膨胀而充满整个空间，测量膨胀前后气体温度的改变. 在此实验中温度随体积变化的现象称为**焦耳效应**. 在焦耳实验中，气体的膨胀是自由的，外界不做功；又因过程进行极快，可忽略热交换而视为绝热. 所以，气体经历的是绝热自由膨胀过程，系统内能不变. 以 V、E 为变量，定义温度对体积的偏微商为**焦耳系数**

$$\lambda=\left(\frac{\partial T}{\partial V}\right)_E. \tag{4.5.1}$$

上式的物理意义是：在等内能过程中，焦耳系数描述增加单位体积所带来气体温度的增加量. 用偏微分公式可写出

$$\left(\frac{\partial E}{\partial V}\right)_T=-\left(\frac{\partial E}{\partial T}\right)_V\left(\frac{\partial T}{\partial V}\right)_E=-\lambda C_V. \tag{4.5.2}$$

焦耳最初实验的结果是温度不变，即 $\lambda=0$. 因此

$$\left(\frac{\partial E}{\partial V}\right)_T=0, \tag{4.5.3}$$

即气体的内能不随体积的改变而变，它仅是温度的函数. 这就是著名的**焦耳定律**. 进一步的实验，如焦耳-汤姆孙实验，证明实际气体的焦耳系数并不是零. 焦耳定律只是一种理想的结果，或者说是理想气体必然遵守的定律.

2. 焦耳-汤姆孙效应

1852 年，焦耳和汤姆孙[①]在研究气体的内能时设计了一个实验——多孔塞节流过程. 图 4-1 给出该实验装置的示意图.

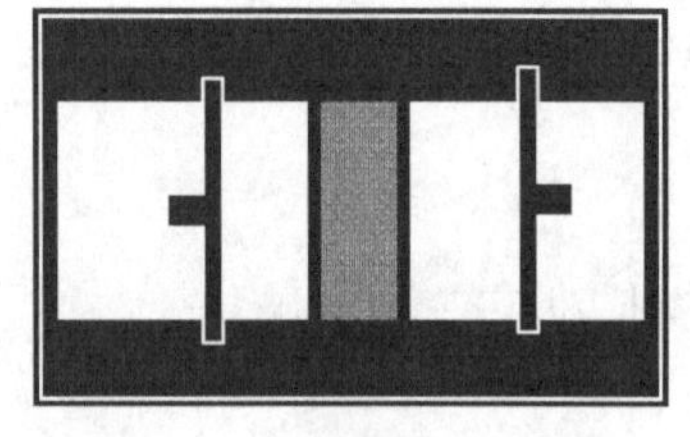

图 4-1 多孔塞实验示意图

在一用绝热材料封闭着的管子中间有一个多孔塞(或节流阀)，多孔塞的两边各有一个活塞，以保证多孔塞的左端维持在较高的压强 p_1，而右端维持在较低的压强 p_2. 最初，一定量的气体充于多孔塞的左端. 实验开始后，使气体缓慢地流向多孔塞的右端达到稳恒态，最终气体都进入右端. 这个过程称为**节流过程**. 实验发现，经历节流过程后，气体的温度发生了变化. 这一效应称为**焦耳-汤姆孙效应**，或简称为**焦-汤效应**.

当气体经节流过程由图中左端流向右端后，外界对气体所做的功为 $p_1V_1 - p_2V_2$. 设在过程前后气体的内能分别为 E_1 和 E_2，由于该过程是绝热过程，根据热力学第一定律可得

$$E_2 - E_1 = p_1V_1 - p_2V_2. \tag{4.5.4}$$

用焓的定义式(1.1.7)，整理上式得

$$H_1 = H_2, \tag{4.5.5}$$

即节流过程为等焓过程. 定义**焦-汤系数**

$$\mu \equiv \left(\frac{\partial T}{\partial p}\right)_H. \tag{4.5.6}$$

它的物理意义是：在等焓过程(节流过程)中，焦-汤系数描述增加单位压强所带来气体温度的增加量.

用偏微分公式(1.4.24)和定压热容量定义式(4.1.17)，焦-汤系数又可写为

$$\mu = -\left(\frac{\partial T}{\partial H}\right)_p \left(\frac{\partial H}{\partial p}\right)_T = -\frac{1}{C_p}\left(\frac{\partial H}{\partial p}\right)_T. \tag{4.5.7}$$

再利用式(4.1.18)及式(4.1.20)，进一步可得

$$\mu = \frac{1}{C_p}\left[T\left(\frac{\partial V}{\partial T}\right)_p - V\right] = \frac{V}{C_p}[T\alpha - 1]. \tag{4.5.8}$$

对于理想气体，将其物态方程代入膨胀系数的定义式(4.1.20)，不难得到 $\alpha=1/T$,

① 即开尔文(Kelvin)勋爵.

由式(4.5.8)知焦-汤系数 $\mu=0$，即理想气体在节流过程前后温度不变.

对于实际气体，其定压膨胀系数 α 为温度和压强的函数. 式(4.5.8)给出的焦-汤系数随 α 变化的关系可分为三种情形：

(1) 当 $\alpha>1/T$ 时，$\mu>0$；

(2) 当 $\alpha<1/T$ 时，$\mu<0$；

(3) 当 $\alpha=1/T$ 时，$\mu=0$.

我们可以用 T-p 图讨论焦-汤效应. 如图 4-2 所示，满足方程 $\alpha(T,p)=1/T$(即 $\mu=0$) 的点给出一条曲线，焦-汤系数的正负号，在"越过"此曲线时改变，故称此曲线为**反转曲线**，相应的温度为**反转温度**. 由理论计算和实验测量均可绘出反转曲线，进而得到反转温度与压强的关系. 图 4-2 中的粗线是氮气（N_2）反转曲线的实验测量结果. 它将 T-p 图分为两个区域：在一个区域中，$\mu>0$，气体经节流过程后温度降低，称为"制冷区"；在另一个区域中，$\mu<0$，气体经节流过程后温度升高，称为"制温区". 利用节流过程的制冷效应可使气体降温而液化. 图 4-2 中的细线为实验测得的 N_2 等焓线，它们给出气体在节流过程前后的温度变化. 由于实际的节流过程并非准静态过程，在过程中气体的状态不是沿着等焓线变化的，只有气体的初态和终态在等焓线上. 利用气体在初态和终态的焓值相等这一条件可定出气体在终态的温度.

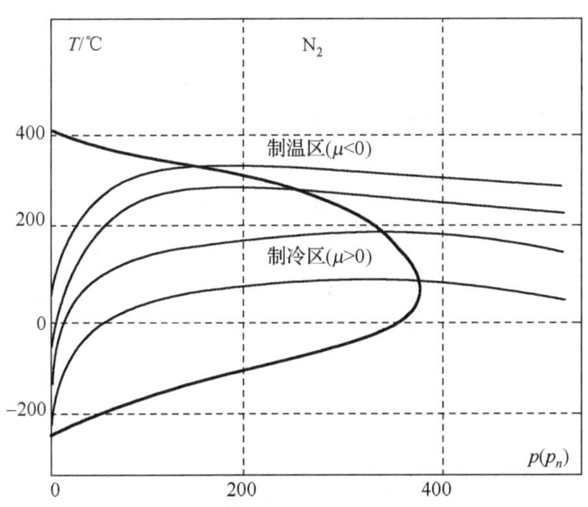

图 4-2　焦-汤效应的反转温度和等焓线

3. 焦耳效应与焦-汤效应的比较

前已指出，实际气体的内能不仅是温度的函数，而且与体积有关，因此焦耳系数不为零. 不过，实际气体都比较稀薄，焦耳系数很小，焦耳效应不明显，故在焦耳实验中很难观察到温度的变化. 与此不同，焦-汤效应则容易观测得多. 现在，我们来具体分析实际气体导致焦-汤系数非零的原因，并将之与焦耳系数加以比较. 根据焓的定义式(1.1.7)，可将式(4.5.7)化为

$$
\begin{aligned}
\mu &= -\frac{1}{C_p}\left[\left(\frac{\partial E}{\partial p}\right)_T + \left(\frac{\partial}{\partial p}(pV)\right)_T\right] \\
&= -\frac{1}{C_p}\left[\left(\frac{\partial E}{\partial V}\right)_T\left(\frac{\partial V}{\partial p}\right)_T + \left(\frac{\partial}{\partial p}(pV)\right)_T\right] \\
&= -\frac{1}{C_p}\left[-\lambda C_V\left(\frac{\partial V}{\partial p}\right)_T + \left(\frac{\partial}{\partial p}(pV)\right)_T\right].
\end{aligned}
\tag{4.5.9}
$$

对于实际气体，$(\partial V/\partial p)_T<0$. 另外，气体在等温膨胀时，分子间距增大导致其内能增加，故而$(\partial E/\partial V)_T>0$. 因此式(4.5.9)中右端第一项对焦-汤系数的贡献为正值. 也就是说，实际气体对于焦耳定律的偏离，使其在节流膨胀后温度降低. 同时，我们还看到，这一项对焦-汤效应的贡献与焦耳系数的量级相差一因子$(\partial V/\partial p)_T$，它反映气体的等温压缩性质，在气体比较稀薄时是一很大的量. 仅这项而言，焦-汤效应就应当比焦耳效应明显得多. 所以，在焦耳实验中极难观察到非理想气体绝热膨胀的降温效应，而在焦-汤实验中则十分明显. 例如，范德瓦耳斯气体的焦-汤系数μ约为焦耳系数的10^8倍.

另外，理想气体还遵守玻意耳(Boyle)定律，该定律告诉我们：在温度不变时，气体的压强与体积的乘积为常数，即理想气体满足$[\partial(pV)/\partial p]_T=0$. 对于实际气体，$[\partial(pV)/\partial p]_T$既可能大于零，也可能小于零. 这导致式(4.5.9)中右端第二项对焦-汤系数的贡献既可为负值，也可为正值. 也就是说，实际气体对于玻意耳定律的偏离，使其在节流膨胀后的温度既可能降低，也可能升高. 两项竞争导致焦-汤效应存在反转温度的特征. 下面用非理想气体的物态方程具体讨论之.

对非理想气体状态的准确描述是**昂内斯(Onnes)物态方程**，它的一种形式是

$$pV = a(T) + b(T)p + c(T)p^2 + \cdots, \tag{4.5.10}$$

式中，$a(T)=NkT$，$b(T)$，$c(T)$，…仅为温度的函数，分别称为第一、第二、第三……**位力(virial)系数**. 若将焦-汤系数式(4.5.8)改写为

$$\mu = \frac{T^2}{C_p}\left[\frac{\partial}{\partial T}\left(\frac{V}{T}\right)\right]_p = \frac{T^2}{C_p p}\left[\frac{\partial}{\partial T}\left(\frac{pV}{T}\right)\right]_p, \tag{4.5.11}$$

再将式(4.5.10)代入可得

$$
\begin{aligned}
\mu &= \frac{T^2}{C_p p}\left[p\frac{\mathrm{d}}{\mathrm{d}T}\frac{b(T)}{T} + p^2\frac{\mathrm{d}}{\mathrm{d}T}\frac{c(T)}{T} + \cdots\right] \\
&= \frac{T^2}{C_p}\left[\frac{\mathrm{d}}{\mathrm{d}T}\frac{b(T)}{T} + p\frac{\mathrm{d}}{\mathrm{d}T}\frac{c(T)}{T} + \cdots\right].
\end{aligned}
\tag{4.5.12}
$$

由上式可绘出气体的反转曲线. 当 $p\to 0$ 时，气体的性质趋向理想气体的性质. 这时，式(4.5.12)右端含 p 的各次幂项对焦-汤系数的贡献均趋于零，但第一项仅是温度的函数，不随压强趋零而衰减，故而 $\mu\neq 0$. 这就是在节流过程中，即使是较稀薄的气体，也容易得到与理想气体不同结果的原因.

还可将昂内斯物态方程表述为另一种形式，即

$$pV = a(T) + b'(T)\frac{1}{V} + c'(T)\frac{1}{V^2} + \cdots, \tag{4.5.13}$$

式中，$a(T)=NkT$，$b'(T)$，$c'(T)$，…仅为温度的函数，也分别称为第一、第二、第三……位力系数. 利用热力学关系，可将焦耳实验测量气体内能变化时定义的焦耳系数写为

$$\lambda \equiv \left(\frac{\partial T}{\partial V}\right)_E = -\frac{T^2}{C_V}\left[\frac{\partial}{\partial T}\left(\frac{p}{T}\right)\right]_V = -\frac{T^2}{C_V V}\left[\frac{\partial}{\partial T}\left(\frac{pV}{T}\right)\right]_V. \tag{4.5.14}$$

将式(4.5.13)代入可得

$$\lambda = -\frac{T^2}{C_V V^2}\left[\frac{\mathrm{d}}{\mathrm{d}T}\frac{b'(T)}{T} + \frac{1}{V}\frac{\mathrm{d}}{\mathrm{d}T}\frac{c'(T)}{T} + \cdots\right]_V. \tag{4.5.15}$$

当 $V\to\infty$(即 $p\to 0$)时，气体的性质接近理想气体的性质. 由式(4.5.15)可得 $\lambda\to 0$，即焦耳系数随压强减弱而趋零. 因此，对较稀薄的气体很难观测到焦耳效应. 这就是对一般气体的焦耳实验得出与理想气体相同的结论——内能只是温度的函数的原因.

4. 获得低温的方法

参照以上关于焦-汤效应和磁介质热力学的讨论，结合有关绝热膨胀的知识，可以给出一条获得低温的技术路线：

(1) 首先，由式(2.5.27)可知，**准静态绝热可逆过程为等熵过程**. 如果将气体绝热膨胀过程视为准静态过程(定性正确)，其温度随压强的变化则有如下关系：

$$\left(\frac{\partial T}{\partial p}\right)_S = -\left(\frac{\partial T}{\partial S}\right)_p\left(\frac{\partial S}{\partial p}\right)_T = \left(\frac{\partial V}{\partial T}\right)_p \frac{T}{T\left(\dfrac{\partial S}{\partial T}\right)_p} = \frac{TV\alpha}{C_p} > 0. \tag{4.5.16}$$

上式告诉我们，气体经绝热膨胀后温度降低. 这一结论对任何气体都是成立的. 因此，作为降温的第一步，我们可以首先令气体做绝热自由膨胀，进行预降温，将气体的温度降至节流膨胀的反转温度之下的制冷区，再进一步降温.

(2) 前面的讨论指出，在制冷区，即反转温度以下，焦-汤效应比焦耳效应明显得多，因此节流膨胀较自由膨胀过程降温更为有效. 空气、氮、二氧化碳等气体具有高于室温的反转温度，因此可以直接通过节流膨胀降温使其液化. 但是，不少气体的反转温度(如氢气，约−80℃)在室温以下，因此必须首先预冷，再实施降温的

第二步——节流膨胀. 通过这一过程，大多数气体可以被液化. 液化沸点很低的气体，可以获得至 1K 的低温. 继续降温则需要采用其他方法，如绝热去磁.

(3) 对于顺磁物质，由式(4.4.16)给出的关系

$$\left(\frac{\partial T}{\partial \mathscr{H}}\right)_{p,S}=\frac{CV\mu_0}{C_{p,\mathscr{H}}T}\mathscr{H}>0$$

可见，在保持压强不变的条件下，通过**绝热去磁**可以降温. 这是一种十分有效的降温手段. 通过这种技术，可以获得 1K 以下的温度.

由于核磁矩间的相互作用远小于顺磁物质磁矩间的相互作用，利用核去磁冷却法可获得更低的温度. 1956 年，英国人西蒙(Simon)曾用该方法得到 10^{-5}K 的低温.

(4) μK 以下低温的获得. 1975 年，汉斯(Hansch)和肖洛(Schawlow)提出了共振激光减速原子制冷——激光制冷的建议. 1985 年，在贝尔实验室工作的华裔物理学家朱棣文(S. Chu)等在激光制冷技术方面获得了真正的突破①. 他们发展了一种产生所谓"光学黏团"(optical molass)的技术，在空间 6 个方向减速原子，用多普勒(Doppler)冷却法获得了 240μK 的低温. 接着，美国国家标准局的菲利浦斯(Phillips)等用非均匀磁场增强共振吸收，提高冷却效率，超越多普勒冷却极限，于 1987 年将温度降至 40μK②. 随后，法国巴黎高等师范学校的科恩-塔诺季(Cohen-Tannoudji)和朱棣文等又在此基础上提出新颖的冷却机制(它被形象地称为"西西弗斯机制")③，使原子温度可以降到 1μK 以下. 由于发展了激光冷却和捕陷原子（又译为原子捕获）的技术，三位物理学家获 1997 年物理学诺贝尔奖. 以后又发展的磁光原子阱加逃逸蒸发冷却(runaway evaporative cooling)方法，可以进一步降低原子温度，已成为获得 nK 量级低温的有效方法. 关于在 μK 和 nK 温度时所展现出的玻色-爱因斯坦凝聚现象，我们将在 7.6 节再作介绍.

讨 论 题

第 4 章小结

4.1 为何引入麦氏关系?

4.2 熵不变的过程的特点为何?

4.3 比较水与肥皂水的表面张力，有何结论?

4.4 叙述获得低温的方法.

4.5 比较空调和电冰箱的工作原理及设计的不同.

---

① Chu S, Bjorkholm J E, Ashkin A, et al. 1986. *Phys. Rev. Lett.*, 57:314.

② Lett P D, Watts R N, Westbrook C I, et al. 1988. *Phys. Rev. Lett.*, 61:169.

③ Raab E, Prentiss M, Cable A, et al. 1987. *Phys. Rev. Lett.*, 59:2631. Aspect A, Dalibard J, Heidmann A, et al. 1987. *Phys. Rev. Lett.*, 61:826.

4.6　讨论气体绝热自由膨胀和绝热膨胀的区别.

4.7　为何引入基本的热力学函数？为何引入特性函数？

4.8　如何理解理想气体内能和焓仅为温度的函数？

习　　题

4.1　利用偏导数关系，由麦氏关系中的

$$\left(\frac{\partial T}{\partial V}\right)_S = -\left(\frac{\partial p}{\partial S}\right)_V$$

推出其余三式

$$\left(\frac{\partial T}{\partial p}\right)_S = \left(\frac{\partial V}{\partial S}\right)_p, \quad \left(\frac{\partial S}{\partial V}\right)_T = \left(\frac{\partial p}{\partial T}\right)_V, \quad -\left(\frac{\partial S}{\partial p}\right)_T = \left(\frac{\partial V}{\partial T}\right)_p.$$

4.2　证明：$\left(\frac{\partial p}{\partial V}\right)_S = \frac{C_p}{C_V}\left(\frac{\partial p}{\partial V}\right)_T$.

4.3　证明：$\left(\frac{\partial E}{\partial p}\right)_V = -T\left(\frac{\partial V}{\partial T}\right)_S$，$\left(\frac{\partial E}{\partial V}\right)_p = T\left(\frac{\partial p}{\partial T}\right)_S - p$.

4.4　证明：$\left(\frac{\partial T}{\partial S}\right)_H = \frac{T}{C_p} - \frac{T^2}{V}\left(\frac{\partial V}{\partial H}\right)_p$，$\left(\frac{\partial E}{\partial S}\right)_H = T\left(\frac{\partial E}{\partial H}\right)_p - ST\left(\frac{\partial V}{\partial H}\right)_S\left(\frac{\partial T}{\partial V}\right)_F$.

4.5　已知在体积保持不变时，一气体的压强正比于其绝对温度，试证明在温度保持不变时，该气体的熵随体积增大而增加.

4.6　设一物质具有形式为 $p = f(V)T$ 的物态方程，试证明其内能与体积无关.

4.7　实验发现，一气体的压强 p 与比容 v 的乘积及内能 E 仅为温度 T 的函数，即 $pv = f(T)$，$E=E(T)$. 讨论该气体的物态方程可能具有的形式.

4.8　已知：范德瓦耳斯气体的物态方程为

$$\left(p + \frac{a}{V^2}\right)(V - b) = NkT,$$

式中，a 和 b 为常数. 求内能和熵作为温度和体积的函数.

4.9　求证：(1) $\left(\frac{\partial S}{\partial p}\right)_H < 0$；　(2) $\left(\frac{\partial S}{\partial V}\right)_E > 0$.

4.10　试证明在相同的压强降落下，气体在准静态绝热膨胀中的温度降落大于在节流过程中的温度降落.

4.11　证明

$$\left(\frac{\partial C_V}{\partial V}\right)_T = T\left(\frac{\partial^2 p}{\partial T^2}\right)_V$$

和

$$\left(\frac{\partial C_p}{\partial p}\right)_T = -T\left(\frac{\partial^2 V}{\partial T^2}\right)_p ,$$

并由此导出

$$C_V = C_V^0 + T\int_{V_0}^{V}\left(\frac{\partial^2 p}{\partial T^2}\right)_V \mathrm{d}V$$

和

$$C_p = C_p^0 - T\int_{p_0}^{p}\left(\frac{\partial^2 V}{\partial T^2}\right)_p \mathrm{d}p .$$

根据以上两式证明，理想气体的定容热容量和定压热容量只是温度的函数.

4.12 一弹簧在恒温下的恢复力 X 与其伸长 x 成正比，即 $X = -Ax$. 今忽略弹簧的热膨胀，试证明弹簧的自由能 F、熵 S 和内能 E 的表达式分别为

$$F(T,x) = F(T,0) + \frac{1}{2}Ax^2 ,$$

$$S(T,x) = S(T,0) - \frac{x^2}{2}\frac{\mathrm{d}A}{\mathrm{d}T}$$

和

$$E(T,x) = E(T,0) + \frac{1}{2}\left(A - T\frac{\mathrm{d}A}{\mathrm{d}T}\right)x^2 .$$

4.13 具有遵从胡克定律发生拉伸形变的弹性杆，其弹性系数为 $A(T)$. 试计算 $C_p - C_x$，其中，C_p 和 C_x 分别为杆在应力恒定和长度恒定时的热容量.

4.14 证明熵 $S(p, H)$ 是特性函数，而体积 $V(T, p)$ 不是特性函数.

4.15 证明马休函数

$$J = -\frac{F}{T}$$

是以 T、V 为独立变量的特性函数.

4.16 一系统的定容热容量 C_V 和压强 p 可写为如下形式：

$$C_V = \alpha V T^3 , \quad p = \beta T^4 ,$$

式中，α 和 β 均为常数. 试求系统的吉布斯函数 G.

4.17 一根均匀杆的温度一端为 T_1，另一端为 T_2，计算在达到均匀温度 $(T_1+T_2)/2$ 时熵的增加.

4.18 已知顺磁物质的内能仅为温度的函数，磁化强度 m 满足居里定律 $m = C\mathscr{H}/T$. 若维持温度不变，使磁场强度由 0 增至 $\mathscr{H}$，试求该顺磁物质的磁化热.

第 5 章

气体的性质

本章讨论气体的平衡性质. 我们的讨论暂不涉及气体的混合与化学反应，因此仅限于考虑分子数不变的封闭系，同时只考虑单元系即化学纯气体. 首先就比较简单的理想气体情形，用正则系综理论导出气体热力学函数的数学表达式，然后具体讨论由单原子、双原子分子组成的理想气体之有关性质. 最后将简要介绍经典非理想气体物态方程的计算方法.

5.1　理想气体的热力学函数

如上所述，我们讨论的问题限于粒子数不变的系统，因此可以用正则系综理论来研究. 本节先集中讨论由近独立分子组成的系统——理想气体的性质. 我们将从正则系综出发，导出理想气体热力学函数的计算公式.

1. 配分函数

为了计算气体的热力学函数，先计算系统的配分函数. 考虑由 N 个相同的近独立分子组成的封闭气体系统. 根据正则系综理论，体系的配分函数由下式计算：

$$Z = \mathrm{e}^{\psi} = \sum_l W_l \mathrm{e}^{-\beta E_l} \, ,$$

式中，l 为能级指标，W_l 为相应能级的简并度.

若气体分子的能级是“准连续”的，则可用对分子广义坐标和广义动量的积分来代替对能级的求和，上式成为

$$Z = \int \frac{1}{N! h^{Nr}} \mathrm{e}^{-\beta E} \mathrm{d}\Omega = \frac{1}{N!} \left[\int \frac{1}{h^r} \mathrm{e}^{-\beta \varepsilon} \mathrm{d}\omega \right]^N = \frac{1}{N!} z^N \, , \tag{5.1.1}$$

式中，r 为分子自由度，ε 为单个分子的能量，z 为分子的配分函数. 分子能量分为平动、转动和振动三部分，可写为

$$\varepsilon = \varepsilon^{\mathrm{t}} + \varepsilon^{\mathrm{r}} + \varepsilon^{\mathrm{v}} \, ,$$

式中，t、r 和 v 分别代表平动、转动和振动. μ 空间的体积元 $\mathrm{d}\omega$ 可写为

$$\mathrm{d}\omega = \mathrm{d}\omega^{\mathrm{t}} \mathrm{d}\omega^{\mathrm{r}} \mathrm{d}\omega^{\mathrm{v}} \, .$$

由式(5.1.1)给出体系配分函数的对数 ψ 满足

$$\psi = \ln Z = N\ln z - \ln N!\,,$$

$$z = \int \frac{1}{h^{r}} \mathrm{e}^{-\beta\varepsilon} \mathrm{d}\omega = \int \frac{1}{h^{r_{\mathrm{t}}}} \mathrm{e}^{-\beta\varepsilon^{\mathrm{t}}} \mathrm{d}\omega^{\mathrm{t}} \int \frac{1}{h^{r_{\mathrm{r}}}} \mathrm{e}^{-\beta\varepsilon^{\mathrm{r}}} \mathrm{d}\omega^{\mathrm{r}} \int \frac{1}{h^{r_{\mathrm{v}}}} \mathrm{e}^{-\beta\varepsilon^{\mathrm{v}}} \mathrm{d}\omega^{\mathrm{v}} = z^{\mathrm{t}} z^{\mathrm{r}} z^{\mathrm{v}}. \tag{5.1.2}$$

此处分子的自由度 r 写为

$$r = r_{\mathrm{t}} + r_{\mathrm{r}} + r_{\mathrm{v}}\,,$$

式中，r_{t}、r_{r} 和 r_{v} 分别为分子平动、转动和振动自由度. 这里，转动和振动是分子内原子之间的相对运动，属于分子的内部运动. 通常，将这类与内部运动有关的运动的自由度统称为**内部自由度**. 内部运动除转动和振动以外，还应包含原子内部的运动，此处暂时不予考虑.

为方便起见，这里定义了分子的**平动**、**转动**和**振动配分函数**，分别为

$$z^{\mathrm{t}} = \int \frac{1}{h^{r_{\mathrm{t}}}} \mathrm{e}^{-\beta\varepsilon^{\mathrm{t}}} \mathrm{d}\omega^{\mathrm{t}} = V\left(\frac{2\pi m}{h^2\beta}\right)^{3/2}, \tag{5.1.2a}$$

$$z^{\mathrm{r}} = \int \frac{1}{h^{r_{\mathrm{r}}}} \mathrm{e}^{-\beta\varepsilon^{\mathrm{r}}} \mathrm{d}\omega^{\mathrm{r}}\,, \tag{5.1.2b}$$

$$z^{\mathrm{v}} = \int \frac{1}{h^{r_{\mathrm{v}}}} \mathrm{e}^{-\beta\varepsilon^{\mathrm{v}}} \mathrm{d}\omega^{\mathrm{v}}\,. \tag{5.1.2c}$$

还应指出，将振动和转动能分开只是一个近似处理. 事实上，由于转动惯量与原子相对位置有关，转动与振动之间是有耦合的，不能严格分开. 但在我们以下的讨论中，这种耦合将被视为不重要而略去.

以上三部分能量中后两部分描述涉及分子内部自由度的运动. 为便于讨论，定义分子**内部运动配分函数**

$$b = z^{\mathrm{r}} z^{\mathrm{v}}. \tag{5.1.3}$$

由式(5.1.2b)和式(5.1.2c)可以看出，内部运动配分函数仅是 β 的函数.

于是，分子配分函数又可写为

$$z = z^{\mathrm{t}} b = \frac{V}{h^3}\left(\frac{2\pi m}{\beta}\right)^{3/2} b. \tag{5.1.4}$$

进一步有

$$\psi = N\ln V + \frac{3}{2}N\ln\left(\frac{2\pi m}{h^2}\right) - \frac{3}{2}N\ln\beta + N\ln b - \ln N!. \tag{5.1.5}$$

2. 基本热力学函数

用式(5.1.5)给出的配分函数之对数，由 3.2 节的公式即可计算理想气体的热力

学函数. 获得的内能为

$$E=-\frac{\partial\psi}{\partial\beta}=\frac{3N}{2\beta}-N\frac{\mathrm{d}}{\mathrm{d}\beta}\ln b. \tag{5.1.6}$$

压强为

$$p=\frac{1}{\beta}\frac{\partial\psi}{\partial V}=\frac{1}{\beta}\frac{N}{V}, \tag{5.1.7}$$

给出物态方程

$$pV=NkT.$$

由上式可知：气体的物态方程与气体分子的内部自由度(运动)无关.

正则系综熵的普遍表达式为

$$S=k\left(\ln Z-\beta\frac{\partial}{\partial\beta}\ln Z\right)=kN\left(\ln z-\beta\frac{\partial}{\partial\beta}\ln z\right)-k\ln N!. \tag{5.1.8}$$

将本节给出的配分函数表达式代入则得

$$S=Nk\left[\ln\frac{V}{N}+\frac{3}{2}\ln\left(\frac{2\pi m}{h^2\beta}\right)+\ln b-\beta\frac{\mathrm{d}}{\mathrm{d}\beta}\ln b+\frac{5}{2}\right]. \tag{5.1.9}$$

5.2　单原子分子理想气体

在统计物理中，最简单的体系是由近独立的单原子分子组成的气体，即单原子分子理想气体. 本节讨论此类气体的性质.

1. 单原子分子理想气体的经典描述

在一般情形下，单原子分子组成的理想气体均可视为经典气体. 我们已给出经典气体的描述方法，此处先简要讨论经典极限的适用条件，以说明本节采用经典统计的原因.

首先，我们知道，经典粒子是可分辨的，或认为它们是定域粒子，对这种体系可运用麦克斯韦-玻尔兹曼分布. 其次，经典运动的能级是连续的. 对于量子体系，如果粒子相邻能级之间的能量差比热运动能的典型值 kT 小得多，则可认为能级近似连续——**准连续**. 满足上述两个条件的体系就可应用经典统计理论. 如 3.3 节所指出的那样，定域描述或非简并性的条件是各能级上的粒子数目远小于能级的简并度，即

$$a_l/\omega_l \ll 1,$$

亦可写为 $\mathrm{e}^{-\alpha}\ll 1$. 对单原子分子理想气体，这一条件成为

$$e^{\alpha}=\frac{z}{N}=\frac{(2\pi mkT)^{3/2}}{nh^3}\gg 1, \tag{5.2.1}$$

式中，$n=N/V$ 为分子数密度. 据 1.2 节，单位体积中的自由粒子(可以这样描述单原子分子)相邻能级间的能量差的数量级为 $\Delta\varepsilon \sim h^2/mV^{2/3}$，它与热运动能的典型值 kT 之比为 $h^2/mkTV^{2/3}$. 将它与式(5.2.1)的左端的倒数相比有

$$\Delta\varepsilon/kT:(e^{-\alpha})^{2/3}\sim\frac{h^2/(mkT)}{N^{2/3}h^2/(2\pi mkT)}\sim N^{-2/3}\ll 1.$$

因此，只要满足式(5.2.1)，就有

$$\Delta\varepsilon/kT\ll 1,$$

可以认为能级是准连续的. 于是，定域与粒子能级准连续两个条件便同时得到满足. 由式(5.2.1)可见，温度越高(“高温”条件下)、密度越小(“低密”条件下)，越接近经典描述的条件. 所以，我们通常也说，非简并性的条件是“高温”和“低密度”. 当然，所谓“高温”和“低密度”都是相对的. 此外，粒子的质量越大，也越易满足非简并性条件，因而满足经典近似条件. 若以电子静止质量 $m_e=9.1094\times10^{-28}$g 为质量单位，将各普适常量的值代入式(5.2.1)，可得 e^{α} 的数量级为

$$e^{\alpha}\sim 10^{16}m^{3/2}T^{3/2}n^{-1}.$$

我们通常所说的单原子分子理想气体是否满足以上所说的两个条件，因而可用经典统计来描述呢？容易估算，在室温($T\sim10^2$)和一般密度($n\sim10^{19}$)下，若分子质量为 $10^3\sim10^4$ 量级(实际气体在这一范围)，可估算出一般气体的 e^{α} 的量级为 $10^5\sim10^6\gg 1$，满足条件式(5.2.1). 可见，如果不考虑气体分子内部运动的量子化，在室温条件下，对于一般气体，经典统计都是适用的.

2. 麦克斯韦速度分布律

根据前面的分析知道，可以用麦-玻分布的经典近似公式来研究单原子分子理想气体. 麦-玻分布给出气体分子按能量的分布. 对于单原子分子，这个能量就是质心平动能. 我们现在应用麦-玻分布研究分子按速度的分布，导出麦克斯韦速度分布律.

根据麦-玻分布，μ 空间体积元 $\Delta\omega_l$ 内的平均粒子数为

$$a_l=e^{-\alpha-\beta\varepsilon_l}\frac{\Delta\omega_l}{h^r}.$$

对单原子分子气体(r=3)，将体积元 $\Delta\omega_l$ 换为

$$d\omega=dxdydzdp_xdp_ydp_z,$$

相应的求和则可化为积分，即

$$\sum_l \Delta\omega_l \to \iiint \mathrm{d}x\mathrm{d}y\mathrm{d}z\mathrm{d}p_x\mathrm{d}p_y\mathrm{d}p_z \ .$$

单原子分子动能可写为

$$\varepsilon = \frac{1}{2m}(p_x^2 + p_y^2 + p_z^2) \ .$$

将上式代入麦-玻分布，将对 $\Delta\omega_l$ 的求和变为积分，仅对体积积分，可以求得在体积 V 内 $\mathrm{d}p_x\mathrm{d}p_y\mathrm{d}p_z$ 范围中分子的平均数为

$$a_p = \frac{V}{h^3}\exp\left[-\alpha - \frac{1}{2mkT}(p_x^2 + p_y^2 + p_z^2)\right]\mathrm{d}p_x\mathrm{d}p_y\mathrm{d}p_z \ .$$

代入动量与速度的关系 $p=mv$，可得在体积 V 中速度范围 $\mathrm{d}v_x\mathrm{d}v_y\mathrm{d}v_z$ 内的平均分子数为

$$a_v = \frac{Vm^3}{h^3}\exp\left[-\alpha - \frac{m}{2kT}(v_x^2 + v_y^2 + v_z^2)\right]\mathrm{d}v_x\mathrm{d}v_y\mathrm{d}v_z \ . \tag{5.2.2}$$

这就是**麦克斯韦速度分布律**. 式中，参数 α 可由分子数 N 不变的条件确定. 式(5.2.2)对 $\mathrm{d}v_x\mathrm{d}v_y\mathrm{d}v_z$ 积分得

$$N = \mathrm{e}^{-\alpha}\iiint \frac{Vm^3}{h^3}\exp\left[-\frac{m}{2kT}(v_x^2 + v_y^2 + v_z^2)\right]\mathrm{d}v_x\mathrm{d}v_y\mathrm{d}v_z \ . \tag{5.2.3}$$

完成积分有

$$\mathrm{e}^{-\alpha} = \frac{N}{V}\left(\frac{h^2}{2\pi mkT}\right)^{3/2} \ . \tag{5.2.4}$$

此式给出单原子分子气体的 α 对密度、温度和分子质量的依赖关系. 至此，麦克斯韦速度分布律完全确定. 将它代入式(5.2.2)，可得在单位体积内，速度范围 $\mathrm{d}v_x\mathrm{d}v_y\mathrm{d}v_z$ 内的平均分子数

$$n\left(\frac{m}{2\pi kT}\right)^{3/2}\exp\left[-\frac{m}{2kT}(v_x^2 + v_y^2 + v_z^2)\right]\mathrm{d}v_x\mathrm{d}v_y\mathrm{d}v_z \ . \tag{5.2.5}$$

上式亦称为麦克斯韦速度分布律. 式中，$n=N/V$ 为气体的分子数密度.

对我们讨论的各向同性体系，引入速度(动量)空间的球坐标系$(v,\ \theta,\ \varphi)$更为方便. 将分布函数对立体角元积分,可以求得气体分子速率分布，即单位体积中速率在 $\mathrm{d}v$ 范围内的平均分子数为

$$4\pi n\left(\frac{m}{2\pi kT}\right)^{3/2}\exp\left[-\frac{m}{2kT}v^2\right]v^2\mathrm{d}v \ . \tag{5.2.6}$$

于是，可得分子速率取值在 $v\sim v+\mathrm{d}v$ 内的概率为

$$4\pi\left(\frac{m}{2\pi kT}\right)^{3/2}\exp\left[-\frac{m}{2kT}v^2\right]v^2\mathrm{d}v \ .$$

由式(5.2.3)知，归一化条件自然满足

$$\int_0^\infty 4\pi\left(\frac{m}{2\pi kT}\right)^{3/2}\exp\left[-\frac{m}{2kT}v^2\right]v^2\mathrm{d}v=1\,. \tag{5.2.7}$$

气体分子速率分布是分子物理学中一个重要的概念，相信读者通过普通物理的学习已比较熟悉，此处不再详细讨论. 仅将描述分布特征的几个重要速率的计算结果列出如下：

最概然速率

$$v_{\mathrm{m}}=\sqrt{\frac{2kT}{m}}\,;$$

平均速率

$$\overline{v}=\sqrt{\frac{8kT}{\pi m}}\,;$$

方均根速率 v_{s} 由 $v_{\mathrm{s}}^2=\overline{v^2}$ 定义，其值为

$$v_{\mathrm{s}}=\sqrt{\frac{3kT}{m}}\,.$$

3. 热力学函数

由正则系综理论容易计算出单原子分子理想气体的热力学函数. 3.2 节已给出气体的配分函数为

$$Z=\frac{V^N}{N!h^{3N}}\left(\frac{2\pi m}{\beta}\right)^{3N/2}.$$

代入式(5.1.6)立即可得气体内能为

$$\overline{E}=-\frac{\partial}{\partial\beta}\ln Z=\frac{3N}{2\beta}=\frac{3}{2}NkT\,. \tag{5.2.8}$$

用式(5.1.7)计算压强得

$$p=\frac{1}{\beta}\frac{\partial}{\partial V}\ln Z=\frac{NkT}{V}\,, \tag{5.2.9}$$

即得物态方程

$$pV=NkT\,. \tag{5.2.10}$$

由式(5.1.9)，令 b=1，或由式(5.1.8)直接计算，易得单原子分子理想气体的熵为

$$S=Nk\left[\ln\frac{V}{N}+\frac{3}{2}\ln\left(\frac{2\pi m}{h^2\beta}\right)+\frac{5}{2}\right]. \tag{5.2.11}$$

上述结果与第 2 章用微正则系综理论获得的相同，但正则系综的计算要简明得多.

由式(5.2.11)给出的熵是广延量，与分子数成正比.

最后计算热容量. 由式(5.2.8)对温度微商，直接算出定容热容量为

$$C_V = \left(\frac{\partial \bar{E}}{\partial T}\right)_V = \frac{3}{2}Nk .$$

用式(4.1.25)，可得定压热容量为

$$C_p = C_V + Nk = \frac{5}{2}Nk .$$

两者之比则为

$$\gamma = \frac{C_p}{C_V} = \frac{5}{3}. \tag{5.2.12}$$

定压热容量 C_p 和定压、定容热容量之比 γ 是比较容易观测的物理量. 表 5.1 列出一些气体的 γ 和 C_p 的实验值，它们与理论结果吻合甚好. 这说明对平动部分的经典统计描述是可取的.

表 5.1　单原子分子气体 γ 和 C_p 的实验值

气体	温度 T/K	γ	C_p/Nk
氦(He)	291	1.660	2.51
	93	1.673	
氖(Ne)	292	1.642	
氩(Ar)	288	1.65	2.54
	93	1.69	
氪(Kr)	292	1.689	
氙(Xe)	292	1.666	
钠(Na)	750～920	1.68	
钾(K)	660～1000	1.64	
汞(Hg)	548～629	1.666	

5.3　双原子分子理想气体热容量

在 5.2 节的讨论中仅考虑了单原子分子理想气体，其结果适用于略去分子内部运动的情形. 通常，对于多原子分子组成的气体，考虑其分子内部运动是必要的. 本节将以双原子分子理想气体为例，讨论内部运动对热力学函数，主要是对热容量的贡献.

1. 配分函数

双原子分子的运动除质心运动即平动以外，还应考虑分子内部原子间的相对运

动，包括转动和振动. 考虑上述运动后，分子的配分函数可写为

$$z = z^{\mathrm{t}} z^{\mathrm{r}} z^{\mathrm{v}} = \sum_k \omega_k^{\mathrm{t}} \mathrm{e}^{-\beta\varepsilon_k^{\mathrm{t}}} \sum_l \omega_l^{\mathrm{r}} \mathrm{e}^{-\beta\varepsilon_l^{\mathrm{r}}} \sum_m \omega_m^{\mathrm{v}} \mathrm{e}^{-\beta\varepsilon_m^{\mathrm{v}}} , \tag{5.3.1}$$

式中，z^{t}、z^{r} 和 z^{v} 分别称为分子平动、转动和振动配分函数，ω_k^{t}、ω_l^{r} 和 ω_m^{v} 为相应能级的简并度.

若采用经典近似，分子平动、转动和振动三部分能量分别为：

平动能

$$\varepsilon^{\mathrm{t}} = \frac{1}{2M}(p_x^2 + p_y^2 + p_z^2) , \tag{5.3.2a}$$

转动能

$$\varepsilon^{\mathrm{r}} = \frac{1}{2I}\left(p_\theta^2 + \frac{p_\varphi^2}{\sin^2\theta}\right) , \tag{5.3.2b}$$

振动能

$$\varepsilon^{\mathrm{v}} = \frac{(m_1 + m_2)}{2m_1 m_2} p_r^2 + u(r) , \tag{5.3.2c}$$

式中，m_1、m_2 分别为两种原子的质量，$M = m_1+m_2$ 为质心质量，r 为两原子间的距离，p_r 为其相对动量，$u(r)$ 为其相互作用能；$I = [m_1 m_2/(m_1 + m_2)]r^2$ 为转动惯量，θ 和 φ 分别为球坐标系的极角和水平角. 分子平动、转动和振动自由度数分别为 $r_{\mathrm{t}}=3$，$r_{\mathrm{r}}=2$，$r_{\mathrm{v}}=1$.

配分函数则可写为

$$Z = \frac{1}{N!} z^N = \frac{1}{N!}(z^{\mathrm{t}} z^{\mathrm{r}} z^{\mathrm{v}})^N . \tag{5.3.3}$$

将式(5.3.1)的各求和变为积分，可计算配分函数. 式中的平动配分函数前已算出为

$$z^{\mathrm{t}} = \int \frac{1}{h^3} \mathrm{e}^{-\beta\varepsilon^{\mathrm{t}}} \mathrm{d}\omega^{\mathrm{t}} = V\left(\frac{2\pi M}{\beta h^2}\right)^{3/2} . \tag{5.3.4a}$$

转动配分函数计算为

$$\begin{aligned} z^{\mathrm{r}} &= \int \frac{1}{h^2} \mathrm{e}^{-\beta\varepsilon^{\mathrm{r}}} \mathrm{d}\omega^{\mathrm{r}} = \int \frac{1}{h^2} \exp\left[-\frac{\beta}{2I}\left(p_\theta^2 + \frac{p_\varphi^2}{\sin^2\theta}\right)\right] \mathrm{d}\theta \mathrm{d}\varphi \mathrm{d}p_\theta \mathrm{d}p_\varphi \\ &= \frac{2\pi I}{\beta h^2} \int_0^{2\pi} \mathrm{d}\varphi \int_0^{\pi} \sin\theta \mathrm{d}\theta = \frac{8\pi^2 I}{\beta h^2}. \end{aligned} \tag{5.3.4b}$$

分子内原子间相互作用导致的振动配分函数情况较为复杂，还需根据具体情况采取不同的方法处理. 此处仍只给出其一般公式

$$z^{\mathrm{v}} = \int \frac{1}{h} \mathrm{e}^{-\beta\varepsilon^{\mathrm{v}}} \mathrm{d}\omega^{\mathrm{v}} . \tag{5.3.4c}$$

对于能级准连续的经典近似，可从上述配分函数出发，用 5.1 节给出的公式计算各热力学函数. 但是，对于转动和振动这两种运动，有时必须考虑量子效应. 这时，对式(5.3.2b)和式(5.3.2c)给出的转动和振动配分函数应做相应的修正. 此外，有时也需要考虑原子内部的激发态，这部分运动则纯粹是量子化的. 本节将分别用经典和量子理论来讨论这些运动. 关于热力学函数的计算，我们主要讨论较有代表性的热容量.

2. 热容量的经典理论

事实上，对于可分辨粒子构成的系统，经典与量子统计理论的根本不同只在于能量取值连续或分立的不同. 在经典近似下，能级连续，可以应用能均分定理. 前已指出，质心的运动(平动)可以用经典近似处理. 至于分子振动，因其基态(最低能级)与激发态之间的级差很大，在温度不很高，即热激发能量 kT 不是很大的情形下，很难将它激发，在振动配分函数计算中只需计入基态能的贡献，因而它对热容量的贡献可忽略不计. 这样，在经典近似下，我们只需考虑分子平动和转动两部分运动，分子能量可写为

$$\varepsilon = \frac{1}{2M}(p_x^2 + p_y^2 + p_z^2) + \frac{1}{2I}\left(p_\theta^2 + \frac{p_\varphi^2}{\sin^2\theta}\right). \tag{5.3.5}$$

由能均分定理得

$$\bar{\varepsilon} = \frac{5}{2}kT . \tag{5.3.6}$$

总能量平均值为

$$\bar{E} = \frac{5}{2}NkT . \tag{5.3.7}$$

定容热容量则为

$$C_V = \frac{5}{2}Nk .$$

定压热容量为

$$C_p = \frac{7}{2}Nk ,$$

进而得

$$\gamma = \frac{7}{5} = 1.40 . \tag{5.3.8}$$

表 5.2 列出部分双原子分子气体的 γ 的实验数据. 由表可见，除氢气在很低温度(92K)时偏离实验较远外，经典理论均给出比较满意的结果. 对于氢气热容量的计算结果在低温下与实验偏离的原因在于，低温下分子转动运动的量子化效应明显，而经典理论无法描述这一贡献.

表 5.2　双原子分子气体 γ 和 C_p 的实验值

气体	温度 T/K	γ	C_p/Nk
H_2	289	1.407	3.45
	197	1.453	
	92	1.597	
N_2	293	1.398	3.51
	92	1.419	3.38
O_2	293	1.398	3.51
	197	1.411	3.43
	92	1.404	3.47
CO	291	1.396	3.52
	93	1.417	3.40
NO	288	1.38	3.64
	228	1.39	
	193	1.38	
HCl	290～373	1.40	
HBr	284～373	1.43	
HI	293～373	1.40	

3. 热容量的量子理论

下面用量子理论来计算双原子分子理想气体的热容量. 对于平动部分，5.2 节的分析已指出，经典描述是可行的. 这里将主要考虑分子的内部运动，包括原子内电子的运动、分子转动和振动三部分.

1) 电子热容量

在前面的计算中，我们略去了电子运动对热容量的贡献. 事实上，配分函数式(5.3.1)，还应包含一个相应于电子运动的因子，即

$$z = z^{\mathrm{t}} z^{\mathrm{r}} z^{\mathrm{v}} z^{\mathrm{e}} = \sum_k \omega_k^{\mathrm{t}} \mathrm{e}^{-\beta\varepsilon_k^{\mathrm{t}}} \sum_l \omega_l^{\mathrm{r}} \mathrm{e}^{-\beta\varepsilon_l^{\mathrm{r}}} \sum_m \omega_m^{\mathrm{v}} \mathrm{e}^{-\beta\varepsilon_m^{\mathrm{v}}} \sum_n \omega_n^{\mathrm{e}} \mathrm{e}^{-\beta\varepsilon_n^{\mathrm{e}}} , \tag{5.3.9}$$

式中，n 为电子能级指标，ω_n^{e} 为相应能级的简并度.

在我们所讨论的气体中，电子都束缚在原子内，处于束缚态. 由于最低能级(基态) $\varepsilon_1^{\mathrm{e}}$ 与次低能级(第一激发态)间距甚大(如氢原子为 10eV 量级)，以致包含较高能级的负指数因子项的贡献与基态贡献相比可以忽略，故在计算配分函数的求和中只需保留首项(基态项). 假定电子能级简并度为 1，相应配分函数则为

$$z^{e}=e^{-\beta\varepsilon_{1}^{e}}. \tag{5.3.10}$$

因此

$$\overline{\varepsilon^{e}}=\varepsilon_{1}^{e}. \tag{5.3.11}$$

对热容量的贡献为

$$C_{V}^{e}=N\frac{d\overline{\varepsilon^{e}}}{dT}=0. \tag{5.3.12}$$

可见，电子运动对气体热容量没有贡献. 这一结论不仅对双原子分子构成的气体，而且对其他种类的气体均适用. 因此，我们在以下的讨论中将不再计入电子部分.

2) 转动热容量

在量子力学中，转动能也是量子化的，其能级由下式给出：

$$\varepsilon_{l}^{r}=\frac{h^{2}}{8\pi^{2}I}l(l+1), \qquad l=0,1,2,\cdots. \tag{5.3.13}$$

式中，I 为转动惯量. 此能级是简并的，相应于转动量子数 l 有 $\omega_l=2l+1$ 个量子态. 于是，分子转动配分函数可写为

$$z^{r}=\sum_{l=0}^{\infty}(2l+1)e^{-l(l+1)\Theta_{r}/T}, \tag{5.3.14}$$

式中

$$\Theta_{r}=\frac{h^{2}}{8\pi^{2}Ik} \tag{5.3.15}$$

为分子转动能相应的**特征温度**. 高温时，即当 $T\gg\Theta_r$ 时，相邻能级之差相对很小，可视为准连续. 将式(5.3.14)中的求和代之以积分有

$$z^{r}=\int_{0}^{\infty}(2l+1)e^{-l(l+1)\Theta_{r}/T}dl. \tag{5.3.16}$$

引入变量 $x=l(l+1)$，式(5.3.16)可写为

$$z^{r}=\int_{0}^{\infty}e^{-\Theta_{r}x/T}dx=\frac{T}{\Theta_{r}},$$

与经典结果式(5.3.4b)一致. 不难算出，氢气的这个特征温度为 Θ_r=85.4K，其他常见气体则更低. 所以在常温下，经典近似适用. 当 T<100K 时，氢气转动能的量子特征就会十分突出，经典理论将不再适用. 表 5.3 列出一些双原子分子气体的转动和振动特征温度的参考值. 由这些数据可以看到，除低温下的氢气外，经典理论一般是可用的.

表 5.3 双原子分子气体转动和振动特征温度

气体	Θ_r/K	$\Theta_v/10^3$K	气体	Θ_r/K	$\Theta_v/10^3$K
H_2	85.4	6.10	CO	2.77	3.07
N_2	2.86	3.34	NO	2.42	2.69
O_2	2.07	2.23	HCl	15.1	4.14

现在，我们来研究低温时氢分子转动能对热容量的贡献. 应用量子的转动配分函数式(5.3.14)，可求出平均转动能为

$$\overline{\varepsilon^{\mathrm{r}}}=-\frac{\partial}{\partial\beta}\ln z^{\mathrm{r}}=kT^2\frac{\partial}{\partial T}\ln\sum_{l=0}^{\infty}(2l+1)\mathrm{e}^{-l(l+1)\Theta_{\mathrm{r}}/T}\ , \tag{5.3.17}$$

热容量为

$$\frac{C_V^{\mathrm{r}}}{Nk}=\frac{1}{k}\frac{\mathrm{d}\overline{\varepsilon^{\mathrm{r}}}}{\mathrm{d}T}. \tag{5.3.18}$$

用此公式计算不能得到与实验吻合的结果. 原因是没有考虑氢分子的两个同核原子的全同性. 事实上，氢分子转动运动的状态还应与两个氢核的自旋有关. 当两核自旋平行时，转动量子数 l 只能取奇数，称为正氢；两核自旋反平行时，转动量子数 l 只能取偶数，称为仲氢. 两种状态之间相互转变的概率很小. 自然界的氢是两种氢之混合物：正氢占四分之三，仲氢占四分之一. 它们的转动配分函数分别为：

正氢

$$z_{\mathrm{o}}^{\mathrm{r}}=\sum_{l=1,3,\cdots}(2l+1)\mathrm{e}^{-l(l+1)\Theta_{\mathrm{r}}/T}\ ; \tag{5.3.19a}$$

仲氢

$$z_{\mathrm{p}}^{\mathrm{r}}=\sum_{l=0,2,\cdots}(2l+1)\mathrm{e}^{-l(l+1)\Theta_{\mathrm{r}}/T}\ . \tag{5.3.19b}$$

因此，热容量的正确结果应由下式给出：

$$C_V^{\mathrm{r}}=\frac{3}{4}C_{\mathrm{o}}^{\mathrm{r}}+\frac{1}{4}C_{\mathrm{p}}^{\mathrm{r}}. \tag{5.3.20}$$

此式算出的结果与实验一致，这就解决了氢气热容量的经典理论在低温下与实验偏离的问题. 至于其他气体，因为原子质量较大，因而转动惯量 I 大，相应的特征温度较小，以致经典转动理论适用范围较大，理论与实验的偏离不明显.

3) 振动热容量

双原子分子的振动可用谐振子描述，频率为 ν 的振子能量为

$$\varepsilon_n^{\mathrm{v}}=\left(n+\frac{1}{2}\right)h\nu\ , \tag{5.3.21}$$

相应的配分函数为

$$z^{\mathrm{v}}=\sum_{n=0}^{\infty}\mathrm{e}^{-(n+1/2)\Theta_{\mathrm{v}}/T}=\frac{\mathrm{e}^{-\Theta_{\mathrm{v}}/2T}}{1-\mathrm{e}^{-\Theta_{\mathrm{v}}/T}}.\tag{5.3.22}$$

由此算出平均振动能为

$$\overline{\varepsilon^{\mathrm{v}}}=\frac{1}{2}h\nu+\frac{h\nu}{\mathrm{e}^{\Theta_{\mathrm{v}}/T}-1}.\tag{5.3.23}$$

振动热容量则为

$$C_V^{\mathrm{v}}=Nk\left(\frac{\Theta_{\mathrm{v}}}{T}\right)^2\frac{\mathrm{e}^{\Theta_{\mathrm{v}}/T}}{(\mathrm{e}^{\Theta_{\mathrm{v}}/T}-1)^2},\tag{5.3.24}$$

式中

$$\Theta_{\mathrm{v}}=\frac{h\nu}{k}$$

为**振动特征温度**，由分子振动频率 ν 决定. 由表 5.3 看出，对一般的双原子分子，振动特征温度的值大约在 10^3K 量级，高于常温. 因此，振动不易被热激发，或者说振动自由度被“冻结”，常温下对热容量无贡献.

5.4　非理想气体的物态方程

前面几节的讨论仅限于理想气体，尚未涉及气体分子之间的相互作用. 对较高温度(如室温)下的低密度气体，理论结果与实验吻合较好. 但对低温高密气体，用理想气体来描述会有较大的偏差. 这是因为分子之间的相互作用不可忽略的缘故. 本节将讨论非理想气体问题. 作为一个简单的例子，我们用经典统计理论研究单原子分子，即化学纯气体的物态方程.

1. 位形配分函数

分子之间的相互作用能量与气体总能量相比不可忽略的气体是非理想气体，这种体系的总能量应写为

$$E=K+E^{\mathrm{I}}+U,\tag{5.4.1}$$

式中，K、E^{I} 和 U 分别为质心平动、内部运动和相互作用能，分别为

$$K=\sum_{j=1}^{3N}\frac{p_j^2}{2M},\tag{5.4.2}$$

$$E^{\mathrm{I}}=\sum_{l=1}^{N}\varepsilon_l^{\mathrm{I}},\tag{5.4.3}$$

$$U=\sum_{i<j}u_{ij},\qquad i,j=1,2,\cdots,N. \tag{5.4.4}$$

式中，u_{ij}为仅考虑两体作用时第 i 个分子与第 j 个分子的相互作用势能，求和限定$i<j$确保每对分子相互作用能不致重复计算.

设r_{I}为分子的内部自由度，则可将配分函数写为

$$\begin{aligned}Z&=\frac{1}{N!h^{(3+r_{\mathrm{I}})N}}\int \mathrm{e}^{-\beta E}\mathrm{d}\Omega\\&=\frac{1}{N!h^{3N}}\int\exp\left(-\beta\sum_{j=1}^{3N}\frac{p_j^2}{2M}\right)\mathrm{d}p_1\mathrm{d}p_2\cdots\mathrm{d}p_{3N}\\&\quad\times\frac{1}{h^{r_{\mathrm{I}}N}}\int\mathrm{e}^{-\beta E^{\mathrm{I}}}\mathrm{d}\Omega^{\mathrm{I}}\int\mathrm{e}^{-\beta U}\mathrm{d}q_1\mathrm{d}q_2\cdots\mathrm{d}q_{3N}\\&=\frac{1}{N!}\left(\frac{2\pi M}{\beta h^2}\right)^{3N/2}b^NQ.\end{aligned} \tag{5.4.5}$$

式中，b 为分子内部运动配分函数（见 5.1 节）.通常将 Q 称为**位形配分函数**，或称**位形积分**，定义为

$$Q=\int\mathrm{e}^{-\beta U}\mathrm{d}\tau_1\mathrm{d}\tau_2\cdots\mathrm{d}\tau_N=\int\exp\left(-\beta\sum_{i<j}u_{ij}\right)\mathrm{d}\tau_1\mathrm{d}\tau_2\cdots\mathrm{d}\tau_N, \tag{5.4.6}$$

式中

$$\mathrm{d}\tau_j=\mathrm{d}x_j\mathrm{d}y_j\mathrm{d}z_j,\qquad j=1,2,\cdots,N$$

为第 j 个分子在坐标空间的体积元.

配分函数式(5.4.5)的各因子中，只有位形积分 Q 与分子间的相互作用有关. 于是，处理非理想气体问题的关键在于计算 Q. 对于无相互作用的气体，$U=0$，因此有 $Q=V^N$，配分函数成为

$$Z=\frac{1}{N!}V^N(2\pi M/\beta h^2)^{3N/2}b^N. \tag{5.4.7}$$

结果回到理想气体情形.

为了计算 Q，通常引入二粒子函数 f_{ij}，定义为

$$f_{ij}=\mathrm{e}^{-\beta u_{ij}}-1. \tag{5.4.8}$$

分子间的相互作用一般为短程力，在密度不大时，u_{ij}较小，f_{ij}亦较 1 小得多，而且只在很小的距离内不为零. 无相互作用时 f_{ij} 则为零.

将 Q 中被积函数展开为 f_{ij} 的升幂函数

$$
\begin{aligned}
Q &= \int \prod_{i<j} (1+f_{ij}) \mathrm{d}\tau_1 \mathrm{d}\tau_2 \cdots \mathrm{d}\tau_N \\
&= \int \left(1 + \sum_{i<j} f_{ij} + \sum_{i<j} \sum_{k<l} f_{ij} f_{kl} + \cdots \right) \mathrm{d}\tau_1 \mathrm{d}\tau_2 \cdots \mathrm{d}\tau_N .
\end{aligned} \tag{5.4.9}
$$

考虑到 f_{ij} 小，且被积函数为其升幂项之和，我们采取一个数学上虽不严格但还适用的处理方法，即只保留式中前两项，可得

$$
Q = \int \left(1 + \sum_{i<j} f_{ij} \right) \mathrm{d}\tau_1 \mathrm{d}\tau_2 \cdots \mathrm{d}\tau_N . \tag{5.4.10}
$$

式中，各项还可进一步简化. 首项为常数项积分，易求出为

$$
\int \mathrm{d}\tau_1 \mathrm{d}\tau_2 \cdots \mathrm{d}\tau_N = V^N .
$$

第二项中，积分 $\int f_{ij} \mathrm{d}\tau_1 \mathrm{d}\tau_2 \cdots \mathrm{d}\tau_N$ 不因 i、j 不同而异，均为

$$
\int f_{ij} \mathrm{d}\tau_1 \mathrm{d}\tau_2 \cdots \mathrm{d}\tau_N = V^{N-2} \int f_{12} \mathrm{d}\tau_1 \mathrm{d}\tau_2 .
$$

因此，式(5.4.10)第二项的计算结果为 $N(N-1)/2$ 项相同的积分之和. 又因为分子间的力程远小于分子间距离，所以积分 $\int f_{12} \mathrm{d}\tau_1$ 与第二个分子的坐标无关，我们有

$$
\int f_{12} \mathrm{d}\tau_1 \mathrm{d}\tau_2 = V \int f_{12} \mathrm{d}\tau_1 .
$$

进而得

$$
Q = V^N + \frac{N(N-1)V^{N-1}}{2} \int f_{12} \mathrm{d}\tau_1 .
$$

N 是大数，故可略去其与 $N-1$ 的差别得

$$
Q = V^N \left(1 + \frac{N^2}{2V} \int f_{12} \mathrm{d}\tau_1 \right). \tag{5.4.11}
$$

最后得配分函数为

$$
Z = \frac{1}{N!} \left(\frac{2\pi M}{\beta h^2} \right)^{3N/2} b^N V^N \left(1 + \frac{N^2}{2V} \int f_{12} \mathrm{d}\tau_1 \right). \tag{5.4.12}
$$

2. 物态方程

用上面得到的配分函数，可以计算非理想气体的热力学函数. 这里我们着重考虑物态方程. 气体压强由下式计算：

$$p=\frac{1}{\beta}\frac{\partial}{\partial V}\ln Z\,. \tag{5.4.13}$$

在配分函数各因子中，只有位形部分与体积有关，所以上式成为

$$p=\frac{1}{\beta}\frac{\partial}{\partial V}\ln Q=kT\left[\frac{N}{V}+\frac{\partial}{\partial V}\ln\left(1+\frac{N^2}{2V}\int f_{12}\mathrm{d}\tau_1\right)\right]. \tag{5.4.14}$$

将式中的对数项展开，只取首项得

$$p=kT\left[\frac{N}{V}-\frac{N^2}{2V^2}\int f_{12}\mathrm{d}\tau_1\right]. \tag{5.4.15}$$

即

$$pV=NkT\left[1-\frac{N}{2V}\int f_{12}\mathrm{d}\tau_1\right]. \tag{5.4.16}$$

与昂内斯方程

$$pV=NkT\left(1+\frac{B}{V}+\cdots\right)$$

比较，可以定出第二位力系数为

$$B=-\frac{N}{2}\int f_{12}\mathrm{d}\tau_1\,. \tag{5.4.17}$$

需要指出，我们这里的推导采用了两个不严格的近似：

其一，在获得式(5.4.10)时，考虑f_{ij}较小而略去位形积分的被积函数中$\sum f_{ij}f_{kl}$以及f_{ij}的更高阶项. 事实上，因为$\sum f_{ij}f_{kl}$等求和的项数特别多，所以f_{ij}虽小但$\sum f_{ij}f_{kl}$及以后的项却并不一定迅速衰减.

其二，在对式(5.4.14)的对数展开时，假定$\left(N^2/2V\right)\int f_{12}\mathrm{d}\tau_1$为小量而只取首项. 事实上，虽然$\int f_{12}\mathrm{d}\tau_1$较小，但因$N$为大数，$\left(N^2/2V\right)\int f_{12}\mathrm{d}\tau_1$却可以很大.

所幸的是，两处不严格的效果恰好相消. 严格的计算需采用迈耶(Mayer)所发展的**集团展开**方法[①]，其最终结果中前两项恰好是我们这里得到的两项.

3. 第二位力系数

给出分子间相互作用能的形式，便可运用式(5.4.17)计算第二位力系数. 一个最简单的模型是范德瓦耳斯的吸引**硬球模型**. 该模型假定分子是直径为d的刚性球，

① Mayer J E, Mayer M G.1977. Statistical Mechanics: John Wiley and Sons, Inc.

相互间作用能为吸引势能

$$u=\begin{cases}-\mu r^{-n}, & r>d,\\ \infty, & r\leqslant d,\end{cases} \tag{5.4.18}$$

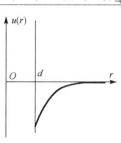

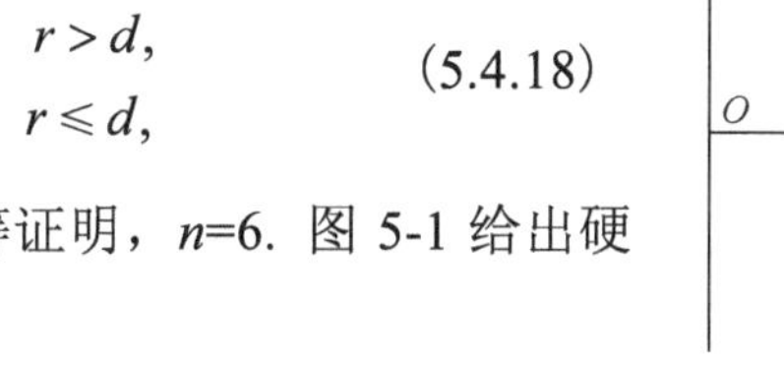

图 5-1　硬球势示意图

式中，μ 为常数，伦敦(London)等证明，n=6. 图 5-1 给出硬球势的定性曲线.

将此势代入式(5.4.17)有

$$\begin{aligned}B&=\frac{N}{2}\int(1-\mathrm{e}^{-\beta u})r^2\sin\theta\mathrm{d}r\mathrm{d}\theta\mathrm{d}\varphi=2\pi N\left[\int_0^d r^2\mathrm{d}r-\int_d^\infty(\mathrm{e}^{\mu r^{-6}/kT}-1)r^2\mathrm{d}r\right]\\&=\frac{2\pi}{3}Nd^3-2\pi N\sum_{l=1}^{\infty}\frac{d^3}{l!(6l-3)}\left(\frac{\mu}{kTd^6}\right)^l.\end{aligned} \tag{5.4.19}$$

若定义

$$a=2\pi N^2kTd^3\sum_{l=1}^{\infty}\frac{1}{l!(6l-3)}\left(\frac{\mu}{kTd^6}\right)^l, \tag{5.4.20}$$

$$b=\frac{2\pi}{3}Nd^3, \tag{5.4.21}$$

可将式(5.4.19)写为

$$B=b-\frac{a}{NkT}. \tag{5.4.22}$$

代入昂内斯方程得

$$pV=NkT\left(1+\frac{b}{V}\right)-\frac{a}{V}. \tag{5.4.23}$$

在 b 很小的情形下，上式又可简化为

$$\left(p+\frac{a}{V^2}\right)(V-b)=NkT. \tag{5.4.24}$$

此即**范德瓦耳斯方程**.

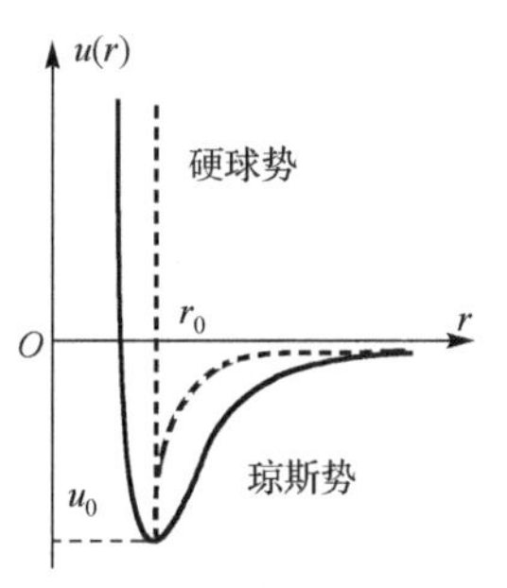

图 5-2　伦纳德-琼斯势示意图

硬球模型计算简单，但比较粗糙. 若要获得与实际更加符合的结果，还需修改相互作用势. 事实上，两体分子互作用势形如图 5-2 状. 当分子间距很小时，为强排斥势；分子间距大时，相互吸引；无穷远时，相互作用势衰减至零. 伦纳德(Lennard)-琼斯(Jones)提出一个修正方案，将刚球势改为排斥势，即

$$u=\lambda r^{-m}-\mu r^{-n}. \tag{5.4.25}$$

上式称为**伦纳德-琼斯势**. 用此势计算第二位力系数

有

$$B=-2\pi N\int_0^\infty\left[\mathrm{e}^{-\lambda\frac{r^{-m}}{kT}}\mathrm{e}^{\mu\frac{r^{-n}}{kT}}-1\right]r^2\mathrm{d}r$$

$$=-2\pi N\int_0^\infty\left[\mathrm{e}^{-\lambda\frac{r^{-m}}{kT}}\sum_{l=0}^{\infty}\frac{1}{l!}\left(\frac{\mu r^{-n}}{kT}\right)^l-1\right]r^2\mathrm{d}r$$

$$=-\frac{2\pi N}{m}\left(\frac{\lambda}{\mu}\right)^{\frac{3}{(m-n)}}y^{\frac{3}{(m-n)}}\sum_{l=0}^{\infty}\frac{y^l}{l!}\Gamma\left(\frac{ln-3}{m}\right),\tag{5.4.26}$$

式中

$$y=\frac{\mu}{kT}\left(\frac{kT}{\lambda}\right)^{n/m}=\frac{\mu}{\lambda}\left(\frac{\lambda}{kT}\right)^{1-n/m}.\tag{5.4.27}$$

通常还将伦纳德-琼斯势写成如下形式：

$$u=4u_0\left[\left(\frac{d}{r}\right)^{12}-\left(\frac{d}{r}\right)^{6}\right],\tag{5.4.28}$$

这里，参数 u_0 和 d 分别有能量和长度的量纲. 当 $r=d$ 时，$u=0$；当 $r=2^{1/6}d$ 时，u 取极小值 $-u_0$. 伦纳德-琼斯势有一对参数(两种表式分别为 μ、λ 和 u_0、d)是待定的. 可通过对第二位力系数的理论值式(5.4.17)和实验值拟合与比较，选定较好的 m、n 值，同时确定参数 μ、λ(或者 u_0、d). 因此，伦纳德-琼斯势是一种半经验势. 适当调节两参数，伦纳德-琼斯势能够很好地描述大多数非极性分子气体. 大量计算表明，n 和 m 分别取 6 和 12 是较好的选择. 表 5.4 列出部分气体的参数 d 和 u_0 之值.

表 5.4　部分气体 d 和 u_0 的实验拟合值

气体	He	H_2	Ne	Ar	Kr	N_2	O_2	CO_2
u_0/kT	6.03	29.2	34.9	119.8	171	95.05	118	189
d/Å	2.63	2.87	2.78	3.405	3.60	3.698	3.46	4.486

讨　论　题

5.1　讨论非理想气体按质心的分布的形式.

5.2　理想气体经典近似的高温、低密度的物理意义为何？

5.3　气体体积 V 在微观上的意义是什么？

5.4　为什么电子、原子的相对振动对热容量无贡献？

5.5　为何转动经典理论对氢原子在低温时不适合？

5.6　叙述推导非理想气体物态方程的重要步骤.

5.7　为何物态方程与分子的内部运动无关？

5.8　讨论范氏物态方程描述气体的误差.

5.9　从适用对象讨论麦-玻分布与正则分布的等价性.

习　　题

5.1　气体以恒定的速度沿 z 方向做整体运动. 试证明，在平衡态下分子动量的最概然分布为

$$A\exp\left\{-\alpha-\frac{\beta}{2m}\left[p_x^2+p_y^2+(p_z-p_0)^2\right]\right\}\frac{V\mathrm{d}p_x\mathrm{d}p_y\mathrm{d}p_z}{h^3},$$

其中，A 为常数.

5.2　表面活性物质的分子在液面上做二维自由运动，可以看作二维理想气体. 试写出在二维理想气体中分子的速度分布和速率分布. 并求出平均速率 $\overline{v}$ 、最概然速率 v_{m} 和方均根速率 v_{s}.

5.3　根据麦克斯韦速度分布律求出速率和动能的涨落.

5.4　气柱的高度为 H，截面为 S，处在重力场中. 试求此气柱的平均内能和热容量.

5.5　对于双原子分子，常温下 kT 远大于转动能级间距. 试求双原子分子理想气体的转动熵.

5.6　试求双原子分子理想气体的振动熵.

5.7　被吸附在液体表面的分子形成一种二维气体. 不考虑分子间的相互作用，由正则分布导出该气体的物态方程.

5.8　气体分子具有固有的电偶极矩 d_0，在电场 $\mathscr{E}$ 下转动能量的经典表示为

$$\varepsilon^{\mathrm{r}}=\frac{1}{2I}\left(p_\theta^2+\frac{1}{\sin^2\theta}p_\varphi^2\right)-d_0\mathscr{E}\cos\theta .$$

试求分子的转动配分函数.

5.9　根据正则分布导出实际气体分子的速度分布. 讨论该分布对于液体分子是否适用.

5.10　遵循经典统计的 N 个粒子组成的理想气体，粒子能量为 $\varepsilon = cp$. 在不考虑粒子内部结构时，求理想气体的热力学函数 E、H、C_p 和 C_V.

第 6 章　开放系

第 6 章　部分要点、难点视频

前面几章的讨论主要限于粒子数不变的系统，即所谓封闭系. 我们引进适于描述这种体系统计性质的系综——正则系综，给出了获得热力学函数的统计物理方法，以及相应的热力学公式. 在一定范围内，我们也讨论了一些与粒子数有关的问题. 但是，因为这些理论的建立没有以可变粒子数系统为前提，所以还不便于反映热力学函数随粒子数变化的特性，还没有较多地涉及化学变量. 本章将着重考虑粒子数可变的体系，即**开放系**，建立描述此种体系的系综理论，并进一步研究多元系的平衡和化学反应问题.

6.1　巨正则分布

为了便于研究开放系热力学函数随粒子数的变化，需要引入巨正则系综. 与外界既交换能量又交换粒子的系统是**开放系**. 由开放系构成的统计系综称为**巨正则系综**. 事实上，当此系统与外界交换能量达到平衡时则有确定的温度，交换粒子达到平衡时则有确定的化学势. 此外，位形参数也应确定(如力学平衡时体积具有确定值). 因此，有时说巨正则系综所描述的体系是有确定温度、化学势和体积的系统，相应的系综分布称为巨正则分布.

1. 由正则分布导出巨正则分布

设想将开放系置于一粒子库 r 内，与其交换粒子和能量. 开放系与粒子库组成总的封闭系统，它具有确定的粒子数. 当系统达到平衡态时，记开放系、粒子库、总系统(封闭系)的粒子数和能量分别为 N、N_r、N_t 和 E、E_r、E_t. 粒子库很大的条件可写为 $N_r \gg N$ 和 $E_r \gg E$. 假定开放系与粒子库的相互作用较弱，上述各量之间应满足如下关系：

$$N + N_r = N_t,$$
$$E + E_r = E_t.$$

因为总系是封闭系，所以 N_t 为不变量，相应系综的分布为吉布斯正则分布. 在平衡态时，总系处于能量为 E_t 的状态 t 的概率为

$$\rho_t = \frac{1}{Z}\mathrm{e}^{-\beta E_t} = \mathrm{e}^{-\psi-\beta E_t}, \tag{6.1.1}$$

式中

$$\beta = \frac{1}{kT}.$$

Z 可由归一化条件

$$Z = \sum_t e^{-\beta E_t} \tag{6.1.2}$$

确定. 上式的求和遍及对总系各种可能的微观状态. 我们将由此出发来研究描述开放系的系综之分布.

现在考虑开放系的物理量 u 的统计平均. 假定在开放系处于粒子数为 N、能量为 E_s 的某一确定的微观状态 s(此态通常需用一组多个量子数描述)，物理量 u 的值为 $u_s(N)$. 用正则系综来计算其统计平均的公式可写为

$$\overline{u} = \sum_t u_s(N) e^{-\psi-\beta E_t} = \sum_{N=0}^{N_t} \sum_s \sum_r u_s(N) e^{-\psi-\beta E_s} e^{-\beta E_r}, \tag{6.1.3}$$

式中，第一个求和为在总系粒子数固定的条件下对开放系不同粒子数的状态求和，第二个求和为开放系粒子数 N 确定时对其不同的状态 s 求和，第三个求和为开放系状态完全确定时对粒子库的各种可能状态 r 求和.

若先计算对粒子库的求和项，上式又可写为

$$\overline{u} = \sum_{N=0}^{N_t} \sum_s \left[\sum_r e^{-\beta E_r} \right] u_s(N) e^{-\psi-\beta E_s}, \tag{6.1.4}$$

式中，对粒子库的各可能状态求和部分应为粒子库的粒子数的函数. 为便于讨论，将其记为

$$\sum_r e^{-\beta E_r} = e^{\sigma(N_t - N)}.$$

将上式右端的指数部分在 N_t 附近对 N_r 展开且只取前两项，即

$$e^{\sigma(N_t - N)} \approx e^{\sigma(N_t) - \sigma'(N_t)N}.$$

考虑到总系粒子数 N_t 是一很大的数，可将式(6.1.4)中对 N 的求和上限延拓至无穷，于是统计平均的公式成为

$$\overline{u} = \sum_{N=0}^{\infty} \sum_s u_s(N) e^{\sigma(N_t) - \sigma'(N_t)N} e^{-\psi-\beta E_s}.$$

整合指数因子，进一步写为

$$\overline{u} = \sum_{N=0}^{\infty} \sum_s u_s(N) e^{-\varsigma-\alpha N-\beta E_s} = \sum_{N=0}^{\infty} \sum_s u_s(N) \rho_s. \tag{6.1.5}$$

ρ_s即开放系(粒子数可变的体系)的系综分布

$$\rho_s = \mathrm{e}^{-\varsigma-\alpha N-\beta E_s}\,, \tag{6.1.6}$$

称为**巨正则分布**. 式(6.1.6)表示系统处于能量为 E_s、粒子数为 N 的状态 s 的概率，其归一化条件为

$$\sum_{N=0}^{\infty}\sum_{s}\mathrm{e}^{-\varsigma-\alpha N-\beta E_s}=1\,. \tag{6.1.7}$$

为计算方便，常定义**巨配分函数**

$$\Xi=\mathrm{e}^{\varsigma}=\sum_{N=0}^{\infty}\sum_{s}\mathrm{e}^{-\alpha N-\beta E_s}\,. \tag{6.1.8}$$

其作用类似于正则系综的配分函数.

2. 由等概率假设导出巨正则分布

巨正则分布亦可直接由等概率假设(微正则系综)导出. 类似于上面的推导，考虑将开放系置于巨大的粒子库(同时也是热库)r 之中，与其交换粒子和能量，共同组成有确定的粒子数和能量的孤立系. 考虑系统已达到平衡态，记开放系、粒子(热)库、总系统的粒子数和能量分别为 N、N_r、N_t 和 E、E_r、E_t. 粒子(热)库很大的条件可写为 $N_\mathrm{r}\gg N$ 和 $E_\mathrm{r}\gg E$. 假定开放系与粒子库的相互作用较弱，以至于其较体系(开放系和粒子库)能量小得多而可以略去，上述各量之间则有如下关系：

$$\begin{aligned} &N+N_\mathrm{r}=N_\mathrm{t},\\ &E+E_\mathrm{r}=E_\mathrm{t}. \end{aligned} \tag{6.1.9}$$

现在从等概率假设(微正则系综)出发，讨论作为孤立系子系的开放系之系综的分布函数.

当开放系处于粒子数为 N、能量为 E_s 的某一量子态 s 时，粒子(热)库可以处于粒子数和能量分别为 $N_\mathrm{r}=N_\mathrm{t}-N$ 和 $E_\mathrm{r}=E_\mathrm{t}-E_s$ 的可能微观状态中的任何一个. 显然，孤立系处于平衡态时，粒子(热)库包含的微观状态数应与其粒子数和能量有关. 将开放系处于量子态 s 时，“库”的微观状态数记为 $W_\mathrm{r}\,(N_\mathrm{t}-N,\ E_\mathrm{t}-E_s)$，复合系统的微观状态数则为

$$1\cdot W_\mathrm{r}(N_\mathrm{t}-N,E_\mathrm{t}-E_s)=W_\mathrm{r}\,.$$

由于复合系统为孤立系，根据等概率假设，其所有可能微观状态出现的概率相等. 若将复合系统微观状态数记为 W_t，则其处于任一可能状态的概率均为$\rho=1/W_\mathrm{t}$. 而在孤立系的 W_t个可能微观态中，有$W_\mathrm{r}(N_\mathrm{t}-N,E_\mathrm{t}-E_s)$个是开放系处于 N 粒子 s 态的相应微观态. 因此，系统处于 N 粒子 s 态的概率ρ_s应为

$$\rho_s = \rho W_{\rm r}(N_{\rm t}-N, E_{\rm t}-E_s) = \frac{W_{\rm r}(N_{\rm t}-N, E_{\rm t}-E_s)}{W_{\rm t}}. \tag{6.1.10}$$

式(6.1.10)给出了开放系的分布函数. 但是，这个表达式难以直接应用，须将其演化为便于计算的形式. 一个自然的想法是：将 $W_{\rm r}$ 用泰勒级数按粒子数和能量展开，再作近似处理. 但是，根据前面对理想气体的计算知道，$W_{\rm r}$ 应该是一个很大的数，且随 N 和 E 的变化很快，直接展开收敛必然甚慢. 为此，我们考虑对它的对数作泰勒展开. 将 $\ln W_{\rm r}(N_{\rm t}-N, E_{\rm t}-E_s)$ 在 $(N_{\rm t}, E_{\rm t})$ 处对 $(N_{\rm r}, E_{\rm r})$ 展开，仅取至一次项有

$$\begin{aligned}\ln W_{\rm r}(N_{\rm t}-N, E_{\rm t}-E_s) &\approx \ln W_{\rm r}(N_{\rm t}, E_{\rm t}) - N\left(\frac{\partial \ln W_{\rm r}}{\partial N_{\rm r}}\right)_{N_{\rm r}=N_{\rm t}} - E_s\left(\frac{\partial \ln W_{\rm r}}{\partial E_{\rm r}}\right)_{E_{\rm r}=E_{\rm t}} \\ &= \ln W_{\rm r}(N_{\rm t}, E_{\rm t}) - \alpha N - \beta E_s.\end{aligned} \tag{6.1.11}$$

在写出上式的最后一步时，用到了式(2.3.7)和式(2.5.15)，即

$$\alpha = \left(\frac{\partial \ln W_{\rm r}}{\partial N_{\rm r}}\right)_{N_{\rm r}=N_{\rm t}}, \qquad \beta = \left(\frac{\partial \ln W_{\rm r}}{\partial E_{\rm r}}\right)_{E_{\rm r}=E_{\rm t}}.$$

将式(6.1.11)代入式(6.1.10)，合并与 N、E_s 无关的因子，可得

$$\rho_s = C{\rm e}^{-\alpha N-\beta E_s}.$$

式中，C 为归一化常数. 将 C 记为 ${\rm e}^{-\zeta}$，考虑到 $N_{\rm r} \gg N$，将求和时开放系粒子数取值上限开拓至无穷，归一化条件则可写为

$$\sum_{N=0}^{\infty}\sum_{s}\rho_s = \sum_{N=0}^{\infty}\sum_{s}{\rm e}^{-\varsigma-\alpha N-\beta E_s} = 1,$$

即式(6.1.7). 于是得**巨正则分布**为

$$\rho_s = {\rm e}^{-\varsigma-\alpha N-\beta E_s}. \tag{6.1.6}$$

同样可定义**巨配分函数**

$$\Xi = {\rm e}^{\varsigma} = \sum_{N=0}^{\infty}\sum_{s}{\rm e}^{-\alpha N-\beta E_s}. \tag{6.1.8}$$

上述结果与前面用正则系综导出的结果完全相同. 这样，我们便从微正则系综——等概率假设出发，导出了巨正则系综的分布.

3. 经典极限

在非简并和能级准连续的极限情形，量子统计退化为经典统计. 类似于式(3.1.8)，我们有巨正则分布的经典形式

$$\rho(\boldsymbol{q}, \boldsymbol{p}) = \frac{1}{N!h^{Nr}}{\rm e}^{-\varsigma-\alpha N-\beta E(\boldsymbol{q}, \boldsymbol{p})}, \tag{6.1.12}$$

式中，r 为粒子的自由度数，$E(\boldsymbol{q},\boldsymbol{p})$ 为广义坐标 $\boldsymbol{q}$ 和广义动量 $\boldsymbol{p}$ 的函数. $\rho(\boldsymbol{q},\boldsymbol{p})$ 称为概率密度，$\rho(\boldsymbol{q},\boldsymbol{p})\mathrm{d}\boldsymbol{q}\mathrm{d}\boldsymbol{p}$ 是系统粒子数为 N 时处于相空间体积元 $\mathrm{d}\boldsymbol{q}\mathrm{d}\boldsymbol{p}$ 内的概率. 相应的巨配分函数为

$$\varXi = \mathrm{e}^{\varsigma} = \sum_{N=0}^{\infty} \frac{\mathrm{e}^{-\alpha N}}{N!h^{Nr}} \int \mathrm{e}^{-\beta E(\boldsymbol{q},\boldsymbol{p})} \mathrm{d}\boldsymbol{q}\mathrm{d}\boldsymbol{p}, \tag{6.1.13}$$

式中的积分对整个相空间进行. 物理量的统计平均为

$$\bar{u} = \sum_{N=0}^{\infty} \frac{\mathrm{e}^{-\varsigma-\alpha N}}{N!h^{Nr}} \int u(\boldsymbol{q},\boldsymbol{p}) \mathrm{e}^{-\beta E(\boldsymbol{q},\boldsymbol{p})} \mathrm{d}\boldsymbol{q}\mathrm{d}\boldsymbol{p}. \tag{6.1.14}$$

对于理想气体，巨配分函数可进一步简化为

$$\varXi = \sum_{N=0}^{\infty} \frac{\mathrm{e}^{-\alpha N}}{N!} z^N = \exp(z\mathrm{e}^{-\alpha}),$$

即

$$\varsigma = z\mathrm{e}^{-\alpha}. \tag{6.1.15}$$

以上的讨论仅限于一种粒子组成的单元系. 不难将其推广到多种粒子(多元系)情形. 记第 i 种粒子的粒子数为 N_i，单粒子自由度为 r_i，则有 $\sum\limits_i N_i = N$，体系总自由度为 $\sum\limits_i r_i N_i$. 这时，巨正则系综的分布函数成为

$$\rho(\boldsymbol{q},\boldsymbol{p}) = \frac{1}{\prod\limits_i (N_i! h^{N_i r_i})} \mathrm{e}^{-\varsigma - \sum N_i \alpha_i - \beta E(\boldsymbol{q},\boldsymbol{p})}. \tag{6.1.16}$$

相应的巨配分函数为

$$\varXi = \mathrm{e}^{\varsigma} = \sum_{(N_i)} \frac{\mathrm{e}^{-\sum N_i \alpha_i}}{\prod\limits_i (N_i! h^{N_i r_i})} \int \mathrm{e}^{-\beta E(\boldsymbol{q},\boldsymbol{p})} \mathrm{d}\boldsymbol{q}\mathrm{d}\boldsymbol{p}. \tag{6.1.17}$$

式中，$\boldsymbol{q}$ 和 $\boldsymbol{p}$ 分别为所有自由度的广义坐标和动量.

物理量的统计平均则为

$$\bar{u} = \sum_{(N_i)} \frac{\mathrm{e}^{-\varsigma - \sum N_i \alpha_i}}{\prod\limits_i (N_i! h^{N_i r_i})} \int u(\boldsymbol{q},\boldsymbol{p}) \mathrm{e}^{-\beta E(\boldsymbol{q},\boldsymbol{p})} \mathrm{d}\boldsymbol{q}\mathrm{d}\boldsymbol{p}. \tag{6.1.18}$$

式(6.1.17)和式(6.1.18)中

$$\sum_{(N_i)} = \sum_{N_1=0}^{\infty} \cdots \sum_{N_i=0}^{\infty} \cdots.$$

6.2 开放系的热力学公式

本节将给出用巨正则系综理论计算热力学函数的方法，并讨论开放系的热力学公式.

1. 巨正则系综的热力学函数

根据前面的推导可知，巨配分函数是 α、β 和 y 的函数. 这里 y 代表位形参数，粒子的能级与它有关. 现在，让我们用巨配分函数来计算开放系的热力学函数.

内能为

$$\bar{E}=\sum_{N=0}^{\infty}\sum_{s}E_s\mathrm{e}^{-\varsigma-\alpha N-\beta E_s}=-\frac{\partial}{\partial\beta}\ln\varXi=-\frac{\partial\varsigma}{\partial\beta}. \tag{6.2.1}$$

广义力 Y 的平均为

$$\bar{Y}=\sum_{N=0}^{\infty}\sum_{s}\frac{\partial E_s}{\partial y}\mathrm{e}^{-\varsigma-\alpha N-\beta E_s}=-\frac{1}{\beta}\frac{\partial}{\partial y}\ln\varXi=-\frac{1}{\beta}\frac{\partial\varsigma}{\partial y}. \tag{6.2.2}$$

一个特例是，$y=V$，这时 $\bar{Y}=-p$，于是得到压强的表达式即物态方程为

$$p=-\sum_{N=0}^{\infty}\sum_{s}\frac{\partial E_s}{\partial V}\mathrm{e}^{-\varsigma-\alpha N-\beta E_s}=\frac{1}{\beta}\frac{\partial}{\partial V}\ln\varXi=\frac{1}{\beta}\frac{\partial\varsigma}{\partial V}. \tag{6.2.3}$$

平均粒子数为

$$\bar{N}=\sum_{N=0}^{\infty}\sum_{s}N\mathrm{e}^{-\varsigma-\alpha N-\beta E_s}=-\frac{\partial}{\partial\alpha}\ln\varXi=-\frac{\partial\varsigma}{\partial\alpha}. \tag{6.2.4}$$

再求熵的表达式. 先考虑

$$\begin{aligned}\beta\left(\mathrm{d}E-\bar{Y}\mathrm{d}y+\frac{\alpha}{\beta}\mathrm{d}\bar{N}\right)&=-\beta\mathrm{d}\left(\frac{\partial\varsigma}{\partial\beta}\right)+\frac{\partial\varsigma}{\partial y}\mathrm{d}y-\alpha\mathrm{d}\left(\frac{\partial\varsigma}{\partial\alpha}\right)\\&=-\mathrm{d}\left(\beta\frac{\partial\varsigma}{\partial\beta}\right)+\frac{\partial\varsigma}{\partial\beta}\mathrm{d}\beta+\frac{\partial\varsigma}{\partial y}\mathrm{d}y-\mathrm{d}\left(\alpha\frac{\partial\varsigma}{\partial\alpha}\right)+\left(\frac{\partial\varsigma}{\partial\alpha}\right)\mathrm{d}\alpha\\&=\mathrm{d}\varsigma-\mathrm{d}\left(\beta\frac{\partial\varsigma}{\partial\beta}\right)-\mathrm{d}\left(\alpha\frac{\partial\varsigma}{\partial\alpha}\right),\end{aligned}$$

即

$$\beta\left(\mathrm{d}E-\bar{Y}\mathrm{d}y+\frac{\alpha}{\beta}\mathrm{d}\bar{N}\right)=\mathrm{d}\left(\varsigma-\alpha\frac{\partial\varsigma}{\partial\alpha}-\beta\frac{\partial\varsigma}{\partial\beta}\right). \tag{6.2.5}$$

此式为完整微分，故 β 是一积分因子. 与只有单一广义力做功时的热力学第二定律

基本微分方程式(2.5.23)比较得

$$\beta = \frac{1}{kT}$$

和熵的表达式

$$\begin{aligned} S &= k\left(\ln\Xi - \alpha\frac{\partial}{\partial\alpha}\ln\Xi - \beta\frac{\partial}{\partial\beta}\ln\Xi\right) \\ &= k\left(\varsigma - \alpha\frac{\partial\varsigma}{\partial\alpha} - \beta\frac{\partial\varsigma}{\partial\beta}\right) \\ &= k(\varsigma + \alpha\bar{N} + \beta\bar{E}). \end{aligned} \tag{6.2.6}$$

代入式(6.2.5)，可得

$$d\bar{E} = TdS + \bar{Y}dy - \alpha kTd\bar{N}. \tag{6.2.7}$$

与式(2.5.23)比较知

$$\alpha = -\frac{\mu}{kT}.$$

这说明式(2.5.15)引入的 α 与此处的相同，μ 为化学势. 最后，可将开放系的热力学基本微分方程写为

$$d\bar{E} = TdS + \bar{Y}dy + \mu d\bar{N}. \tag{6.2.8}$$

以上的讨论限于单元系，将其推广到多元系情形，易证

$$\bar{N}_i = -\frac{\partial\varsigma}{\partial\alpha_i}. \tag{6.2.9}$$

若同时考虑有多种广义力，则第 l 种力的平均为

$$\bar{Y}_l = -\frac{1}{\beta}\frac{\partial\varsigma}{\partial y_l}. \tag{6.2.10}$$

其他热力学函数的计算公式亦可作相应推广. 基本微分方程成为

$$d\bar{E} = TdS + \sum_l \bar{Y}_l dy_l + \sum_i \mu_i d\bar{N}_i. \tag{6.2.11}$$

2. 特性函数

由以上各式看到，只要求出巨配分函数 $\Xi=e^{\zeta}$，就可通过 ζ 或 $\ln\Xi$ 对 α、β 和 y 求偏导数得到内能、外界作用力、粒子数和熵等基本的热力学函数. 可见，$\zeta(\alpha,\beta,y)$ 是一种特性函数. 为方便起见，通常选 y、T 和 μ 为独立变量，引入**巨势** $\Omega(y,T,\mu)$，定义为

$$\Omega = -kT\varsigma\ . \tag{6.2.12}$$

考虑最常见的位形参数 y 为体积 V 的情形，有

$$p = -\left(\frac{\partial\Omega}{\partial V}\right)_{T,\mu}, \tag{6.2.13}$$

$$S = -\left(\frac{\partial\Omega}{\partial T}\right)_{V,\mu}, \tag{6.2.14}$$

$$\bar{N} = -\left(\frac{\partial\Omega}{\partial\mu}\right)_{V,T}. \tag{6.2.15}$$

巨势 $\Omega(V, T, \mu)$ 的完整微分式则可写为

$$\mathrm{d}\Omega = -S\mathrm{d}T - p\mathrm{d}V - \bar{N}\mathrm{d}\mu\ . \tag{6.2.16}$$

显然，巨势 Ω 是以 V、T、μ 作为独立变量的特性函数. 一旦求出巨配分函数，就容易写出巨势，所有热力学函数均可由巨势和它的微商的代数运算获得.

对式(6.2.1)或式(6.2.6)作变量变换，立即可以写出用巨势计算内能的公式，即

$$\bar{E} = \Omega - T\left(\frac{\partial\Omega}{\partial T}\right)_{V,\mu} - \mu\left(\frac{\partial\Omega}{\partial\mu}\right)_{V,T}. \tag{6.2.17}$$

又因 $G=\mu N$，故有

$$\Omega = \bar{E} - TS - G = -pV\ . \tag{6.2.18}$$

开放系的热力学基本微分方程写为常用形式为

$$\mathrm{d}\bar{E} = T\mathrm{d}S - p\mathrm{d}V + \mu\mathrm{d}\bar{N}\ . \tag{6.2.19}$$

对多元系和一般广义力情形，若用 Y_l 表示第 l 种广义力，用 N_i 表示第 i 种分子的数目，则有

$$\mathrm{d}\bar{E} = T\mathrm{d}S + \sum_l \bar{Y}_l\mathrm{d}y_l + \sum_i \mu_i\mathrm{d}\bar{N}_i\ . \tag{6.2.11}$$

巨势的微分式则写为

$$\mathrm{d}\Omega = -S\mathrm{d}T + \sum_l \bar{Y}_l\mathrm{d}y_l - \sum_i \bar{N}_i\mathrm{d}\mu_i\ , \tag{6.2.20}$$

式中，μ_i 为第 i 种分子的化学势.

3. 涨落

下面来考虑巨正则系综的涨落.

先计算**粒子数的涨落**

$$\overline{(N-\bar{N})^2}=\overline{N^2}-(\bar{N})^2 . \tag{6.2.21}$$

而

$$\overline{N^2}=\sum_{N=0}^{\infty}\sum_{n}N^2\mathrm{e}^{-\varsigma-\alpha N-\beta E_n}=\mathrm{e}^{-\varsigma}\frac{\partial^2}{\partial\alpha^2}\mathrm{e}^{\varsigma}=\left(\frac{\partial\varsigma}{\partial\alpha}\right)^2+\frac{\partial^2\varsigma}{\partial\alpha^2},$$

因此

$$\overline{(N-\bar{N})^2}=\frac{\partial^2\varsigma}{\partial\alpha^2}=-\frac{\partial\bar{N}}{\partial\alpha}=kT\left(\frac{\partial\bar{N}}{\partial\mu}\right)_{T,V} . \tag{6.2.22}$$

相对涨落为

$$\frac{\overline{(N-\bar{N})^2}}{(\bar{N})^2}=\frac{\partial}{\partial\alpha}\left(\frac{1}{\bar{N}}\right). \tag{6.2.23}$$

此式类似于正则系综能量涨落的公式. 它又可写为

$$\frac{\overline{(N-\bar{N})^2}}{(\bar{N})^2}=\frac{kT}{(\bar{N})^2}\left(\frac{\partial\bar{N}}{\partial\mu}\right)_{T,V} . \tag{6.2.24}$$

对于经典理想气体，由式(6.1.12)得

$$\bar{N}=-\frac{\partial\varsigma}{\partial\alpha}=z\mathrm{e}^{-\alpha}=\varsigma .$$

于是有

$$\frac{\overline{(N-\bar{N})^2}}{(\bar{N})^2}=\frac{\partial}{\partial\alpha}\left(\frac{1}{\varsigma}\right)=\frac{1}{\bar{N}} . \tag{6.2.25}$$

可见巨正则系综的粒子数涨落非常小，因此可以说它与正则系综是等效的.

以下再来计算能量的涨落. 类似于粒子数涨落的计算有

$$\overline{(E-\bar{E})^2}=\overline{E^2}-(\bar{E})^2=-\frac{\partial\bar{E}}{\partial\beta}=kT^2\left(\frac{\partial\bar{E}}{\partial T}\right)_{\mu/T,V} . \tag{6.2.26}$$

将上式的变量 T、μ/T 和 V 变换为 T、N 和 V，可以证明(参考习题 6.5)

$$\overline{(E-\bar{E})^2}=kT^2C_V+\overline{(N-\bar{N})^2}\left(\frac{\partial\bar{E}}{\partial\bar{N}}\right)_{T,V}^2 . \tag{6.2.27}$$

相对涨落为

$$\frac{\overline{(E-\bar{E})^2}}{(\bar{E})^2}=\frac{kT^2C_V}{(\bar{E})^2}+\frac{\overline{(N-\bar{N})^2}}{(\bar{E})^2}\left(\frac{\partial\bar{E}}{\partial\bar{N}}\right)_{T,V}^2 . \tag{6.2.28}$$

上式右侧的首项与正则系综的能量涨落相同；第二项则是不同于正则系综的新项，它与粒子数的涨落成正比，可理解为粒子数涨落引起的能量涨落.

若考虑理想气体，仍可得到能量的相对涨落正比于$1/\bar{N}$的结果. 可见，它也是很小的.

总而言之，在巨正则系综中，无论能量还是粒子数的涨落，都是可以略去的. 因此，它在一般情形下不仅可以认为与正则系综等价，而且也可以认为与微正则系综等价. 各系综的区别实际上在于所研究体系的宏观条件不同，在计算热力学函数时表现为选取不同的独立变量.

6.3 热动平衡条件

开放系的典型宏观现象是相变和化学反应. 从热力学的角度来看，就是研究单元系和多元系的复相平衡问题. 热力学平衡是动态平衡，因此常将其称为热动平衡. 研究热动平衡依据的基本原理主要是热力学第二定律，它揭示了一切宏观现象的不可逆性，指出了热力学系统由非平衡态自发趋向平衡态的普遍规律. 本节将从热力学第二定律出发，导出各种不同外界条件下对热动平衡的判据，以及平衡时应满足的条件，为研究具体过程提供理论依据.

1. 热动平衡判据

克劳修斯不等式

$$\mathrm{d}S \geqslant \frac{đQ}{T}$$

给出物体系与外界交换能量趋向平衡过程的性质. 以它为基本出发点，可以导出热动平衡的若干判据. 为叙述方便，我们目前的讨论将暂时限于考虑简单定质量均匀系，即外界做功仅以压缩功形式出现的情形. 对这样的系统，其平衡态仅需两个独立变量即可描述.

1) 熵判据

首先考虑孤立系情形. 将独立变量选为内能E和体积V，系统孤立的条件可写为

$$\delta\bar{E}=0, \qquad \delta V=0.$$

由热力学第一定律可知，系统经历一微过程从外界吸收的热量应满足条件

$$đQ=0,$$

即为绝热过程. 此时式(2.5.26)退化为式(2.5.27)，熵增加原理成立.

设想系统经历某可能的微过程(称为虚变动)，由熵增加原理可知，对熵的虚变动有

$$\delta S \geqslant 0 . \tag{6.3.1}$$

因此，系统在各种可能的变动中熵不断增加，直至达到其极大值而处于平衡态，熵才不再变化. 这就给出一个对平衡态的判据——**熵判据**：

系统在内能和体积不变的情形下，对各种可能的变动而言，平衡态熵最大.

2) 自由能判据

考虑物系经历等温过程，若将独立变量选为温度 T 和体积 V，记系统经历微过程从外界吸热为 $đQ$，外界对其做功为 $đ\mathscr{W}$，熵增为 dS，内能的增量为 $d\bar{E}$，则由克劳修斯不等式有

$$dS \geqslant \frac{đQ}{T} = \frac{d\bar{E} - đ\mathscr{W}}{T},$$

即

$$\delta\bar{E} - T\,\delta S \leqslant đ\mathscr{W} .$$

用自由能的定义，上式可改写为

$$\delta F \leqslant đ\mathscr{W} .$$

这个结果表明：物体系经历等温过程后，系统自由能的增加不大于外界对它所做的功. 亦可表述为

物体系经历等温过程后，系统自由能的减少为系统对外界所做的最大功. 这一结论称为**最大功原理**.

对于简单均匀系统，只有压缩功，自由能的等温虚变动应满足

$$\delta F \leqslant -p\delta V .$$

若温度和体积均不变，即

$$\delta T = 0, \qquad \delta V = 0.$$

则有

$$\delta F \leqslant 0 . \tag{6.3.2}$$

由此得另一个平衡态判据——**自由能判据**：

系统在温度和体积不变的情形下，对各种可能的变动而言，平衡态自由能最小.

3) 吉布斯函数判据

考虑简单均匀系经历等温、等压过程，外界对其做功为

$$đ\mathscr{W} = -p\delta V ,$$

则有

$$\delta F \leqslant -p\delta V ,$$

即

$$\delta G \leqslant 0 .$$

对各种虚变动，在温度和压强均不变，即 $\delta T=0, \delta p=0$ 时，则有

$$\delta G \leqslant 0 . \tag{6.3.3}$$

由此即得另一个平衡态判据——**吉布斯函数判据**：

系统在温度和压强不变的情形下，对各种可能的变动而言，平衡态吉布斯函数最小.

以上给出的是几种常用的判据. 事实上，只要选定一组独立变量，就可用克劳修斯不等式证明：当这组独立变量不变时，对各种可能的变动而言，相应的特性函数在平衡态取极值. 这样的结论都可作为热动平衡判据. 例如，**内能判据**为“**在熵和体积不变的情形下，对各种可能的变动而言，系统在平衡态的内能最小**”等.

2. 热动平衡条件及稳定性

用上面导出的热动平衡的判据，均可推出平衡所必须满足的条件. 这里，我们将运用熵判据来讨论热动平衡的条件及其稳定性.

为了使讨论更具普遍性，假定一孤立系有三个不同的相，即分为三个均匀的部分. 各相间不仅可以有能量的交换，同时也可有粒子的交换. 为此，我们还需要引入粒子数变量.

用上标 $i=\alpha, \beta, \gamma$ 分别代表三个不同的相，用 N^i 以及 v^i、u^i 和 s^i 代表 i 相的粒子数以及平均每粒子的体积、内能和熵，我们有

$$N=\sum_i N^i, \qquad V=\sum_i N^i v^i,$$

$$E=\sum_i N^i u^i, \qquad S=\sum_i N^i s^i .$$

这里 $\sum\limits_i$ 表示对三相求和. 下面来考虑物系的虚变动，然后用熵判据来判定平衡条件. 熵判据告诉我们：在内能、体积和粒子数不变的情况下，系统在平衡态的熵最大. 这里，物系粒子数、体积和内能不变的条件应写为

$$\begin{cases}\delta N=\sum\limits_i \delta N^i=0, \\ \delta V=\sum\limits_i N^i \delta v^i+\sum\limits_i v^i \delta N^i=0, \\ \delta E=\sum\limits_i N^i \delta u^i+\sum\limits_i u^i \delta N^i=0 .\end{cases} \tag{6.3.4}$$

物系熵的虚变动则写为

$$\delta S = \sum_i N^i \delta s^i + \sum_i s^i \delta N^i .$$

又

$$\delta s^i = \frac{\delta u^i + p^i \delta v^i}{T^i} , \tag{6.3.5}$$

于是有

$$\delta S = \sum_i \frac{N^i \delta u^i}{T^i} + \sum_i \frac{N^i p^i \delta v^i}{T^i} + \sum_i s^i \delta N^i , \tag{6.3.6}$$

此方程共有 9 个变量. 用式(6.3.4)的三个约束条件于上式，可消去三个变量得

$$\begin{aligned}\delta S = &\left(\frac{1}{T^\alpha} - \frac{1}{T^\beta}\right) N^\alpha \delta u^\alpha + \left(\frac{1}{T^\gamma} - \frac{1}{T^\beta}\right) N^\gamma \delta u^\gamma \\ &+ \left(\frac{p^\alpha}{T^\alpha} - \frac{p^\beta}{T^\beta}\right) N^\alpha \delta v^\alpha + \left(\frac{p^\gamma}{T^\gamma} - \frac{p^\beta}{T^\beta}\right) N^\gamma \delta v^\gamma \\ &+ \left[s^\alpha - s^\beta - \frac{u^\alpha - u^\beta + p^\beta (v^\alpha - v^\beta)}{T^\beta} \right] \delta N^\alpha \\ &+ \left[s^\gamma - s^\beta - \frac{u^\gamma - u^\beta + p^\beta (v^\gamma - v^\beta)}{T^\beta} \right] \delta N^\gamma ,\end{aligned} \tag{6.3.7}$$

方程式(6.3.7)中的 6 个变量均为独立变量.

平衡态时熵取极大，即有

$$\delta S = 0 .$$

为此，要求上式 6 个独立变量变分之系数均为零. 由此可得三个平衡条件：

热平衡条件

$$T^\alpha = T^\beta = T^\gamma (= T) , \tag{6.3.8}$$

力学平衡条件

$$p^\alpha = p^\beta = p^\gamma (= p) , \tag{6.3.9}$$

相变平衡条件

$$s^\alpha - \frac{u^\alpha + p^\alpha v^\alpha}{T^\alpha} = s^\beta - \frac{u^\beta + p^\beta v^\beta}{T^\beta} = s^\gamma - \frac{u^\gamma + p^\gamma v^\gamma}{T^\gamma} .$$

用式(6.3.8)和化学势的定义，相变平衡条件又可写为

$$\mu^\alpha = \mu^\beta = \mu^\gamma (= \mu) . \tag{6.3.10}$$

上述各式给出熵取极值的条件，这个条件只是系统达到稳定平衡态的必要条件.

根据熵增加原理，系统达到稳定的平衡态时，熵取极大值. 而熵取极大值还要求其二级变分小于零，即

$$\delta^2 S<0.$$

对式(6.3.7)微商并用式(6.3.4)、式(6.3.5)和平衡条件，熵的二级变分可写为

$$\begin{aligned}\delta^2 S&=\sum_i N^i\left(\delta\frac{1}{T^i}\delta u^i+\delta\frac{p^i}{T^i}\delta v^i\right)\\&=\sum_i\frac{N^i}{T^i}\left[-\frac{\delta T^i(\delta u^i+p^i\delta v^i)}{T^i}+\delta p^i\delta v^i\right].\end{aligned}\tag{6.3.11}$$

再用式(6.3.5)可得

$$\delta^2 S=-\sum_i\frac{N^i}{T^i}(\delta T^i\delta s^i-\delta p^i\delta v^i).\tag{6.3.12}$$

又

$$N^i>0,\qquad T^i>0,$$

所以

$$\delta T^i\delta s^i-\delta p^i\delta v^i>0.$$

省去上标为

$$\delta T\delta s-\delta p\delta v>0.\tag{6.3.13}$$

用热力学关系

$$\delta s=\left(\frac{\partial s}{\partial T}\right)_v\delta T+\left(\frac{\partial s}{\partial v}\right)_T\delta v=\frac{c_v}{T}\delta T+\left(\frac{\partial p}{\partial T}\right)_v\delta v$$

和

$$\delta p=\left(\frac{\partial p}{\partial T}\right)_v\delta T+\left(\frac{\partial p}{\partial v}\right)_T\delta v,$$

又可将式(6.3.13)写为

$$\frac{c_v}{T}(\delta T)^2-\left(\frac{\partial p}{\partial v}\right)_T(\delta v)^2>0.$$

上式的两个变量 T 和 v 均独立. 因此，不等式成立要求式中 $(\delta T)^2$ 和 $(\delta v)^2$ 的系数均大于零. 由此可得**平衡稳定的条件**为

$$c_v>0,\qquad\left(\frac{\partial p}{\partial v}\right)_T<0.\tag{6.3.14}$$

以上稳定条件容易从物理上加以说明. 从前一不等式来看，假定物体系中某部分的温度升高而系统偏离平衡，此部分必然向其余部分传热而使自身能量降低，$c_V>0$又使这部分降温，从而趋向回归平衡；另外，若物体系某部分比容（单位质量的体积）v增大，即密度变稀而系统偏离平衡，$(\partial p/\partial v)_T$为负又导致该部分降压，使其压强低于外界而比容 v 降低，同样趋向恢复平衡. 总之，系统若因温度和体积变化而偏离平衡，在两个不等式成立的情况下，必出现使其恢复平衡的趋向，因此平衡是稳定的. 如果这两个不等式反向，情况就会完全不同，一旦体系略偏离平衡态，必更远离之，原有平衡被破坏，趋向新的平衡. 图 6-1 示意出这一过程：在图中 AB 之间，p-v 依赖关系与平衡稳定条件相反，即$(\partial p/\partial v)_T>0$，若 v 增则 p 亦增，导致 v 更增，如此周而复始，以致体系远离原有态，趋向 AB 以外的新的稳定平衡态. 这个过程是一个相变过程.

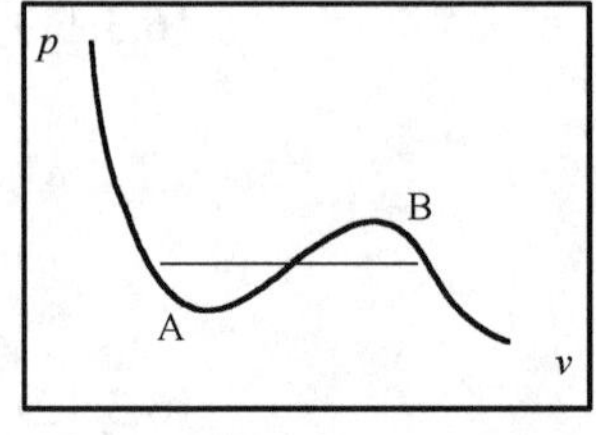

图 6-1　相平衡曲线示意图

上面给出的平衡条件在两相情形可简化为

$$T^{\alpha}=T^{\beta},\quad p^{\alpha}=p^{\beta},\quad \mu^{\alpha}=\mu^{\beta}. \tag{6.3.15}$$

分析 $\delta S=0$ 的表示式(6.3.7)不难看出：当平衡条件式(6.3.15)之一或更多不满足时，两相组成的系统偏离平衡态. 例如，若 $T^{\alpha}>T^{\beta}$，则必致 α 相向 β 相传热；若 $p^{\alpha}>p^{\beta}$，必致 α 相体积增加而 β 相被压缩；若 $\mu^{\alpha}>\mu^{\beta}$，必致 α 相粒子数减少而向 β 相转变，也就是说：相变向 μ 小的方向进行.

3. 相图与克拉珀龙方程

为便于理解和讨论相变行为，通常引入相图来描绘之. 设单元系有 α 和 β 两相，其独立变量分别选为 T^{α}、p^{α} 和 T^{β}、p^{β}，两相的化学势为它们的函数，写为

$$\mu^{\alpha}=\mu^{\alpha}(T^{\alpha},p^{\alpha}),\qquad \mu^{\beta}=\mu^{\beta}(T^{\beta},p^{\beta}).$$

两相平衡时，满足以下条件：

$$T^{\alpha}=T^{\beta},\quad p^{\alpha}=p^{\beta},\quad \mu^{\alpha}=\mu^{\beta}.$$

描述两相平衡态的 4 个变量受到 3 个平衡条件约束，所以仅有一个是独立的.

选择其中一个变量作为独立变量，用相平衡条件将其他变量作为它的函数作出的图形，称为**相图**. 也就是说，相图由相平衡曲线构成. 图 6-2 给出一种常用相图，T-p 平面相图的示意图. 图中曲线为两相平衡线，曲线上每点都满足上述 3 个平衡条件，描述两相共存的平衡

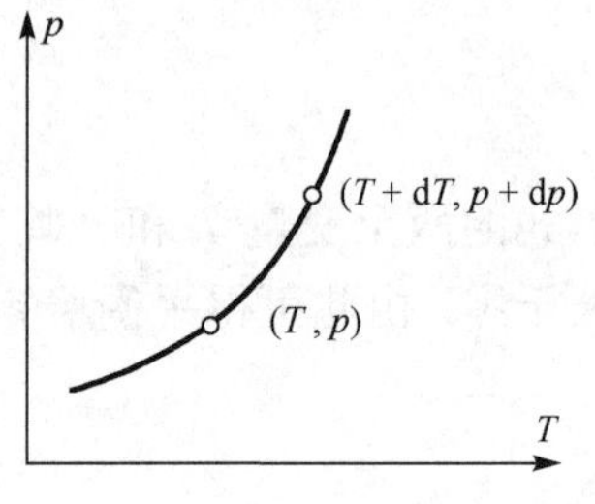

图 6-2　相图示意图

态. 两相平衡曲线将平面分割为两部分，各代表一个单相，其上的点各描述不同相的单相平衡态.

相图可以根据实验观测数据来绘制. 热力学理论可以给出用可观测特征参量表示曲线斜率 $\mathrm{d}p/\mathrm{d}T$ 的公式. 现推导如下：

考虑两相共存线上的一点 $(T,\ p)$，除力学和热学平衡条件已自然满足外，还应满足相变平衡条件

$$\mu^{\alpha}(T,p)=\mu^{\beta}(T,p).$$

于是，当系统从 (T,p) 出发，因温度和压强沿曲线有微小增量 $\mathrm{d}T$、$\mathrm{d}p$ 而到达附近一点 $(T+\mathrm{d}T,p+\mathrm{d}p)$ 时，应满足新的相变平衡条件

$$\mu^{\alpha}(T+\mathrm{d}T,p+\mathrm{d}p)=\mu^{\beta}(T+\mathrm{d}T,p+\mathrm{d}p),$$

或写为

$$\mu^{\alpha}(T,p)+\mathrm{d}\mu^{\alpha}=\mu^{\beta}(T,p)+\mathrm{d}\mu^{\beta}.$$

注意到 $(T,\ p)$ 点的平衡条件有

$$\mathrm{d}\mu^{\alpha}=\mathrm{d}\mu^{\beta}.$$

根据式(4.1.7)，单相化学势的微分可写为

$$\mathrm{d}\mu=-s\mathrm{d}T+v\mathrm{d}p,$$

因此有

$$-s^{\alpha}\mathrm{d}T+v^{\alpha}\mathrm{d}p=-s^{\beta}\mathrm{d}T+v^{\beta}\mathrm{d}p,$$

进一步得

$$\frac{\mathrm{d}p}{\mathrm{d}T}=\frac{s^{\alpha}-s^{\beta}}{v^{\alpha}-v^{\beta}}. \tag{6.3.16}$$

又由关系

$$\mu=h-Ts$$

可得

$$h^{\alpha}-Ts^{\alpha}=h^{\beta}-Ts^{\beta},$$

故有

$$s^{\alpha}-s^{\beta}=\frac{h^{\alpha}-h^{\beta}}{T}.$$

而在等压过程中，吸热等于焓增，因此平均每粒子由 β 相到 α 相吸收的热量，即**相变潜热** L 可表示为

$$L = h^{\alpha} - h^{\beta}.$$

最后可得

$$\frac{\mathrm{d}p}{\mathrm{d}T} = \frac{L}{T(v^{\alpha} - v^{\beta})}. \tag{6.3.17}$$

上式称为**克拉珀龙**(Clapeyron)**方程**.

利用克拉珀龙方程，只要确定两相共存曲线上的一点，便可根据实验测得的相变潜热和两相体积度之差计算 T-p 曲线的斜率，进而绘出整条曲线.

让我们用水的相图来定性说明克拉珀龙方程的作用. 图6-3在 T-p 平面内绘出水的三相示意图. 根据经验和大量实验事实知道，当水由液相或固相变化到气相时，过程均吸热，且比容增加(膨胀). 于是，由克拉珀龙方程可得

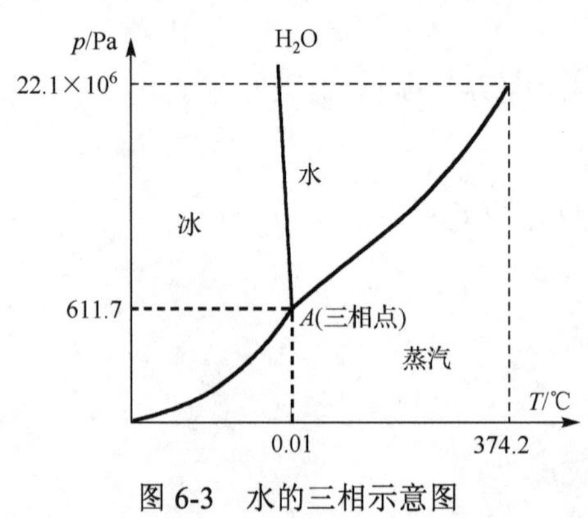

图 6-3　水的三相示意图

$$\frac{\mathrm{d}p}{\mathrm{d}T} > 0,$$

因此，对应图中气液平衡、气固平衡的两相共存线斜率均为正. 反之，当发生由固相到液相的相变，即由冰融化为水时，虽然过程仍吸热，但其比容减少(收缩)，以致有

$$\frac{\mathrm{d}p}{\mathrm{d}T} < 0,$$

即图中曲线斜率为负.

6.4　有曲面边界的平衡条件

6.3 节给出了单元系复相平衡的条件，但在讨论中没有涉及两相分界面的影响. 事实上，分界面附近的薄层内的热力学性质与体内不同，应该作为一个单独的相——**界面相**来处理. 从以后的讨论可以看到，当界面是平面时，它的存在对两个体相的平衡条件没有影响，可以不计. 因此，前面的讨论适用于平面分界情形. 但是，当分界面是曲面时，界面会对平衡性质有较大的影响，不可略去. 这样，有曲面边界的两个均匀部分的平衡问题便成为一个包含界面相的三相系问题. 本节将讨论这种情形.

1. 平衡条件

为简单起见，考虑界面为球面的情形. 用 γ 代表界面相，其面积为 A. 由于界

面相是一个很薄的薄层，故可将它视为纯二维系统，在相变过程中，其质量和体积变化均可略去. 由曲面分界的两个相分别用 α 和 β 表示，如图 6-4 所示. 将三相的独立变量可分别取为 $(T^\alpha, V^\alpha, N^\alpha)$、$(T^\beta, V^\beta, N^\beta)$ 和 (T^γ, A)，假定系统热平衡条件已满足，即

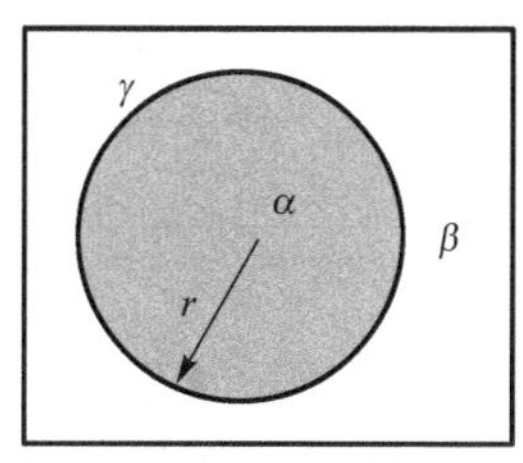

图 6-4 球面分界三相(水滴情形)示意图

$$T^\alpha = T^\beta = T^\gamma = T.$$

同时，系统的总体积 $V=V^\alpha+V^\beta$ 和总粒子数 $N=N^\alpha+N^\beta$ 均不变. 这样，总系的 T、V 和 N 在相变过程中均保持不变，因此宜用自由能判据来讨论.

如果 α 相的半径 r 有微变动 δr，其体积和界面面积的变化则分别应为

$$\delta V^\alpha = 4\pi r^2 \delta r, \qquad \delta A = \frac{2}{r}\delta V^\alpha . \tag{6.4.1}$$

α、β 相的自由能可写为

$$F^\alpha = N^\alpha f^\alpha, \qquad F^\beta = N^\beta f^\beta . \tag{6.4.2}$$

式中，$f^i\ (i=\alpha,\beta)$ 为 i 相每粒子的自由能. 因为过程是等温的，故有

$$\delta f^\alpha = -p^\alpha \delta v^\alpha, \qquad \delta f^\beta = -p^\beta \delta v^\beta . \tag{6.4.3}$$

注意到

$$\delta F^\alpha = N^\alpha \delta f^\alpha + f^\alpha \delta N^\alpha ,$$

将式(6.4.3)第一式代入，并用化学势与自由能的关系，则有

$$\delta F^\alpha = -p^\alpha \delta V^\alpha + \mu^\alpha \delta N^\alpha . \tag{6.4.4a}$$

同理有

$$\delta F^\beta = -p^\beta \delta V^\beta + \mu^\beta \delta N^\beta . \tag{6.4.4b}$$

式中，v^i 和 $\mu^i\ (i=\alpha,\beta)$ 分别为 i 相每粒子的比容和化学势.

对于界面相，略去粒子数变化，可将其自由能增量写为

$$\delta F^\gamma = \sigma \delta A . \tag{6.4.4c}$$

考虑到总系粒子数和体积不变，又有

$$\delta N^\alpha = -\delta N^\beta, \qquad \delta V^\alpha = -\delta V^\beta . \tag{6.4.5}$$

将式(6.4.4a)～式(6.4.4c)两端相加则得总系自由能增量，再利用式(6.4.1)和式(6.4.5)各关系，根据自由能判据可得

$$\delta F = \left(p^\beta - p^\alpha + \frac{2\sigma}{r} \right)\delta V^\alpha + (\mu^\alpha - \mu^\beta)\delta N^\alpha = 0 . \tag{6.4.6}$$

进而得到两个平衡条件：

力学平衡条件

$$p^\alpha - p^\beta = \frac{2\sigma}{r}. \tag{6.4.7a}$$

相变平衡条件

$$\mu^\alpha = \mu^\beta. \tag{6.4.7b}$$

这里得到的力学平衡条件与平面界面情形不同. 相平衡条件表面上与平面情形有相同的形式，但因力学平衡条件不同，所给出的气液平衡压强随温度变化的规律并不相同，因此相平衡条件事实上也是不同的. 气液平衡时，气相的压强通常也称为**饱和蒸汽压**.

2. 水滴的形成

作为一个曲面分界气液相变的典型实例，我们来分析水滴的形成和增大问题. 用 α、β 和 γ 分别代表水、气和界面相，将球面分界时的饱和蒸汽压记为 p'，由前面给出的平衡条件式(6.4.7)有

$$\mu^\alpha\left(p' + \frac{2\sigma}{r}, T\right) = \mu^\beta(p', T). \tag{6.4.8}$$

记平面分界时的饱和蒸汽压为 p，它满足以下条件：

$$\mu^\alpha(p,T) = \mu^\beta(p,T). \tag{6.4.9a}$$

首先，就两种极端情形讨论界面为球面和平面时饱和蒸汽压之关系.

1) 大液球情形，此时 $2\sigma/r \ll p$

对这种情形，球面较接近平面，因此 p 与 p' 相差较小. 在 (p, T) 点附近将式(6.4.8)左端对 p 展开可得

$$\mu^\alpha(p,T) + \left(p' - p + \frac{2\sigma}{r}\right)\frac{\partial \mu^\alpha}{\partial p^\alpha} = \mu^\alpha(p,T) + \left(p' - p + \frac{2\sigma}{r}\right)v^\alpha,$$

再展开其右端得

$$\mu^\beta(p,T) + (p' - p)\frac{\partial \mu^\beta}{\partial p^\beta} = \mu^\beta(p,T) + (p' - p)v^\beta,$$

故而

$$\mu^\alpha(p,T) + \left(p' - p + \frac{2\sigma}{r}\right)v^\alpha = \mu^\beta(p,T) + (p' - p)v^\beta. \tag{6.4.9b}$$

考虑到式(6.4.9a)，有

$$p' - p = \frac{2\sigma v^{\alpha}}{(v^{\beta} - v^{\alpha})r}. \tag{6.4.10}$$

注意到气相密度通常远小于液相，所以 $v^{\beta}>v^{\alpha}$，水滴情形 $r>0$，故有

$$p' > p. \tag{6.4.11}$$

2) 小水滴情形，此时 $2\sigma/r \gg p$

在这种情形下，p'与 p 差异虽明显，但较之 $2\sigma/r$ 仍然很小. 对于液相，压强改变对其性质影响不明显，所以化学势仍可在(p, T)点附近展开取至线性项，即

$$\mu^{\alpha}\left(p' + \frac{2\sigma}{r}, T\right) \approx \mu^{\alpha}(p,T) + \left(p' - p + \frac{2\sigma}{r}\right)v^{\alpha}. \tag{6.4.12}$$

至于气相，我们可以采用理想气体的化学势公式(4.2.31)，即

$$\mu = kT(\ln p + \varphi).$$

于是得

$$\mu^{\beta}(p', T) - \mu^{\beta}(p,T) = kT\ln\left(\frac{p'}{p}\right).$$

代入式(6.4.8)，再用式(6.4.12)有

$$\mu^{\alpha}(p,T) + \left(p' - p + \frac{2\sigma}{r}\right)v^{\alpha} = kT\ln\left(\frac{p'}{p}\right) + \mu^{\beta}(p,T). \tag{6.4.13}$$

考虑式(6.4.9a)，再略去 $p'-p$（$\ll 2\sigma/r$），最后得

$$\ln\left(\frac{p'}{p}\right) = \frac{2\sigma v^{\alpha}}{kTr}. \tag{6.4.14}$$

因为 $r>0$，等式右端为正，故仍有 $p' > p$.

从以上两种情形的讨论都可以看出：曲面情形的饱和蒸汽压比平面时大，更有利于蒸发而不利于液化.

3) 水滴和气泡的增大

下面具体分析水滴和气泡的形成与增大过程.

先考虑水滴情形. 在水滴增大的过程中，发生气相向液相的转变. 这要求 $\mu^{\beta}>\mu^{\alpha}$. 在本问题中，液相半径较小，满足条件 $2\sigma/r \gg p$，相变平衡条件为式(6.4.14). 由此得凝结过程发生的条件为

$$\ln\left(\frac{p'}{p}\right) > \frac{2\sigma v^{\alpha}}{kTr}. \tag{6.4.15}$$

从上式看到，如果 r 很小，则要求 p'比 p 大得很多. 这个条件比较苛刻，往往难以满足. 但是，如果蒸汽内有一些灰尘之类的**凝结核**，使最初形成的水滴有一定的尺

寸，水滴增大的条件就比较容易满足. 平衡条件式(6.4.14)给出一个临界的半径值，称为**中肯半径**

$$r_{\mathrm{C}}=\frac{2\sigma v^{\alpha}}{kT\ln(p'/p)}. \tag{6.4.16}$$

如果在蒸汽中有半径大于中肯半径的凝结核，即 $r>r_{\mathrm{C}}$，形成的水滴将会增大，直至平衡条件满足；反之，如果 $r<r_{\mathrm{C}}$，最初形成的水滴会蒸发而减小，直至消失. 当然，如果温度急剧降低，会导致中肯半径减小，也将促进气相向液相的转变，从而使水滴增大. 人工降雨和**威耳逊**(Wilson)**云室**等技术，就是依据水滴形成和增大的上述原理而发展起来的.

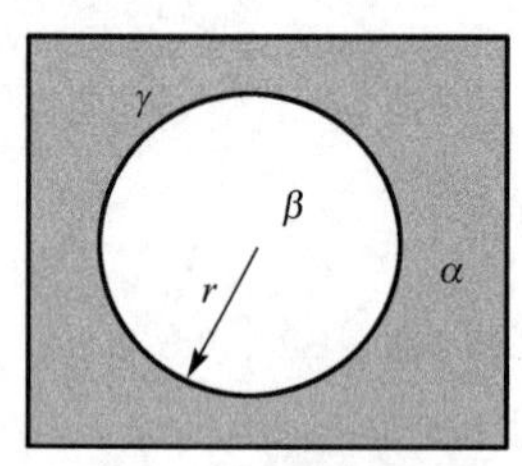

图 6-5　气泡示意图

下面讨论气泡情形. 此时，上面给出的公式仍然适用，只是 α 相(液相)的曲率半径应取为负值(图 6-5). 为便于讨论，我们将液相曲率半径记为 $-r$，r 则为气泡的半径. 两相平衡条件式(6.4.14)改写为

$$\ln\left(\frac{p}{p'}\right)=\frac{2\sigma v^{\alpha}}{kTr}. \tag{6.4.17}$$

因此，平面和球面饱和蒸汽压之间的关系与水滴情形相反，即 $p>p'$.

根据力学平衡条件又知

$$p'=p^{\beta}=p^{\alpha}+\frac{2\sigma}{r},$$

所以 $p'>p^{\alpha}$. 考虑大气压下水中的气泡，上式中的液体压强 p^{α} 为大气压.

综合以上两式，液相内气泡存在，即气液两相平衡时几个压强之间的关系应为

平面饱和蒸汽压>泡内气体压强>液体压强.

欲使气泡增大，必发生液相向气相的转变，这要求 $\mu^{\alpha}>\mu^{\beta}$，相应的条件为

$$\ln\left(\frac{p}{p'}\right)>\frac{2\sigma v^{\alpha}}{kTr}. \tag{6.4.18}$$

上述不等关系要求平面饱和蒸汽压 p 增加，因而须提高温度 T. 如果气泡半径 r 很小，其增大将需要很高的温度，水的沸腾温度就会高于正常沸点. 温度高于沸点还不能沸腾的液体称为过热液体.

类似水滴情形可定义一个中肯半径

$$r_{\mathrm{C}}=\frac{2\sigma v^{\alpha}}{kT\ln(p/p')}. \tag{6.4.19}$$

当气泡半径大于中肯半径时，系统内将发生液相向气相转变的过程，气泡便会不断增大，直至沸腾.

如果水中有一些溶解的气体，如氧气、水蒸气等，形成有一定尺寸的气泡，则汽化对温度的要求可以放宽，使 p' 与 p 相差不大，液体在正常沸点即可大规模汽化而沸腾. 水中的这些气泡称为**汽化核**. 水沸腾后，溶解的汽化核亦被蒸汽带出液体之外，以致水冷却后再次加热，便容易出现在正常沸点不能沸腾的“过热”液体，因此常需要补充没有沸腾过的水以注入溶解气体，增加水中的汽化核，避免形成“过热”液体.

6.5　化 学 平 衡

前面几节主要讨论单元多相系的平衡性质，尚未涉及化学反应问题. 在以下几节，我们将以多元多相系为研究对象，讨论同时包含相变和化学反应的系统的热力学性质. 本节先给出这类体系的平衡条件.

1. 偏摩尔变量

先考虑比较简单的均匀(单相)系. 由第 4 章的讨论可以看到，描述不含化学反应的简单均匀系之热力学性质，只需两个独立变量，通常将它们选择为宏观可控参量，如温度与压强或温度与体积等. 对于多元系，特别是涉及化学反应问题时，体系的平衡性质不仅与上述宏观可控参量有关，而且还与组成它的各种化学成分的比例有关. 因此，必须引入反映化学成分的变量，才能完全描述这类系统的平衡性质. 为此，我们引入摩尔变量来描述与化学成分有关的性质. 假定物体系包含 k 种化学成分(组元)，其中第 i 组元的物质的量(摩尔数)为 n_i $(i=1,2,\cdots,k)$，体系的总物质的量则为

$$n=\sum_i n_i .$$

包括这 k 个变量，描述体系的平衡态的变量则由单元情形的 2 个增加为 $k+2$ 个. 将平衡态变量选为 T、p 及各组元的物质的量，体系的热力学函数可写为它们的函数. 例如，物态方程写为

$$V=V(T,p,n_1,n_2,\cdots,n_k).$$

当各组元的物质的量同时倍增，第 i 组元的物质的量由 n_i 增至 λn_i 时，体系的总物质的量也增加至 λn. 同时，总质量也增至原来的 λ 倍. 若体系的温度和压强保持不变，则体积也应增至原来的 λ 倍，即

$$V(T,p,\lambda n_1,\lambda n_2,\cdots,\lambda n_k)=\lambda V(T,p,n_1,n_2,\cdots,n_k). \tag{6.5.1}$$

类似于体积，还有一些热力学量，如 $\bar{E}$、H、S、C_V 等，在不改变体系性质的前提下，其数值与物质的量因而总质量也成正比，它们统称为**广延量**.

另外一类热力学量是由体系的内在性质所决定的，它们与体系的总质量无关，这类热力学量称为**强度量**. 如，T、p、ρ(密度)、c(比热容)等.

将式(6.5.1)两端对 λ 微商得

$$\frac{\partial V}{\partial \lambda}=\sum_i \frac{\partial V}{\partial(\lambda n_i)}\frac{\partial(\lambda n_i)}{\partial \lambda}=V .$$

再令 λ=1，则有

$$V=\sum_i n_i\frac{\partial V}{\partial n_i}=\sum_i n_i v_i . \tag{6.5.2}$$

式中，v_i 定义为**偏摩尔体积**

$$v_i=\left(\frac{\partial V}{\partial n_i}\right)_{T,p,n_j}, \quad j\neq i . \tag{6.5.3}$$

其物理意义为：在 T、p 和 n_j 不变的情况下，增加 1mol i 组元物质时总体积的增量. 以同样方式还可定义其他广延量的偏摩尔量. 显然，偏摩尔量与体系质量无关，因此是强度量. 引入偏摩尔量的概念后，各种广延量可类似地写为

$$\begin{gathered}\bar{E}=\sum_i n_i u_i, \qquad S=\sum_i n_i s_i,\\ H=\sum_i n_i h_i, \qquad F=\sum_i n_i f_i,\\ G=\sum_i n_i g_i,\end{gathered} \tag{6.5.4a}$$

式中，u_i、s_i、h_i、f_i 和 g_i 分别为偏摩尔内能、熵、焓、自由能和吉布斯函数，定义为

$$\begin{gathered}u_i=\left(\frac{\partial \bar{E}}{\partial n_i}\right)_{T,p,n_j}, \qquad s_i=\left(\frac{\partial S}{\partial n_i}\right)_{T,p,n_j},\\ h_i=\left(\frac{\partial H}{\partial n_i}\right)_{T,p,n_j}, \qquad f_i=\left(\frac{\partial F}{\partial n_i}\right)_{T,p,n_j},\\ g_i=\left(\frac{\partial G}{\partial n_i}\right)_{T,p,n_j}, \qquad j\neq i.\end{gathered} \tag{6.5.4b}$$

将上述写法推广到复相系有

$$\begin{gathered}\bar{E}=\sum_\alpha \bar{E}^\alpha=\sum_\alpha\sum_i n_i^\alpha u_i^\alpha,\\ S=\sum_\alpha S^\alpha=\sum_\alpha\sum_i n_i^\alpha s_i^\alpha,\\ V=\sum_\alpha V^\alpha=\sum_\alpha\sum_i n_i^\alpha v_i^\alpha,\\ n=\sum_\alpha\sum_i n_i^\alpha .\end{gathered} \tag{6.5.5}$$

至于总体系的 H、F 和 G，其定义有条件限制：仅当各相压强相同时，总体系的 H 才有意义，为 $H=\sum H^{\alpha}$；各相温度相同时，总系的 F 有意义，为 $F=\sum F^{\alpha}$；各相压强、温度均相同时，总系的 G 有意义，为 $G=\sum G^{\alpha}$.

2. 化学反应方程

为了讨论有化学反应的物体系之平衡性质，首先需要给出化学反应方程的普遍形式. 先以一个最简单的反应为例，考虑碳的完全燃烧. 化学反应方程为

$$\mathrm{C}+\mathrm{O}_2=\mathrm{CO}_2 .$$

将其写为热力学中惯用的形式

$$\mathrm{CO}_2-\mathrm{C}-\mathrm{O}_2=0 .$$

书写的原则是：在生成物前冠以正号，反应物前冠以负号，令其代数和为零. 根据这一原则，化学反应方程的普遍形式为

$$\sum_i \nu_i A_i=0 . \tag{6.5.6}$$

式中，A_i 代表第 i 种组元的名称，ν_i 为其参加反应的物质的量. 在描述化学反应过程时，方程配平衡常采取将系数都配为整数的方法. 但在化学热力学中，为了讨论方便，往往将主要生成物的系数配为 1.

如果是复相系，化学反应方程可写为

$$\sum_{i\alpha} \nu_i^{\alpha} A_i^{\alpha}=0 , \tag{6.5.7}$$

式中，α 为相指标. 显然，书写化学反应方程式应遵从物质不灭定律.

3. 化学平衡条件

现在讨论化学平衡条件. 考虑 k 元系，将描述体系的独立变量选为 T、p 和 $n_i(i=1,2,\cdots,k)$ 等 $k+2$ 个变量. 假定 n_i 的增量为 $\mathrm{d}n_i$，由式(6.2.11)给出的热力学基本微分式，用吉布斯函数的定义，可写出以下微分式：

$$\mathrm{d}G=-S\mathrm{d}T+V\mathrm{d}p+\sum_i \mu_i \mathrm{d}n_i . \tag{6.5.8}$$

这里，μ_i 与式(6.5.4a)定义的 g_i 意义相同，为**偏摩尔吉布斯函数**

$$\mu_i=\left(\frac{\partial G}{\partial n_i}\right)_{T,p,n_j} , \quad j\neq i . \tag{6.5.9}$$

它与化学反应平衡时组元之间的平衡性质密切相关，又称为**化学势**. 于是，吉布斯函数又可写为

$$G=\sum_i n_i\mu_i .$$

将上式两端微分再代入式(6.5.8)，消去 dG 并将变量 n_i 换为 μ_i 得

$$S\mathrm{d}T-V\mathrm{d}p+\sum_i n_i\mathrm{d}\mu_i=0 .$$

此式称为**吉布斯关系**，反映了强度量 T、p 和 $\mu_i\ (i=1, 2,\cdots, k)$之间的微分关系.

再来考虑对化学反应方程的约束，仍选 T、p 和 n_i 为独立变量. 若将化学反应方程中的主要生成物系数配为 1，再以 ε 表示主要生成物在反应中增加的物质的量，第 i 组元物质增加的物质的量则为 $\delta n_i=\varepsilon\nu_i$. 当 $\varepsilon>0$ 时，反应沿正向进行. 在温度和压强不变的条件下，吉布斯函数判据要求平衡时 $\delta G=0$. 再用式(6.5.8)可得

$$\delta G=\sum_i \mu_i\nu_i\varepsilon=0 .$$

因此，单相系的**化学平衡条件**为

$$\sum_i \nu_i\mu_i=0 . \tag{6.5.10}$$

容易将这一条件推广到多相系得

$$\sum_{i\alpha}\nu_i^\alpha\mu_i^\alpha=0 . \tag{6.5.11}$$

如果上述等式不成立，则有不可逆化学反应发生. 结合吉布斯函数判据可以研究反应进行的方向. 根据吉布斯函数判据，系统偏离平衡态时有

$$\delta G=\sum_{i\alpha}\nu_i^\alpha\mu_i^\alpha\varepsilon<0 . \tag{6.5.12}$$

因此，若

$$\sum_{i\alpha}\nu_i^\alpha\mu_i^\alpha<0 ,$$

必有

$$\varepsilon>0 ,$$

反应沿正向进行. 反之，若

$$\sum_{i\alpha}\nu_i^\alpha\mu_i^\alpha>0 ,$$

则有

$$\varepsilon<0 ,$$

反应沿反向进行.

相变是化学反应的一个特例. 如果系统只有一种组元 A，在仅有 α、β 两相时，化学反应方程成为

$$A_i^{\alpha} - A_i^{\beta} = 0\,,$$

相当于 $\nu_i^{\alpha} = 1, \nu_i^{\beta} = -1$. 化学平衡条件即相变平衡条件为

$$\mu_i^{\alpha} = \mu_i^{\beta}\,. \tag{6.5.13}$$

相变平衡条件要求每种组元在不同相中的化学势相等.

在化学热力学中，常引入“**反应度**”来描述反应进行的程度. 考虑一定数量的各种组元混合的化学反应. 假定：在保证各组元的物质的量均不小于 0 的前提下，主要生成物能增加的最大和最小物质的量分别为 $\varepsilon_{\max}$ 和 $\varepsilon_{\min}$，则增加 ε mol 主要生成物之反应度定义为

$$\xi = \frac{\varepsilon - \varepsilon_{\min}}{\varepsilon_{\max} - \varepsilon_{\min}}\,.$$

显然，反应沿正向达到最大限度时，$\xi = 1$；沿负向达最大限度时，$\xi=0$. 对一般反应有 $0 \leqslant \xi \leqslant 1$.

以分解物为基准描述反应进行程度的相应物理量为“**分解度**”，记为 α. 它与反应度的关系为 $\alpha = 1 - \xi$. 其数值也在 0 与 1 之间.

4. 相律

迄今为止，我们已给出了各种主要的平衡条件，即力学、热学、相变和化学平衡条件. 这些条件事实上也是对体系的约束，使其独立变量的个数(自由度)减少. 假定物体系有 k 个组元，其物质的量分别是 $n_1, n_2, \cdots, n_k$. 如果是简单均匀系，可选$(T, p, n_1, n_2, \cdots, n_k)$或$(T, p, \mu_1, \mu_2, \cdots, \mu_k)$为独立变量，共有 $k+2$ 个.

如果总体系是封闭的，则有约束条件

$$\sum_i n_i = n \quad (\text{常数}).$$

它使独立变量减少为 $k+2-1 = k+1$ 个. 在复相情形，记相数为 σ，独立变量则应为 $f = \sigma\,(k+1)$个. 如果再考虑上面提及的各平衡条件的约束：

力学平衡条件 $p^1 = p^2 = \cdots = p^{\sigma}$，有 $\sigma-1$ 个约束条件；

热平衡条件 $T^1 = T^2 = \cdots = T^{\sigma}$，有 $\sigma-1$ 个约束条件；

相变平衡条件 $\mu_i^1 = \mu_i^2 = \cdots = \mu_i^{\sigma}$，有 $\sigma-1$ 个约束条件. 考虑 k 个组元为 $k(\sigma-1)$. 独立变量的个数又减少为

$$f = (k+1)\sigma - (\sigma-1) - (\sigma-1) - k(\sigma-1)\,,$$

即

$$f = k + 2 - \sigma\,. \tag{6.5.14}$$

此式称为**吉布斯相律**或简称为**相律**，它给出了体系自由度与相数之间的关系. 例如:

单元均匀系(单相)，$k=1$，$\sigma=1$，则$f=2$，二维面上的任一点代表一个平衡态.

单元二相系，$k=1$，$\sigma=2$，则$f=1$，相平衡曲线上的任一点代表一个平衡态.

单元三相系，$k=1$，$\sigma=3$，则$f=0$，为一点，即**三相点**.

二元系，单相时，$k=2$，$\sigma=1$，则$f=3$；二相时，$f=2$；三相时，$f=1$；四相时，$f=0$，为四相共存点.

因为体系的自由度非负，即$f\geqslant 0$，由相律式(6.5.14)可得

$$\sigma \leqslant k+2 .$$

因此，体系最多的共存相之数目为 $k+2$.

6.6 混合气体的平衡性质

作为化学平衡的一个简单例子，我们先来研究混合多组元气体的平衡性质. 为使讨论的问题集中，限于理想气体范围.

1. 道尔顿分压定律

先讨论物态方程. 将第 i 种粒子的粒子数记为 N_i，体系的巨配分函数由式(6.1.17)给出为

$$\Xi = \mathrm{e}^{\varsigma} = \sum_{(N_i)} \frac{\mathrm{e}^{-\sum N_i \alpha_i}}{\prod_i (N_i! h^{N_i r_i})} \int \mathrm{e}^{-\beta E(\boldsymbol{q},\boldsymbol{p})} \mathrm{d}\boldsymbol{q}\mathrm{d}\boldsymbol{p} ,$$

计算式中的积分有

$$\frac{1}{\prod_i h^{N_i r_i}} \int \mathrm{e}^{-\beta E(\boldsymbol{q},\boldsymbol{p})} \mathrm{d}\boldsymbol{q}\mathrm{d}\boldsymbol{p} = \prod_i \left[V \left(\frac{2\pi m_i}{\beta h^2} \right)^{3/2} b_i \right]^{N_i} .$$

将上式中的$\sum\limits_{(N_i)}\prod\limits_i$换为$\prod\limits_i\sum\limits_{N_i=0}^{\infty}$，再利用公式$\mathrm{e}^x=\sum\limits_{N_i=0}^{\infty}\dfrac{x^{N_i}}{N_i!}$化简，可得

$$\varsigma = \ln \Xi = V \sum_i \left(\frac{2\pi m_i}{\beta h^2} \right)^{3/2} b_i \mathrm{e}^{-\alpha_i} .$$

由此出发便可研究混合气体的物态方程与组元的关系.

由上式给出的巨配分函数对数计算得第 i 组元之平均粒子数为

$$\overline{N_i} = V \left(\frac{2\pi m_i}{\beta h^2} \right)^{3/2} b_i \mathrm{e}^{-\alpha_i} ,$$

总粒子数为

$$N = \sum_i \overline{N_i} = \varsigma , \tag{6.6.1}$$

压强为

$$p = \frac{1}{\beta}\frac{\partial \varsigma}{\partial V} = \frac{\varsigma}{\beta V} ,$$

进而得物态方程为

$$pV = NkT = \sum_i \overline{N_i} kT . \tag{6.6.2}$$

如果将第 i 组元的物质的量记为 n_i，则式(6.6.2)可改写为

$$pV = nRT = \sum_i \overline{n_i} RT , \tag{6.6.3}$$

式中，n 为物体系的物质的量.

压强公式成为

$$p = \sum_i p_i , \tag{6.6.4a}$$

其中

$$p_i = n_i \frac{RT}{V} = \frac{n_i}{n} p = x_i p , \tag{6.6.4b}$$

式中，$x_1, x_2, \cdots, x_k$ 为第 i 组元的摩尔浓度，或称组分，定义为

$$x_i = \frac{n_i}{n}, \quad i = 1, 2, \cdots, k.$$

显然，摩尔组分是强度量，并有

$$\sum_i x_i = 1 . \tag{6.6.5}$$

通常将 p_i 称为 i 组元的分压，它表示 n_i 摩尔的该组元以 (T, V) 状态单独存在时的压强.

式(6.6.4)就是著名的**道尔顿(Dolton)分压定律**，可表述为：**混合理想气体的压强等于各组元分压之和**.

2. 热力学函数

亦可类似地计算出混合理想气体其他的热力函数. 这里列出几个主要的结果：

内能

$$\overline{E}=V\sum_i\left(\frac{2\pi m_i}{\beta h^2}\right)^{3/2}\left(\frac{3}{2\beta}-\frac{\mathrm{d}}{\mathrm{d}\beta}\ln b_i\right)b_i\mathrm{e}^{-\alpha_i}=\sum_i\overline{N_i\varepsilon_i}=\sum_i\overline{E_i}\ . \tag{6.6.6}$$

式中

$$\overline{\varepsilon_i}=\frac{3}{2\beta}-\frac{\mathrm{d}}{\mathrm{d}\beta}\ln b_i=\frac{3}{2}kT+kT^2\frac{\mathrm{d}}{\mathrm{d}T}\ln b_i\ . \tag{6.6.6a}$$

$\overline{E_i}$ 可称为分内能.

熵

$$S=\sum_i k\overline{N_i}(1+\beta\overline{\varepsilon_i}+\alpha_i)\ , \tag{6.6.7}$$

式中

$$\alpha_i=-\varphi_i-\ln(x_i p)\ , \tag{6.6.8}$$

并有

$$\varphi_i=-\ln\left[\left(\frac{2\pi m_i}{h^2}\right)^{3/2}(kT)^{5/2}b_i\right], \tag{6.6.9}$$

式中，φ_i 为温度的函数，可通过热容量用热力学方法计算. 用式(4.2.32)，我们有

$$\varphi_i(T)=\frac{h_{i0}}{RT}-\frac{s''_{i0}}{R}-\int\frac{\mathrm{d}T}{RT^2}\int c_{pi}\mathrm{d}T\ . \tag{6.6.9a}$$

式(6.6.7)还可写为分熵和的形式

$$S=\sum_i n_i s_i=\sum_i S_i\ .$$

吉布斯函数为

$$G=\sum_i n_i RT\left[\ln(x_i p)+\varphi_i\right]=\sum_i n_i\mu_i\ , \tag{6.6.10}$$

式中

$$\mu_i=RT\left[\ln(x_i p)+\varphi_i\right]. \tag{6.6.10a}$$

焓

$$H=\sum_i n_i\left(\int c_{pi}\mathrm{d}T+h_{i0}\right)=\sum_i n_i h_i=\sum_i H_i\ . \tag{6.6.11}$$

自由能

$$F=\sum_i n_i RT\left[\ln(x_i p)+\varphi_i-1\right]=\sum_i n_i f_i=\sum_i F_i\ . \tag{6.6.12}$$

6.7 化学反应的性质

前面几节给出了多元复相系平衡(包括化学平衡)的基本性质，本节专门讨论化学反应问题.

1. 热化学

化学反应过程不可避免要涉及能量的交换，一个重要的交换形式是吸(放)热.例如，反应方程式

$$C + O_2 \to CO_2 + 94.45\text{kcal}\,(18℃,1\text{atm}). \tag{6.7.1}$$

给出 1mol 金刚石燃烧生成 1mol 二氧化碳，并放热 94.45 千卡. 为了描述化学反应过程中物系与外界交换热量的性质，让我们定义：

生成 1mol 主要生成物所吸收的热量称为**反应热**，用 Q 表示.

如果在反应过程中体系压强不变，则其反应热称为**定压反应热**，记为 Q_p. 根据焓的性质，可以证明，定压反应热应等于反应过程中体系焓的增量，即

$$\Delta H = Q_p\,. \tag{6.7.2}$$

考虑一个等压单相反应的微过程，其焓的增量应为

$$\mathrm{d}H = đQ = \sum_i \left(\frac{\partial H}{\partial n_i}\right)_{T,p,n_j} \mathrm{d}n_i = \sum_i h_i \mathrm{d}n_i\,. \tag{6.7.3}$$

若此过程中生成物增加 ε(mol)，即 $\mathrm{d}n_i=\varepsilon\nu_i$，则有

$$đQ = \varepsilon Q_p \tag{6.7.4}$$

和

$$\mathrm{d}H = \varepsilon\Delta H\,. \tag{6.7.5}$$

比较则得

$$Q_p = \Delta H = \sum_i h_i \nu_i\,. \tag{6.7.6}$$

这是热化学的基本方程.

由定义可知，定压反应热是温度的函数. 考虑到 ν_i 与温度无关，定压反应热随温度的变化可写为

$$\left(\frac{\partial Q_p}{\partial T}\right)_p = \sum_i \nu_i \left(\frac{\partial h_i}{\partial T}\right)_p = \sum_i \nu_i \left[\frac{\partial}{\partial T}\left(\frac{\partial H}{\partial n_i}\right)_{T,p,n_j}\right]_p\,. \tag{6.7.7}$$

又 $(\partial H/\partial T)_p=C_p$，故

$$\left(\frac{\partial Q_p}{\partial T}\right)_p=\sum_i \nu_i c_{pi}\ . \tag{6.7.8}$$

亦即

$$\left(\frac{\partial}{\partial T}\Delta H\right)_p=\sum_i \nu_i c_{pi}\ , \tag{6.7.9}$$

式中，$c_{pi}=\partial C_p/\partial n_i$ 为偏摩尔定压热容量.

进一步推广到多相情形，则有

$$\left(\frac{\partial}{\partial T}\Delta H\right)_p=\sum_{i\alpha} \nu_i^\alpha c_{pi}^\alpha\ . \tag{6.7.10}$$

式(6.7.9)和式(6.7.10)称为**基尔霍夫**(Kirchhoff)**方程**.

以上两式中，右端为生成 1mol 主要生成物时生成物总热容减去反应物总热容之差. 如果反应物热容大于生成物热容，则$\partial Q_p/\partial T<0$. 对于放热反应，所放热量随温度的升高而增加. 就如一些燃烧过程，温度高时，燃烧剧烈，放热更多.

2. 质量作用律

仍在理想气体(单相)模型下进行讨论. 由式(6.5.10)和式(6.5.12)知，对等温等压化学反应有

$$\varepsilon\sum_i \mu_i\nu_i\leqslant 0\ . \tag{6.7.11}$$

反应平衡的条件则为

$$\sum_i \mu_i\nu_i=0\ .$$

利用 $\alpha_i=-\mu_i/RT$，将式(6.6.8)代入平衡条件得

$$\sum_i \nu_i\ln(x_i p)+\sum_i \nu_i\varphi_i=0\ .$$

即

$$\sum_i \nu_i\ln x_i=-\sum_i \nu_i\ln p-\sum_i \nu_i\varphi_i\ .$$

引入**平衡恒量** K，由下式定义：

$$\ln K\equiv-\sum_i \nu_i\ln p-\sum_i \nu_i\varphi_i\ . \tag{6.7.12}$$

平衡条件则为

$$\sum_i \ln x_i^{\nu_i} = \ln K,$$

即

$$\prod_i x_i^{\nu_i} = K. \tag{6.7.13}$$

上式称为**质量作用律**.

平衡恒量 K 显然是 T 和 p 的函数，在温度和压强不变的条件下，它是常数. 还可定义**定压平衡恒量** K_p，满足

$$\ln K_p \equiv -\sum_i \nu_i \varphi_i. \tag{6.7.14}$$

显然有

$$K = p^{-\nu} K_p, \tag{6.7.15}$$

式中

$$\nu = \sum_i \nu_i.$$

质量作用律成为

$$\prod_i p_i^{\nu_i} = K_p. \tag{6.7.16}$$

由质量作用律可研究化学反应进行的方向. 结合式(6.7.11)可知，反应正向进行($\varepsilon>0$)的条件是

$$\prod_i x_i^{\nu_i} < K. \tag{6.7.17}$$

这就是说，增大平衡恒量 K 则可使反应朝正向进行. 因此，研究 K 对温度和压强的依赖关系将为我们控制化学反应提供重要的依据.

3. 勒夏特列原理

让我们来考察平衡恒量的性质. 考虑其对数

$$\begin{aligned}\ln K &= -\sum_i \nu_i \ln p - \sum_i \nu_i \varphi_i = -\nu \ln p - \sum_i \nu_i \varphi_i \\ &= -\nu \ln p - \sum_i \nu_i \frac{h_{i0}}{RT} + \sum_i \nu_i \frac{s''_{i0}}{R} + \sum_i \nu_i \int \frac{\mathrm{d}T}{RT^2} \int c_{pi} \mathrm{d}T.\end{aligned} \tag{6.7.18}$$

下面分别讨论平衡恒量随温度和压强的变化.

1) K-T 关系

$$\left(\frac{\partial}{\partial T}\ln K\right)_p = \frac{1}{RT^2}\sum_i \nu_i \left(h_{i0} + \int c_{pi} \mathrm{d}T\right) = \frac{1}{RT^2}\sum_i \nu_i h_i = \frac{Q_p}{RT^2}. \tag{6.7.19}$$

可见，对吸热反应，因 $Q_p>0$，有$\partial(\ln K)/\partial T>0$，即在定压情况下，平衡恒量随温度升高而增大. 这就是说，升温有利于反应的进行.

与吸热反应不同，对放热反应，$Q_p<0$，故$\partial(\ln K)/\partial T<0$，即在定压情况下，平衡恒量随温度下降而增大. 也就是说，降温才有利于反应的进行.

2) K-p 关系

$$\left(\frac{\partial}{\partial p}\ln K\right)_T=-\frac{\nu}{p}. \tag{6.7.20}$$

又根据物态方程 $pV=\sum_i n_i RT$，生成 1mol 主要生成物的体积变化可写为

$$\Delta V=\sum_i\frac{\Delta n_i RT}{p}=\sum_i\frac{\nu_i RT}{p}=\frac{\nu RT}{p}.$$

因此

$$\left(\frac{\partial}{\partial p}\ln K\right)_T=-\frac{\Delta V}{RT}. \tag{6.7.21}$$

可见，对体积收缩的反应，因 $\Delta V<0$，有$\partial(\ln K)/\partial p>0$，即在等温条件下，平衡恒量随压强增加而增大. 这就是说，加压有利于体积缩小的反应进行. 例如，合成氨反应

$$\mathrm{NH_3}-\frac{3}{2}\mathrm{H_2}-\frac{1}{2}\mathrm{N_2}=0$$

的$\nu=-1$，因此 $\Delta V<0$，故加压有利于反应的进行.

相反，对膨胀反应，$\Delta V>0$，且$\partial(\ln K)/\partial p<0$，即在等温条件下，平衡恒量随压强降低而增大. 也就是说，减压有利于体积增大的反应进行. 前述合成氨反应的逆过程(分解反应)即这种反应.

总结以上讨论可知：当外界影响一个平衡的多元化学体系时，若加热使其升温，体系内部则进行吸热的反应而不利于升温；若对体系加压，内部则发生缩小体积的反应而不利于加压. 由此可得出如下原则：

当平衡条件改变时，体系内部发生抵消外界影响的反应.

这一原则称为**勒夏特列**(Le Chatelier)**原理**. 它可以推广到不止是对温度和压力的影响. 例如，若不断从体系取走生成物，使其摩尔浓度减少，则必然发生正向反应而抵制减少生成物的影响. 这一原理也是自然界的一个普遍的原理，还可推广至其他非化学反应过程，如惯性、热胀冷缩、楞次定律、感生电流、抗磁性等.

6.8 热力学第三定律

本节将用统计物理理论导出著名的能斯特(Nernst)定理，进而给出热力学第三定律，然后讨论物体系在极低温度下的热力学性质.

1. 能斯特定理与绝对零度不可达到原理

统计物理用玻尔兹曼关系式(2.5.2)定义熵，即

$$S = k\ln W,$$

式中，W 为体系微观态数，即可能出现的量子态数目. 根据前面讨论的正则系综和巨正则系综的分布函数可知，随着温度的降低(β 增大)，体系处在最低能态(基态)的概率增大. 当温度趋于绝对热力学温标的零度(T=0)时，体系处于最低能级的概率为 1，即确定地处于基态. 这时，熵的数值为

$$S_0 = k\ln\omega_0, \tag{6.8.1}$$

式中，ω_0 为基态的简并度. 由式(6.8.1)所定义的熵通常称为**绝对熵**. 由此可见，当温度趋于零时，体系的熵趋于一个与其他参量(如体积、压强等)无关的值. 因此有

$$\lim_{T\to 0}(\Delta S)_T = 0. \tag{6.8.2}$$

这个结论就是著名的**能斯特定理**，简称能氏定理：

物体系的熵在等温过程中的改变随绝对温度趋于零而趋零.

这个定理是能斯特于 1906 年从研究低温下化学反应性质得到的，1912 年又由它推出了**绝对零度不能达到原理：不能用有限的手续使物体系的温度达到绝对零度**.

可以证明，绝对零度不可达到原理与能氏定理是等价的. 它们所反映的规律即**热力学第三定律**. 采用类似于热力学第一、第二定律的标准说法，我们将“绝对零度不可达到原理”作为热力学第三定律的标准说法. 这样，热力学的三个定律各给出一类事情不可实现的法则. 不过，第三定律给出的法则与前面两个定律略有区别. 热力学第一定律和第二定律分别明确告诉人们，制作两类永动机的任何努力都是徒劳的. 而第三定律虽然也指出绝对温标的零度是不可能通过有限手续实现的温度，但它只是一个极限温度. 因此并不排除可以不断改进技术，降低温度，逐渐逼近绝对零度. 事实上，科学家降低温度的努力从来没有停止过. 正是这种努力，在一定程度上推动了人类认识微观世界的进程. 例如，量子论的建立，超导电性的发现，玻色-爱因斯坦凝聚的实现等，都与低温技术的不断突破密切相关.

2. 能斯特定理与热力学第三定律的等价性

现在我们来证明绝对零度不可达到原理与能氏定理的等价性：由能氏定理可以推出绝对零度不可达原理，反之亦然.

先用能斯特定理证明绝对零度不可达到原理.

温度降低是在一定过程中实现的，我们需要证明的结论是：用任何手段即经历“任何过程”都不可能使系统的温度降至绝对零度. 为了证明这一点，我们只需证明

经历“最有效”的降温过程不能使温度降至绝对零度即可. 那么，最有效的降温过程是什么过程呢？首先，这种过程必须是绝热的. 因为如若不然，过程将吸热(放热要求外界温度低于物体系温度，非本问题所讨论的内容)，对降温显然不利. 对于绝热过程，又可有两种选择：可逆或不可逆. 我们来分析这两种降温方式. 假定用 y 表示实验可控的外参量，它可以是体积、压强或其他参量，也可以不止一个参量. 以 (T, y) 为独立变量，对于 y 不变的可逆过程有

$$đQ = T\mathrm{d}S .$$

系统外参量 y 不变时的热容量可写为

$$C_y = T\left(\frac{\partial S}{\partial T}\right)_y .$$

又由平衡的稳定条件还有

$$C_y > 0 .$$

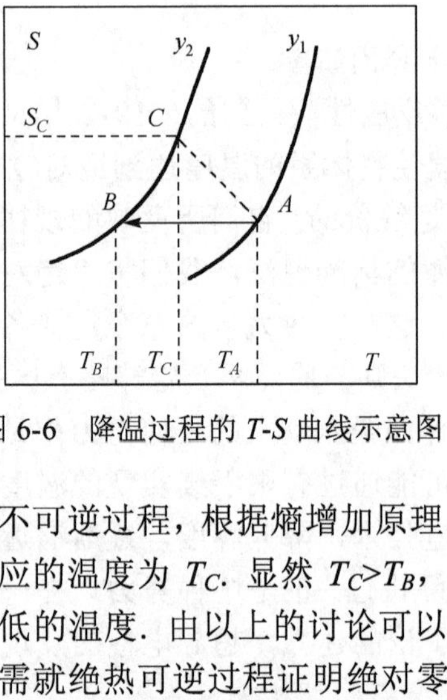

我们用 T-S 图来说明可逆与不可逆两种降温过程的效力. 图 6-6 中两曲线分别为外参量为 y_1 和 y_2 的曲线. 由 $C_y > 0$ 知 $(\partial S/\partial T)_y > 0$，即在外参量不变的情形下熵随温度的增加而增加，对应图中的等 y 线为“上升”曲线. 由图还可以看到，通过改变外参量(如由 y_1 至 y_2)可以降低系统的温度，降低多少与熵的增量有关. 假定系统开始时处于 y_1 线上的 A 点，如果经历绝热可逆过程使外参量变至 y_2，系统必沿水平的等熵线到达 B 点，我们将两态温度分别记为 T_A 和 T_B；如果经历任意绝热不可逆过程，根据熵增加原理，其熵必增，系统只能到达 y_2 线熵更大的点，如 C，相应的温度为 T_C. 显然 $T_C>T_B$，即外参量改变相同数值时，可逆过程达到的态具有最低的温度. 由以上的讨论可以得出结论：绝热可逆过程降温最有效. 因此，下面只需就绝热可逆过程证明绝对零度不可实现即可.

图 6-6 降温过程的 T-S 曲线示意图

先写出计算熵的普遍公式. 式(4.2.2)和式(4.2.4)分别给出以 (T, V) 和 (T, p) 为独立变量时熵的计算公式，可将其推广为以 (T, y) 为独立变量时熵的计算公式

$$S(T,y) = S(T_0,y) + \int_{T_0}^{T}\frac{C_y}{T}\mathrm{d}T . \tag{6.8.3}$$

为了进一步证明绝对零度不可达到，我们还需先说明一个将用到的事实：当温度趋向绝对零度时，热容量也随之趋向零，即

$$\lim_{T\to 0} C_y = 0 . \tag{6.8.4}$$

这个结论与实验观测的低温固体比热容性质相吻合. 同时，从后面章节的讨论还会看到，由量子统计理论的计算也给出同样的结论. 从另一角度来看，如果式(6.8.4)不成立，则可证明：由热力学第二定律即可导出绝对零度不可达到的结论. 事实上，如果式(6.8.4)不真，即始终有 $C_y > 0$，再考虑到 $T_0 > 0$，则式(6.8.3)中的积分

$$\int_{T_0}^{T} \frac{C_y}{T} \mathrm{d}T$$

的值将在 $T \to 0$ 时趋于$-\infty$. 这意味着：如果在绝热的条件下改变位形参数 y，可使温度由有限下降至绝对零度，熵将由有限"减少"至负无限. 这违背了热力学第二定律——熵增加原理. 这就是说，在 C_y 不随绝对温度而趋于零的前提下，"绝对零度不可达到原理"只是热力学第二定律的推论，不需由能氏定理导出. 基于上述两个方面的考虑，我们在以下的证明中将以式(6.8.4)为已知事实.

假定物体系由初态 $A(T_A, y_A)$，经绝热可逆过程至终态 $B(T_B, y_B)$，根据热力学第二定律则有

$$S(T_A, y_A) = S(T_B, y_B) .$$

用式(6.8.3)并注意到式(6.8.4)，可以将上面等式两端分别写为

$$S(T_A, y_A) = S(T_0, y_A) + \int_{T_0}^{0} \frac{C_{yA}}{T} \mathrm{d}T + \int_{0}^{T_A} \frac{C_{yA}}{T} \mathrm{d}T$$

和

$$S(T_B, y_B) = S(T_0, y_B) + \int_{T_0}^{0} \frac{C_{yB}}{T} \mathrm{d}T + \int_{0}^{T_B} \frac{C_{yB}}{T} \mathrm{d}T .$$

能氏定理又可写为

$$S(0, y_A) = S(0, y_B),$$

即

$$S(T_0, y_A) + \int_{T_0}^{0} \frac{C_{yA}}{T} \mathrm{d}T = S(T_0, y_B) + \int_{T_0}^{0} \frac{C_{yB}}{T} \mathrm{d}T .$$

进一步可得

$$\int_{0}^{T_A} \frac{C_{yA}}{T} \mathrm{d}T = \int_{0}^{T_B} \frac{C_{yB}}{T} \mathrm{d}T . \tag{6.8.5}$$

如果初始状态的温度 $T_A > 0$，则有

$$\int_{0}^{T_A} \frac{C_{yA}}{T} \mathrm{d}T > 0 ,$$

式(6.8.5)给出 $T_B > 0$. 这一结果指出：从一温度高于绝对零度的态出发，经任意绝热可逆过程降温，终不能达到绝对零度. 因为通过绝热可逆过程降温是最有效的，所

以通过其他类型的过程亦不可能将温度降至绝对零度. 这就用能氏定理证明了绝对零度不可达原理.

下面由绝对零度不可达原理出发，用反证法证明能氏定理的正确性.

取 $T_0=0$，将式(6.8.3)写为

$$S(T,y)=S(0,y)+\int_0^T \frac{C_y}{T}\mathrm{d}T . \tag{6.8.6}$$

考虑物体系由态 $A(T_A, y_A)$ 经绝热可逆过程到达态 $B(T_B, y_B)$. 假定能氏定理不真，即 $S(0,y)$ 与 y 的数值有关，即

$$S(0,y_B)\neq S(0,y_A),$$

不妨先设

$$S(0,y_B)>S(0,y_A).$$

因过程等熵又有

$$\int_0^{T_A} \frac{C_{yA}}{T}\mathrm{d}T-\int_0^{T_B} \frac{C_{yB}}{T}\mathrm{d}T=S(0,y_B)-S(0,y_A). \tag{6.8.7}$$

而前已假定 $S(0,y_B)>S(0,y_A)$，故总可找到一 $T_A>0$，使

$$\int_0^{T_A} \frac{C_{yA}}{T}\mathrm{d}T=S(0,y_B)-S(0,y_A),$$

因而

$$\int_0^{T_B} \frac{C_{yB}}{T}\mathrm{d}T=0.$$

于是有 $T_B=0$. 这意味着一旦将体系预冷至 T_A，即可使其通过绝热可逆过程由 A 至 B 而降温为绝对零度. 这与第三定律的绝对零度不可达原理矛盾，所以不真. 出现这一矛盾的原因是假设了 $S(0,y_B)>S(0,y_A)$，因此只能取

$$S(0,y_A)\geqslant S(0,y_B).$$

将 A 与 B 易位，又得

$$S(0,y_A)\leqslant S(0,y_B).$$

上面两式同时成立只能有

$$S(0,y_A)=S(0,y_B).$$

可见，温度趋于绝对零度时，物体系的熵与其他参数的取值无关. 这就证明了能氏定理

$$\lim_{T\to 0}(\Delta S)_T=0.$$

综上所述，能氏定理与热力学第三定律即绝对零度不可达原理等价.

能氏定理主要应用于研究极低温度下物体系的性质. 由它可以得出一些有用的推论. 例如，关于低温下膨胀系数和压强系数性质的推论. 定义两个参数:

定压膨胀系数

$$\alpha=\frac{1}{V}\left(\frac{\partial V}{\partial T}\right)_p .$$

定容压强系数

$$\beta=\frac{1}{p}\left(\frac{\partial p}{\partial T}\right)_V .$$

由麦氏关系知

$$\left(\frac{\partial V}{\partial T}\right)_p=-\left(\frac{\partial S}{\partial p}\right)_T, \qquad \left(\frac{\partial p}{\partial T}\right)_V=\left(\frac{\partial S}{\partial V}\right)_T .$$

又由能氏定理有

$$\lim_{T\to 0}\left(\frac{\partial S}{\partial p}\right)_T=0, \qquad \lim_{T\to 0}\left(\frac{\partial S}{\partial V}\right)_T=0.$$

因此

$$\lim_{T\to 0}\left(\frac{\partial V}{\partial T}\right)_p=0, \qquad \lim_{T\to 0}\left(\frac{\partial p}{\partial T}\right)_V=0. \tag{6.8.8}$$

这就是说，在低温下，定压膨胀系数和定容压强系数随温度趋于绝对零度而趋于零.

3. 化学亲和势

能氏定理的重要应用之一是研究低温下的化学反应. 为讨论方便，引入化学亲和势的概念：等温等压过程的化学亲和势定义为

$$A=-\Delta G . \tag{6.8.9}$$

ΔG 表示在一个标准的物质变化过程中(通常是生成1mol主要生成物)吉布斯函数的增量. 由定义显然可知，化学反应(包括相变)总是沿着**化学亲和势**为正的方向进行. 与6.7节不同，我们将此过程中的放热记为**反应热**，即

$$Q=-\Delta H . \tag{6.8.10}$$

又

$$H=G+TS=G-T\frac{\partial G}{\partial T}, \tag{6.8.11}$$

所以

$$\Delta H=\Delta G-T\frac{\partial(\Delta G)}{\partial T},$$

$$Q = A - T\frac{\partial A}{\partial T}, \tag{6.8.12}$$

$$\frac{\partial A}{\partial T} = \frac{A-Q}{T}. \tag{6.8.13}$$

当 $T \to 0$，其极限为

$$\lim_{T\to 0}\frac{\partial A}{\partial T} = \lim_{T\to 0}\frac{A-Q}{T} = \lim_{T\to 0}\left(\frac{\partial A}{\partial T} - \frac{\partial Q}{\partial T}\right),$$

上式的第二步用到了求极限的**洛必达法则**. 而由能氏定理知，熵变的极限为零，即

$$\lim_{T\to 0}(\Delta S) = -\lim_{T\to 0}\frac{\partial(\Delta G)}{\partial T} = \lim_{T\to 0}\frac{\partial A}{\partial T} = 0, \tag{6.8.14}$$

因此

$$\lim_{T\to 0}\frac{\partial Q}{\partial T} = \lim_{T\to 0}\frac{\partial A}{\partial T} = 0. \tag{6.8.15}$$

若记

$$\lim_{T\to 0} Q = Q_0, \qquad \lim_{T\to 0} A = A_0,$$

由式(6.8.12)可得

$$Q_0 = A_0. \tag{6.8.16}$$

如果以 Q 和 A 作为 T 的函数作图，则由式(6.8.16)知，两线应在 $T = 0$ 处相交；由式(6.8.15)知，它们在 $T = 0$ 处相切，且切线平行于 T 轴. 图 6-7 定性地描述了反应热和化学亲和势在温度趋于绝对零度时的变化趋势和取值关系.

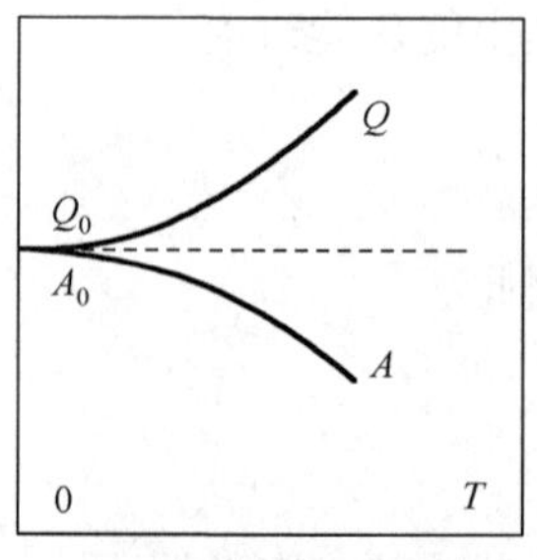

图 6-7　反应热和化学亲和势与温度的关系

讨　论　题

6.1　在推导巨正则分布时如何用到系综的概念？

6.2　叙述导出巨正则分布的思路.

6.3　讨论系统经历过程后吸热与焓的关系.

6.4　平衡条件对分界面的要求是如何改变的？

6.5　请描述水烧开的过程.

6.6　讨论湖水结冰的过程.

6.7　叙述热力学与统计物理研究对象、方法和目的的异同.

6.8　偏摩尔变量的意义，给出其他物理量的类比.

6.9　给出饱和蒸汽压的物理意义.

6.10　分压律能否用于非理想气体，为什么？

习 题

6.1 用巨正则分布导出单原子分子理想气体的物态方程、内能、熵和化学势.

6.2 由巨正则分布导出双原子分子理想气体的物态方程、内能、熵和化学势.

6.3 根据巨正则分布的涨落公式求单原子分子理想气体分子数的相对涨落.

6.4 根据巨正则分布的涨落公式求双原子分子理想气体分子数的相对涨落.

6.5 证明下述关系：

(1) $\left(\frac{\partial\mu}{\partial p}\right)_{\bar{N},T}=\left(\frac{\partial V}{\partial\bar{N}}\right)_{p,T}$；(2) $\left(\frac{\partial\bar{E}}{\partial T}\right)_{V,\frac{\mu}{T}}-\left(\frac{\partial\bar{E}}{\partial T}\right)_{V,\bar{N}}=\frac{1}{T}\left(\frac{\partial\bar{N}}{\partial\mu}\right)_{V,T}\left(\frac{\partial\bar{E}}{\partial\bar{N}}\right)_{V,T}^2$.

6.6 证明下述平衡判据(设 $S>0$)：

(1)在 S 和 V 不变的情形下，平衡态的 $\bar{E}$ 最小；

(2)在 S 和 p 不变的情形下，平衡态的 H 最小；

(3)在 H 和 p 不变的情形下，平衡态的 S 最大；

(4)在 F 和 V 不变的情形下，平衡态的 T 最小；

(5)在 G 和 p 不变的情形下，平衡态的 T 最小；

(6)在 E 和 S 不变的情形下，平衡态的 V 最小；

(7)在 F 和 T 不变的情形下，平衡态的 V 最小.

6.7 试由 $C_V>0$ 及 $\left(\frac{\partial p}{\partial V}\right)_T<0$ 证明：$C_p>0$ 及 $\left(\frac{\partial p}{\partial V}\right)_S<0$.

6.8 证明在相变过程中物质摩尔内能的变化为

$$\Delta u=L\left(1-\frac{p}{T}\frac{\mathrm{d}T}{\mathrm{d}p}\right).$$

假定两相中有一相是气相，可视为理想气体，另一相是凝聚相，试将公式化简.

6.9 蒸汽与液相达到平衡. 在维持两相平衡的条件下，导出蒸汽的两相平衡膨胀系数 $\frac{1}{v}\frac{\mathrm{d}v}{\mathrm{d}T}$ 与温度 T 及相变潜热 L 的关系.

6.10 证明半径为 r 的肥皂泡内压与外压之差为 $\frac{4\sigma}{r}$.

6.11 表面张力 σ 恒定的肥皂膜形成球形皂泡，泡内有空气(视为理想气体)，用 p_0 和 T 分别表示外部压强和温度.

(1)找出皂泡的平衡半径 r 和其内部空气质量间的关系；

(2)对“充分大”的半径 r，解出(1)中的关系.

6.12 若将 $\bar{E}$ 视为独立变量 $T, V, n_1,\cdots, n_k$ 的函数，证明

$$\bar{E}=\sum_i n_i\frac{\partial\bar{E}}{\partial n_i}+V\frac{\partial\bar{E}}{\partial V}$$

和

$$u_i = \frac{\partial E}{\partial n_i} + v_i \frac{\partial E}{\partial V}.$$

6.13　绝热容器中有隔板隔开，一边装有 n_1 摩尔的理想气体，温度为 T，压强为 p_1；另一边装有 n_2 摩尔的理想气体，温度也为 T，压强为 p_2. 现将隔板抽去：

(1) 试求气体混合后的压强；

(2) 如果两种气体是不同的，计算混合后的熵增；

(3) 如果两种气体是相同的，计算混合后的熵增.

6.14　一理想溶液中有两种组元，其摩尔分数分别为 X_1 和 X_2，已知一组元的化学势为

$$\mu_1 = g_1(T,p) + RT\ln X_1.$$

试根据吉布斯关系证明，另一组元的化学势必可表示为

$$\mu_2 = g_2(T,p) + RT\ln X_2,$$

式中，g_1 和 g_2 为两组元在化学纯时的摩尔吉布斯函数.

6.15　$n_0\nu_1$ 摩尔的气体 A_1 和 $n_0\nu_2$ 摩尔的气体 A_2 的混合物在温度 T 和压强 p 下所占的体积为 V_0. 当发生化学反应

$$\nu_3A_3+\nu_4A_4-\nu_1A_1-\nu_2A_2=0,$$

并在相同的温度和压强下达到平衡时，其体积为 V_e. 试证明反应度 ξ 可表示为

$$\xi = \frac{V_e - V_0}{V_0}\frac{\nu_1+\nu_2}{\nu_3+\nu_4-\nu_1-\nu_2}.$$

6.16　试证明对化学反应

$$\frac{1}{2}N_2 + \frac{3}{2}H_2 - NH_3 = 0,$$

平衡恒量满足

$$K_p = \frac{\sqrt{27}}{4}\frac{\alpha^2}{1-\alpha^2}p.$$

若将化学反应方程写为

$$N_2 + 3H_2 - 2NH_3 = 0,$$

平衡恒量则为

$$K_p = \frac{27}{16}\frac{\alpha^4}{(1-\alpha^2)^2}p^2,$$

式中，α 为分解度.

6.17　在星球间的气层中存在很强的热电离金属蒸气，并不断进行着电离和复合反应，试用电子气、离子气和中性原子气平衡的质量作用定律，求出一次电离度 ζ 与温度 T 及总压强 p 的关系. 假设三种气体均可视为单原子理想气体，且 1mol 中性原子的电离能为 W.

第7章 量子统计法

第7章 部分要点、难点视频

前面第 2 章、第 3 章和第 6 章先后以量子论为基础给出了微正则、正则和巨正则系综的分布，并进一步导出了热力学基本公式，讨论了一些热力学过程的性质. 但是到目前为止，还未具体涉及量子力学的粒子全同性和由其导致的不同统计性质. 本章将介绍这方面的基本内容.

7.1 量子统计分布

如第 1 章所述，微观粒子可根据其自旋属性的不同分为玻色子和费米子，自旋量子数为整数(含零)的粒子为玻色子，自旋量子数为半整数者为费米子. 由这两种粒子组成的体系分别称为玻色系和费米系，它们有着很不相同的统计性质. 本节将导出这两种体系的粒子数按能量分布之规律，即玻色与费米分布. 因为量子体系的粒子数大多是不固定的，所以我们的讨论将以巨正则系综为基础.

1. 巨配分函数

考虑由近独立子系组成的开放系，我们用巨正则系综理论来求其粒子数按能量的分布. 假定此系的单粒子能级为$\varepsilon_l\,(l=0,1,2,\cdots)$，其简并度为$\omega_l$，占据能级$\varepsilon_l$的粒子数为$a_l$. 各能级的占据数构成一序列，给出粒子按能级的分布，记为$\{a_l\}$. 对于开放系，其粒子数和总能量均可变化. 当系统处于粒子数为N的量子态s时，有如下关系：

$$N=\sum_l a_l$$

和

$$E_s=\sum_l a_l\varepsilon_l\,.$$

式中，s通常是一组多个量子数. 根据 6.1 节，体系所遵从的巨正则分布为

$$\rho_s=\mathrm{e}^{-\varsigma-\alpha N-\beta E_s}\,, \tag{7.1.1}$$

其归一化条件为

$$\sum_N\sum_s \mathrm{e}^{-\varsigma-\alpha N-\beta E_s}=1. \tag{7.1.2}$$

相应的巨配分函数为

$$\Xi=\mathrm{e}^{\varsigma}=\sum_N\sum_s \mathrm{e}^{-\alpha N-\beta E_s}. \tag{7.1.3}$$

上面写出的各单粒子能级上粒子数的集合$\{a_l\}$给出一个分布. 应当指出，这个分布并不只对应系统的一个微观状态. 因为能级ε_l上的单粒子态通常并不止一个，以致同能级的 a_l 个粒子在不同单粒子态上的分布还有多种可能，导致相同分布$\{a_l\}$的不同微观态. 如果将 a_l 个粒子在ε_l能级上各态中分布的方式总数记为 W_l，分布$\{a_l\}$对应的不同微观状态总数，或称所包含的**微观状态数**则为

$$W=\prod_l W_l.$$

巨配分函数的表示式(7.1.3)可改写为

$$\mathrm{e}^{\varsigma}=\sum_{(a_l)}\prod_l W_l\mathrm{e}^{-(\alpha+\beta\varepsilon_l)a_l}=\prod_l\sum_{a_l=0}^{\infty}W_l\mathrm{e}^{-(\alpha+\beta\varepsilon_l)a_l}. \tag{7.1.4}$$

式中的求和为式(7.1.3)的两个求和合并得来，圆括号(a_l)表示对所有可能的粒子总数 N 的各种可能的分布求和，相当于取消对 a_l 的粒子数约束的各种可能分布求和. 由于取消了粒子数限制，上式的求和与连乘才得以交换顺序而有式(7.1.4)的后一式. 再定义第 l 能级的**配分函数**

$$\mathrm{e}^{\varsigma_l}=\sum_{a_l=0}^{\infty}W_l\mathrm{e}^{-(\alpha+\beta\varepsilon_l)a_l}. \tag{7.1.5}$$

则有

$$\mathrm{e}^{\varsigma}=\prod_l\mathrm{e}^{\varsigma_l},\qquad \varsigma=\sum_l\varsigma_l. \tag{7.1.6}$$

能级ε_l上的平均粒子数可由巨正则分布计算为

$$\begin{aligned}\overline{a_l}&=\mathrm{e}^{-\varsigma}\sum_N\sum_s a_l\mathrm{e}^{-\alpha N-\beta E_s}\\&=\mathrm{e}^{-\varsigma}\left[\sum_{a_l=0}^{\infty}a_lW_l\mathrm{e}^{-(\alpha+\beta\varepsilon_l)a_l}\right]\left[\prod_{m\neq l}\sum_{a_m=0}^{\infty}W_m\mathrm{e}^{-(\alpha+\beta\varepsilon_m)a_m}\right]\\&=\mathrm{e}^{-\varsigma_l}\sum_{a_l=0}^{\infty}a_lW_l\mathrm{e}^{-(\alpha+\beta\varepsilon_l)a_l}\\&=-\frac{\partial\varsigma_l}{\partial\alpha}.\end{aligned} \tag{7.1.7}$$

进一步的计算需要给出 W_l 的具体数值. 根据量子力学的全同性原理，不同统计属性的粒子对单粒子态的占据方式不同，因而有不同的统计法. 下面将针对不同的统计法，分别给出 W_l 的计算方法.

2. 量子统计法

同种属性的微观粒子因其波动性而不可分辨，使我们不能再如经典力学那样，指出每一粒子所处的单粒子态. 因此，对多粒子系微观状态的描述只能通过给出粒子在各可能单粒子态的分布情况来实现. 正如 1.3 节所指出的那样，不同自旋属性的粒子对单粒子态的占据方式不同，因此相同的分布 $\{a_l\}$ 仍有不同的微观状态数 W_l. 现就前面(1.3节)指出的三种不同的量子系统，具体分析同一分布包含的不同微观态的数目.

1) 玻色系统

玻色子不受泡利不相容原理的约束，允许任意多个粒子占据同一量子态. 因此，我们首先要解决的问题是：能级 ε_l 上的 a_l 个粒子不受数量限制地占据 ω_l 个不同的单粒子态时，共有多少种占据方式.

为便于分析，如图 7-1 所示，我们用 ω_l 个盒子□代表微观状态，用 a_l 个圆圈○代表粒子，将状态和粒子混排成一个序列(ω_l+a_l 个元素)，并要求最左边的一个是盒子. 不同的排列给出不同的序列，每一序列可代表粒子填充状态的一种方式，具体理解是：两盒子之间的粒子填入其左边邻近的一个盒子(状态)，状态按盒子在序列中的位置编号. 因为是玻色子，每盒中填入的粒子数不受限制. 这样，不同序列的总数给出此能级上 a_l 个粒子占据 ω_l 个微观状态可能出现的量子态数. 因为最左边的元素已限制为□，所以排列时交换位置的元素只有 $\omega_l + a_l - 1$ 个，相应的排列总数应为 $(\omega_l + a_l - 1)!$. 但是，由于粒子是不可分辨的，盒子的相对位置又不需交换(状态按盒子在序列中的位置编号)，故填充方式的总数应为上述排列数除以交换粒子重复计算的方式数 $a_l!$ 和交换盒子重复计算的方式数 $(\omega_l - 1)!$(利用乘法原理的逆运算). 于是，a_l 个粒子在 ε_l 能级上的可能占据方式数为

□○○□○○○□○□…□○○○○…

图 7-1　玻色子状态和粒子序列

$$W_l = \frac{(\omega_l + a_l - 1)!}{(\omega_l - 1)!a_l!}.$$

这一结果恰好是 ω_l+a_l-1 个元素中取 a_l 个的组合数，即

$$W_l = C_{\omega_l + a_l - 1}^{a_l}.$$

在不同能级上粒子的占据是独立的，将所有能级考虑在内，对于给定分布 $\{a_l\}$，玻

色系统的微观状态数应为各能级状态数之积

$$W_{\mathrm{B}}=\prod_l \frac{(\omega_l+a_l-1)!}{(\omega_l-1)!a_l!}=\prod_l C_{\omega_l+a_l-1}^{a_l}. \tag{7.1.8}$$

上述统计方法称为**玻色统计法**，或称**玻色-爱因斯坦统计法**.

2) 费米系统

费米子受泡利不相容原理约束，每个量子态最多可容纳一个粒子. 对这类体系，单粒子能级ε_l上分布的粒子数必然不多于能级的简并度，即 $a_l \leqslant \omega_l$. 对于 a_l 个粒子占据ω_l个状态，每态最多容纳一个粒子，可以作如下考虑：先从 $a_l \leqslant \omega_l$ 个粒子中抽取一个占据ω_l个状态之一，这有ω_l种占据方式；再从剩余的 a_l-1 个粒子中抽出一个占据剩余的ω_l-1 个态，有ω_l-1 种占据方式；如此逐个抽取占据，直至最后一个(第a_l个)粒子占据剩余的$\omega_l-(a_l-1)$个状态，有ω_l-a_l+1 种占据方式. 这样统计出的总占据方式数为

$$W_l=\omega_l(\omega_l-1)\cdots(\omega_l-a_l+1).$$

应当注意到，在上述粒子抽取过程中，我们事实上已将粒子编号，即认为它们是可以分辨的，交换任何两个粒子的状态均会带来系统不同的微观态. 这种交换的总数为 $a_l!$. 考虑粒子的不可分辨性后，这 $a_l!$ 种交换只对应一个微观态. 因此，正确的占据方式数应是将上面统计的数目除以重复计算的占据方式倍数 $a_l!$. 于是得ε_l能级上粒子可能的占据方式数为

$$W_l=\frac{\omega_l(\omega_l-1)\cdots(\omega_l-a_l+1)}{a_l!}=\frac{\omega_l!}{a_l!(\omega_l-a_l)!}=C_{\omega_l}^{a_l}.$$

考虑所有能级，可得对于给定分布$\{a_l\}$时费米系统的微观状态数为

$$W_{\mathrm{F}}=\prod_l \frac{\omega_l!}{a_l!(\omega_l-a_l)!}=\prod_l C_{\omega_l}^{a_l}. \tag{7.1.9}$$

上述统计方法称为**费米统计法**，或称**费米-狄拉克统计法**.

3) 玻尔兹曼系统

当粒子的全同性在我们讨论的问题中不重要时，可以近似地认为它们是可以分辨的，或称定域子系统. 这种系统称为**玻尔兹曼系统**，或称**麦克斯韦-玻尔兹曼系统**. 尽管对这类系统的统计只是一种极限统计法，但因其应用广泛，人们将它列为与前两种系统不同的第三种统计法. 由于没有了全同性，这种系统在同一状态上可填充的粒子数自然也不会受到限制. 考虑能量为ε_l 的能级，首先从 a_l 个粒子中拿出一个占据ω_l个状态，有ω_l种方式；再从剩余的 a_l-1 个粒子中拿出一个占据ω_l个状态，也有ω_l种方式；不断重复这一过程，直到拿出最后一个粒子占据ω_l个状态，仍有ω_l种方式. 这样，可能的占据方式数为 $\omega_l^{a_l}$ 种. 考虑所有能级，得到总的占据方式数为

$$\prod_l \omega_l^{a_l} .$$

这里未计入不同能级粒子交换单粒子态的贡献. 对于可分辨的定域粒子系，这种交换带来新的微观态，总态数应乘以此交换数. 为计算此交换数，先考虑全部 N 个粒子的交换，交换数为 $N!$. 但是，这个数目中包含了同能级不同态粒子交换的贡献，数目为 $\prod_l a_l!$，它在前面的可识别抽取中已被计入. 所以，总态数应乘的交换数应为 $N!$ 除以这个数，即

$$\frac{N!}{\prod_l a_l!} .$$

将上面得到的方式数乘以这个倍数，即得分布 $\{a_l\}$ 的玻尔兹曼系统的微观状态数

$$W_{\mathrm{M}} = \frac{N!}{\prod_l a_l!} \prod_l \omega_l^{a_l} . \tag{7.1.10}$$

这种统计法完全忽略粒子的全同性质，与经典统计法相同，因此亦称为经典(或准经典)**麦克斯韦-玻尔兹曼统计法**，简称经典**麦-玻统计法**，有时也简称为玻尔兹曼统计法.

事实上，玻尔兹曼统计是玻色统计和费米统计在 $a_l \ll \omega_l$ 时的极限. 这时，单粒子态被占据的概率很小，因而不同粒子同时占据同一量子态的机会甚微，泡利不相容原理约束与否已不重要，两种统计法的区别消失. 我们将这一条件称为**非简并性条件**. 将此条件用于式(7.1.8)和式(7.1.9)，并将其近似结果与式(7.1.10)比较有

$$W_{\mathrm{B}} \approx W_{\mathrm{F}} \approx \frac{W_{\mathrm{M}}}{N!} . \tag{7.1.11}$$

由上式可看出：当非简并性条件满足时，相同分布下玻色与费米系统的微观状态数完全相同，其与玻尔兹曼系统的微观状态数也仅差一个与能级和分布无关的常数因子 $1/N!$. 这个因子是由全同性原理带来的. 因为我们在考虑定域子的玻尔兹曼统计时略去了全同性，所以微观态的计数多了 N 粒子互换总数倍. 如果计入全同性，仍认为粒子不可分辨，式(7.1.10)便成为

$$W_{\mathrm{M}} = \prod_l \frac{\omega_l^{a_l}}{a_l!} . \tag{7.1.12}$$

3. 量子统计分布

将微观状态数式(7.1.8)代入式(7.1.5)，可得玻色系统能量为 ε_l 能级的配分函数为

$$\mathrm{e}^{\varsigma_l}=\sum_{a_l=0}^{\infty}\frac{(\omega_l+a_l-1)!}{a_l!(\omega_l-1)!}\mathrm{e}^{-(\alpha+\beta\varepsilon_l)a_l}=(1-\mathrm{e}^{-\alpha-\beta\varepsilon_l})^{-\omega_l}. \tag{7.1.13a}$$

代入式(7.1.9)则得费米系统能量为ε_l能级的配分函数为

$$\mathrm{e}^{\varsigma_l}=\sum_{a_l=0}^{\infty}\frac{\omega_l!}{a_l!(\omega_l-a_l)!}\mathrm{e}^{-(\alpha+\beta\varepsilon_l)a_l}=(1+\mathrm{e}^{-\alpha-\beta\varepsilon_l})^{\omega_l}. \tag{7.1.13b}$$

两式合并可写第 l 能级配分函数的对数为

$$\varsigma_l=\mp\omega_l\ln(1\mp\mathrm{e}^{-\alpha-\beta\varepsilon_l}),\qquad \begin{cases}-, & \text{B.E.}\\ +, & \text{F.D.}\end{cases}. \tag{7.1.14}$$

此后用到符号$\mp$和$\pm$，上面代表**玻色-爱因斯坦统计**(简记为 B.E.)，下面代表**费米-狄拉克统计**(简记为 F.D.). 用式(7.1.6)又得系统配分函数的对数为

$$\varsigma=\mp\sum_l\omega_l\ln(1\mp\mathrm{e}^{-\alpha-\beta\varepsilon_l}), \tag{7.1.15}$$

巨配分函数为

$$\Xi=\mathrm{e}^{\varsigma}=\prod_l(1\mp\mathrm{e}^{-\alpha-\beta\varepsilon_l})^{\mp\omega_l}, \tag{7.1.16}$$

代入式(7.1.7)，则得粒子按能级的分布

$$\overline{a_l}=-\frac{\partial\varsigma_l}{\partial\alpha}=\frac{\omega_l}{\mathrm{e}^{\alpha+\beta\varepsilon_l}\mp1}. \tag{7.1.17}$$

此分布的分母取上、下符号分别称为**玻色**、**费米分布**. 前已指出ω_l 为单粒子能级ε_l的简并度. 若其无简并，即$\omega_l=1$，分布则成为

$$\overline{a_l}=\frac{1}{\mathrm{e}^{\alpha+\beta\varepsilon_l}\mp1}. \tag{7.1.18}$$

还可由玻色和费米系统的微观状态数式(7.1.8)及式(7.1.9)用类似于 3.3.2 节的最概然法导出玻色-爱因斯坦分布和费米-狄拉克分布式(7.1.17). 具体推导请见下文.

如前所述，当各能级的平均粒子数较能级简并度小得多，即$\overline{a_l}\ll\omega_l$时，微观状态数式(7.1.8)和式(7.1.9)趋向一个共同的近似结果

$$W_l\approx\frac{\omega_l^{a_l}}{a_l!}. \tag{7.1.19}$$

即**麦克斯韦-玻尔兹曼统计**. 定域的全同粒子属于此种统计. 式(7.1.5)成为

$$\mathrm{e}^{\varsigma_l}=\sum_{a_l=0}^{\infty}\frac{\omega_l^{a_l}}{a_l!}\mathrm{e}^{-(\alpha+\beta\varepsilon_l)a_l}=\exp(\omega_l\mathrm{e}^{-\alpha-\beta\varepsilon_l}),$$

$$\varsigma_l = \omega_l e^{-\alpha-\beta\varepsilon_l}, \qquad \varsigma = \sum_l \omega_l e^{-\alpha-\beta\varepsilon_l}. \tag{7.1.20}$$

粒子按能级的分布则为

$$\overline{a_l} = \varsigma_l = \omega_l e^{-\alpha-\beta\varepsilon_l}. \tag{7.1.21}$$

即式(3.3.7)，称为麦-玻分布.

这里用到的式(7.1.12)的微观状态数与经典麦克斯韦-玻尔兹曼统计的结果差一常数 $N!$. 上文已说明，这是因为在量子统计中考虑了粒子的全同性.

如果完全忽略全同性，微观状态数由式(7.1.10)给出，与经典统计法相同. 但是，仅此还不能说系统成为经典系统，因为粒子的运动应遵循量子力学规律(只是未考虑其自旋属性)，其能级可能还是量子化的. 如果粒子的运动可以用经典力学描述，量子统计才趋向经典统计. 这时，我们假定系统由 N 个自由度为 r 的同种粒子组成，其微观状态便可用连续变化的 rN 个广义坐标和 rN 个广义动量来描述. 将描述粒子运动的μ空间划分为一系列相格子，第 l 个格子的体积为

$$\Delta\omega_l = \Delta p_{1l}\Delta p_{2l}\cdots\Delta p_{rl}\Delta q_{1l}\Delta q_{2l}\cdots\Delta q_{rl}, \qquad l=1,2,\cdots.$$

根据 1.2 节给出的对应关系，$\Delta\omega_l$ 中可能的微观状态数为

$$\omega_l = \frac{\Delta\omega_l}{h^r} = \frac{\Delta p_{1l}\Delta p_{2l}\cdots\Delta p_{rl}\Delta q_{1l}\Delta q_{2l}\cdots\Delta q_{rl}}{h^r}.$$

如果 $\Delta\omega_l$ 足够小，其中各态的能量近似相等为ε_l，$\Delta\omega_l$ 包含的态数则对应式(7.1.10)中的简并度. 若 N 个粒子在各相格子的分布为$\{a_l\}$，系统的微观状态数则为

$$W_C = \frac{N!}{\prod_l a_l!}\prod_l \left(\frac{\Delta\omega_l}{h^r}\right)^{a_l}. \tag{7.1.22}$$

利用这个微观状态数进行计算，麦-玻分布式(7.1.21)成为

$$\overline{a_l} = e^{-\alpha-\beta\varepsilon_l}\frac{\Delta\omega_l}{h^r}. \tag{7.1.23}$$

与 3.3 节的结果相同.

热力学函数的计算表明：对玻尔兹曼系统，粒子的全同性对一般有微观量直接对应的宏观量(如内能、压强等)的计算不会产生影响，而对与微观状态数有关的量(如熵等)的数值有重要影响. 这一点，我们在 3.4 节的讨论中已经看到，忽略全同性的计数会导致熵与粒子数不成正比的佯谬，引入正确的玻尔兹曼计数，或者说考虑了量子力学的全同性，问题才得以解决.

4. 用最概然法导出量子统计分布

由等概率假设(微正则系综)出发，用最概然法亦可导出量子统计分布.

假定孤立系粒子数和能量分别为 N 和 E. 如 3.3 节所指出的，根据孤立系趋向平衡的事实，与未达平衡态时相比，平衡态时系统按能级的分布是概率最大的分布，即最概然分布. 考虑理想量子气体，记粒子按单粒子能级的分布为$\{a_l\}$，它所包含的微观态数为 $W(\{a_l\})$，体系粒子数和能量守恒关系可写为

$$N=\sum_l a_l$$

和

$$E_s=\sum_l a_l\varepsilon_l .$$

现在我们来求最概然分布. 由等概率假设可知，分布$\{a_l\}$的概率正比于相应的微观态数 $W(\{a_l\})$，因此最概然分布即 W 最大的分布，应满足以下极值条件：

$$\delta W(\{a_l\})=0 . \tag{7.1.24}$$

它等价于

$$\delta \ln W(\{a_l\})=0 , \tag{7.1.25}$$

同时，分布$\{a_l\}$还应该受到粒子数和能量守恒条件的约束，即

$$\sum_l a_l-N=0 \tag{7.1.26}$$

和

$$\sum_l \varepsilon_l a_l-E=0 , \tag{7.1.27}$$

式中，N、E 均为常数. 因此，求最概然分布的问题是一个条件极值问题，可用拉格朗日未定乘子法求解. 同 3.3 节的方法，引入拉格朗日乘子α和β，便有如下条件极值方程：

$$\delta\ln W-\alpha\delta\left(\sum_l a_l\right)-\beta\delta\left(\sum_l \varepsilon_l a_l\right)=0 , \tag{7.1.28}$$

式中，α和β分别由式(7.1.26)和式(7.1.27)确定.

上文已给出玻色系的微观状态数为

$$W_{\mathrm{B}}=\prod_l\frac{(\omega_l+a_l-1)!}{(\omega_l-1)!a_l!} , \tag{7.1.8}$$

因此有

$$\ln W_{\mathrm{B}}=\sum_l[\ln(\omega_l+a_l-1)!-\ln a_l!-\ln(\omega_l-1)!] ; \tag{7.1.29a}$$

费米系的微观状态数为

$$W_{\mathrm{F}}=\prod_{l}\frac{\omega_l\,!}{a_l\,!(\omega_l-a_l)!}, \tag{7.1.9}$$

因此

$$\ln W_{\mathrm{F}}=\sum_{l}[\ln\omega_l\,!-\ln a_l\,!-\ln(\omega_l-a_l)!]. \tag{7.1.29b}$$

假设 $a_l\gg 1$，$\omega_l\gg 1$，$\omega_l-a_l\gg 1$，运用斯特林公式，并将两式合并写为

$$\begin{aligned}\ln W&\approx\sum_{l}[\pm(\omega_l\pm a_l)\ln(\omega_l\pm a_l)-(a_l\ln a_l\pm\omega_l\ln\omega_l)]\\&=\sum_{l}\left(a_l\ln\frac{\omega_l\pm a_l}{a_l}\pm\omega_l\ln\frac{\omega_l\pm a_l}{\omega_l}\right).\end{aligned} \tag{7.1.30}$$

式中，上、下符号分别对应玻色和费米统计.

将式(7.1.30)代入式(7.1.28)可得

$$\sum_{l}\left[\ln\frac{(\omega_l\pm a_l)}{a_l}-\alpha-\beta\varepsilon_l\right]\delta a_l=0. \tag{7.1.31}$$

解出量子统计分布(l 能级占据数)为

$$a_l=\frac{\omega_l}{\mathrm{e}^{\alpha+\beta\varepsilon_l}\mp 1}. \tag{7.1.17b}$$

式中，分母取上、下符号分别为玻色–爱因斯坦分布和费米–狄拉克分布. 这样，我们就由最概然法导出了量子统计分布. 关于最概然法运用斯特林公式的弊病，请参阅 3.4 节最后部分的讨论.

5. 热力学函数

下面用巨正则分布计算费米和玻色系的基本热力学函数.

平均粒子数计算为

$$\overline{N}=-\frac{\partial\varsigma}{\partial\alpha}=\sum_{l}\frac{\omega_l}{\mathrm{e}^{\alpha+\beta\varepsilon_l}\mp 1}, \tag{7.1.32}$$

平均总能量即内能为

$$\overline{E}=-\frac{\partial\varsigma}{\partial\beta}=\sum_{l}\frac{\varepsilon_l\omega_l}{\mathrm{e}^{\alpha+\beta\varepsilon_l}\mp 1}, \tag{7.1.33}$$

压强的表达式为

$$p=\frac{1}{\beta}\frac{\partial\varsigma}{\partial V}=-\sum_{l}\frac{\omega_l}{\mathrm{e}^{\alpha+\beta\varepsilon_l}\mp 1}\frac{\partial\varepsilon_l}{\partial V}, \tag{7.1.34}$$

熵的表达式为

$$S = k\sum_l \left[\mp\omega_l \ln(1\mp \mathrm{e}^{-\alpha-\beta\varepsilon_l}) + \frac{\alpha\omega_l}{\mathrm{e}^{\alpha+\beta\varepsilon_l}\mp 1} + \frac{\beta\varepsilon_l\omega_l}{\mathrm{e}^{\alpha+\beta\varepsilon_l}\mp 1} \right]. \tag{7.1.35}$$

用式(7.1.8)和式(7.1.9)分别计算 $\ln W$，并与这里熵的表达式比较，两种统计法得到一个共同的结果

$$S = k\ln W . \tag{7.1.36}$$

这正是玻尔兹曼关系.

玻尔兹曼统计的基本热力学函数已在 3.4 节给出，此处不再重复.

6. 粒子数涨落

下面计算量子气体的涨落，主要考虑粒子数的涨落.

先计算各能级上粒子数的涨落$\overline{(a_l-\overline{a_l})^2}$. 为此，考虑

$$\overline{a_l^2} = \mathrm{e}^{-\varsigma_l}\frac{\partial^2}{\partial\alpha^2}\mathrm{e}^{\varsigma_l} = \frac{\partial^2\varsigma_l}{\partial\alpha^2} + \left(\frac{\partial\varsigma_l}{\partial\alpha}\right)^2 . \tag{7.1.37}$$

于是有

$$\overline{(a_l-\overline{a_l})^2} = \overline{a_l^2} - (\overline{a_l})^2 = \frac{\partial^2\varsigma_l}{\partial\alpha^2} = -\frac{\partial\overline{a_l}}{\partial\alpha} = \overline{a_l} \pm \frac{(\overline{a_l})^2}{\omega_l}. \tag{7.1.38}$$

当$\overline{a_l}\ll\omega_l$时，为非简并情形，这两种统计的结果近似相同，成为麦克斯韦-玻尔兹曼统计. 其相应的涨落为

$$\overline{(a_l-\overline{a_l})^2} = \overline{a_l} . \tag{7.1.39}$$

对不同能级上的粒子，我们有

$$\begin{aligned}
\overline{a_l a_m} &= \mathrm{e}^{-\varsigma_l}\mathrm{e}^{-\varsigma_m}\sum_{l,m} a_l a_m \mathrm{e}^{-(\alpha+\beta\varepsilon_l)a_l}\mathrm{e}^{-(\alpha+\beta\varepsilon_m)a_m} \\
&= \left[\mathrm{e}^{-\varsigma_l}\sum_l a_l \mathrm{e}^{-(\alpha+\beta\varepsilon_l)a_l}\right]\left[\mathrm{e}^{-\varsigma_m}\sum_m a_m \mathrm{e}^{-(\alpha+\beta\varepsilon_m)a_m}\right] \\
&= \overline{a_l}\,\overline{a_m}.
\end{aligned}$$

于是

$$\overline{(a_l-\overline{a_l})(a_m-\overline{a_m})} = \overline{a_l a_m} - \overline{a_l}\,\overline{a_m} = 0 . \tag{7.1.40}$$

下面计算体系总粒子数的涨落. 6.2 节已给出巨正则系综粒子数涨落的一般计算公式

$$\overline{N^2}-(\overline{N})^2=\frac{\partial^2\varsigma}{\partial\alpha^2}=-\frac{\partial\overline{N}}{\partial\alpha}.$$

将式(7.1.32)代入，则有

$$\overline{N^2}-(\overline{N})^2=-\frac{\partial}{\partial\alpha}\left[\sum_l\frac{\omega_l}{e^{\alpha+\beta\varepsilon_l}\mp1}\right]=-\sum_l\frac{\partial\overline{a_l}}{\partial\alpha}=\sum_l\left[\overline{a_l}\pm\frac{(\overline{a_l})^2}{\omega_l}\right],\tag{7.1.41}$$

相对涨落则为

$$\frac{\overline{N^2}-(\overline{N})^2}{(\overline{N})^2}=\frac{1}{(\overline{N})^2}\sum_l\overline{a_l}\left(1\pm\frac{\overline{a_l}}{\omega_l}\right).\tag{7.1.42}$$

当 $\overline{a_l}\ll\omega_l$ 时，两种统计法趋向一个共同的极限——麦-玻统计法，式(7.1.42)求和中括弧内后项趋零，相对涨落成为

$$\frac{\overline{N^2}-(\overline{N})^2}{(\overline{N})^2}=\frac{1}{(\overline{N})^2}\sum_l\overline{a_l}=\frac{1}{\overline{N}}\ll1.\tag{7.1.43}$$

7.2　固体的热容量

本节用统计物理理论来研究固体的热容量. 组成固体的原子或离子通常排列成周期性的点阵，称为晶格. 原子或离子可在点阵的格点上围绕其平衡位置作微小的振动. 设一固体由 N 个原子组成，其运动自由度则为 $3N$. 在研究晶格的小振动时，可通过“**简正变换**”，用 $3N$ 个“**简正坐标**”(每自由度有一简正坐标)来描述其振动，称为**简正振动**. 作为初级近似，可认为各原子或离子的振动是由这 $3N$ 个“简正坐标”上相互独立的简谐振动叠加而成的. 从统计物理的角度，可以将此系统视为由 $3N$ 个独立振子(子系)组成的系统①. 我们可以通过研究振子系来研究晶格(固体)的热学性质. 下面分别从经典和量子的角度来讨论系统的热容量.

1. 经典能均分定理结果

若用经典力学理论描述每一个振动自由度，其能量(简谐振动能量)表达式为

$$\varepsilon=\frac{1}{2m}p^2+\frac{1}{2}m\omega^2q^2,\tag{7.2.1}$$

式中，m 和 ω 分别为振子的质量和频率，q 和 p 则为其广义坐标和动量.

式(7.2.1)包含动能和势能两个平方项. 根据经典能均分定理，立即可得每自由度的振动平均能量为 $\overline{\varepsilon}=kT$. 系统的平均总能量即内能则为

① 关于晶格振动可参阅有关固体物理书籍，例如，黄昆，韩汝琦. 1988. 固体物理学. 北京：高等教育出版社.

$$\bar{E} = 3NkT \, . \tag{7.2.2}$$

进而可算出固体的定容热容量

$$C_V = \left(\frac{\partial \bar{E}}{\partial T}\right)_V = 3Nk \, . \tag{7.2.3}$$

上述结论在室温和高于室温的温度范围与实验结果**杜隆**(Dulong)-**珀蒂**(Petit)定律一致，而在低温情形与实验结果严重偏离. 实验事实是：在低温极限下，即 $T \to 0$ 时，对于金属固体，$C_V \propto T$；对于非金属固体，$C_V \propto T^3$.

2. 爱因斯坦理论

为解决经典理论在研究低温极限下固体热容量遇到的困难，爱因斯坦于 1907 年提出了固体热容量量子理论的一个简单模型. 该模型假设晶格振动的 $3N$ 个谐振子频率均为 ω_{E}(后人称其为**爱因斯坦特征频率**)，量子谐振子的能量为

$$\varepsilon_n = \hbar\omega_{\mathrm{E}}\left(n + \frac{1}{2}\right), \qquad n = 0, 1, 2, \cdots .$$

$3N$ 个谐振子组成的系统可视为近独立子系，采用正则系综研究之. 应用式(3.3.4)，谐振子配分函数可写为

$$z = \sum_{n=0}^{\infty} \mathrm{e}^{-\beta\hbar\omega_{\mathrm{E}}(n+1/2)} = \frac{\mathrm{e}^{-\beta\hbar\omega_{\mathrm{E}}/2}}{1 - \mathrm{e}^{-\beta\hbar\omega_{\mathrm{E}}}} \, . \tag{7.2.4}$$

用式(3.4.1)可计算系统的内能为

$$\bar{E} = \frac{3}{2}N\hbar\omega_{\mathrm{E}} + \frac{3N\hbar\omega_{\mathrm{E}}}{\mathrm{e}^{\beta\hbar\omega_{\mathrm{E}}} - 1} \, . \tag{7.2.5}$$

上式右端第一项为 $3N$ 个谐振子的零点能，对热容量无贡献. 故有

$$C_V = \left(\frac{\partial \bar{E}}{\partial T}\right)_V = 3Nk\left(\frac{\hbar\omega_{\mathrm{E}}}{kT}\right)^2 \frac{\mathrm{e}^{\hbar\omega_{\mathrm{E}}/kT}}{(\mathrm{e}^{\hbar\omega_{\mathrm{E}}/kT} - 1)^2} \, . \tag{7.2.6}$$

记 $\hbar\omega_{\mathrm{E}} = k\theta_{\mathrm{E}}$，其中 θ_{E} 称为**爱因斯坦特征温度**[①]. 典型的爱因斯坦特征温度如金刚石为 1316K，铝为 303K，铅为 62K. 引入特征温度后，式(7.2.6)可改写为

$$C_V = 3Nk\left(\frac{\theta_{\mathrm{E}}}{T}\right)^2 \frac{\mathrm{e}^{\theta_{\mathrm{E}}/T}}{(\mathrm{e}^{\theta_{\mathrm{E}}/T} - 1)^2} \, . \tag{7.2.7}$$

现在考查式(7.2.7)的极限情形. 对于高温极限，即 $T \gg \theta_{\mathrm{E}}$，可有

---

① ω_{E} 可由固体的弹性常数、杨氏模量、原子质量和晶格常数定出，从而求得特征温度，见：Mandl F. 1981. 统计物理学. 范印哲，译. 北京：人民教育出版社, 170.

$$e^{\theta_E/T}-1\approx\theta_E/T ,$$

式(7.2.7)化为

$$C_V\approx 3Nk .$$

此式与经典能均分定理结果式(7.2.3)一致，即杜隆-珀蒂定律. 这是因为在高温极限下，谐振子能级间距 $\hbar\omega_E$ 远远小于表征热运动的能量 kT，能级可视为准连续，可以忽略谐振子的量子效应.

对于低温极限，即 $T\ll\theta_E$，可有

$$e^{\theta_E/T}-1\approx e^{\theta_E/T} .$$

整理式(7.2.7)，可得

$$C_V\approx 3Nk\left(\frac{\theta_E}{T}\right)^2 e^{-\theta_E/T} . \tag{7.2.8}$$

由式(7.2.8)不难看出，当 $T\to 0$ 时，C_V 随温度以指数方式趋于零. 这一结论与低温极限下固体比热容随温度趋于绝对零度而趋零的实验结果定性相符. 这是因为在低温时，谐振子能级间距 $\hbar\omega_E$ 远大于表征热运动的能量 kT. 这时量子效应非常显著，热运动将谐振子从基态激发到较高能态(激发态)的概率随温度降低而迅速下降，直至趋于零. 爱因斯坦关于固体比热容的理论与经典理论有本质区别，它考虑了晶格振动的量子性，因而获得了比热容随温度趋于零的结果. 但是，它所给出的热容量随温度趋零的速度太快，也就是说趋于零的方式定量不正确. 原因是其晶格振动模型过于简单，关于所有谐振子以相同频率振动的假设与实际情况有较大偏差.

3. 德拜理论

对爱因斯坦比热容理论的改进是考虑固体中原子的振动可能有多种频率. 事实上，与固体中 N 个原子集体振动联系的 $3N$ 个简正振动的频率往往是不同的. 每个简正振动有自己的特征频率，其运动可用相应的谐振子表述. 根据式(1.2.10)，第 i 个谐振子处于 n_i 态的能量为

$$\hbar\omega_i\left(n_i+\frac{1}{2}\right),\qquad n_i=0,1,2,\cdots.$$

其中，ω_i 为谐振子的特征频率. 谐振子系统的能量为

$$E=\sum_{i=1}^{3N}\hbar\omega_i\left(n_i+\frac{1}{2}\right),\qquad n_i=0,1,2,\cdots. \tag{7.2.9}$$

若用 $\{n_i\}$ 表示 $3N$ 个谐振子处于各个可能状态的所有组合，由式(3.1.5)可计算系统的配分函数为

$$\begin{aligned} Z &= \sum_s \mathrm{e}^{-\beta E_s} = \sum_{\{n_i\}} \mathrm{e}^{-\beta \sum_i \hbar\omega_i (n_i+1/2)} \\ &= \sum_{\{n_i\}} \prod_i \mathrm{e}^{-\beta\hbar\omega_i (n_i+1/2)} = \prod_i \sum_{n_i=0}^{\infty} \mathrm{e}^{-\beta\hbar\omega_i (n_i+1/2)} \\ &= \prod_i \frac{\mathrm{e}^{-\beta\hbar\omega_i/2}}{1-\mathrm{e}^{-\beta\hbar\omega_i}} = \prod_i \frac{\mathrm{e}^{\beta\hbar\omega_i/2}}{\mathrm{e}^{\beta\hbar\omega_i}-1}. \end{aligned} \tag{7.2.10}$$

晶格振动对固体内能的贡献为

$$\begin{aligned} \overline{E} &= -\frac{\partial}{\partial\beta}\ln Z = \sum_{i=1}^{3N}\left(\frac{1}{2}\hbar\omega_i + \frac{\hbar\omega_i}{\mathrm{e}^{\beta\hbar\omega_i}-1}\right) \\ &= \overline{E_0} + \sum_{i=1}^{3N}\frac{\hbar\omega_i}{\mathrm{e}^{\beta\hbar\omega_i}-1}, \end{aligned} \tag{7.2.11}$$

式中，$\overline{E_0}$ 为 $3N$ 个谐振子的**零点振动**能量之和，它与温度无关，对热容量无贡献.

德拜(Debye)于 1912 年提出了计算式(7.2.11)的一个简单方法. 他假设：联系晶格振动的 $3N$ 个简正模为一系列低频振动，其在固体中传播的波长远大于晶格常数，可以将固体视为连续介质，$3N$ 个简正振动即可看作**弹性波**. 通常称低频弹性波为**声波**，德拜理论正是以人们对固体中的声波有了较深入的了解为基础的. 为了简单起见，我们假设固体为均匀的各向同性连续介质，这时弹性波的传播速度与其传播方向无关. 弹性波分为**纵波**(压缩波)和**横波**(切变波)，纵波有一个振动方向，横波有两个偏振方向. 仿照 1.2 节推导式(1.2.25)的过程，将微观粒子在动量空间的微观状态数转换为弹性波在波矢空间的振动模式数，再用式(1.2.1)，可得给定偏振方向的一种弹性波在波矢 $k\sim k+\mathrm{d}k$ 内的振动模式数为

$$\frac{Vk^2}{2\pi^2}\mathrm{d}k\,. \tag{7.2.12}$$

由弹性波理论可知纵波与横波分别满足以下关系：

$$\omega_{\mathrm{L}} = c_{\mathrm{L}}k, \qquad \omega_{\mathrm{T}} = c_{\mathrm{T}}k\,. \tag{7.2.13}$$

式中，c_{L} 和 c_{T} 分别为纵波和横波的相速度. 将式(7.2.13)代入式(7.2.12)，计入横波的两个偏振方向，便得频率范围 $\omega\sim\omega+\mathrm{d}\omega$ 内的振动模式数

$$D(\omega)\mathrm{d}\omega = \frac{V}{2\pi^2}\left(\frac{1}{c_{\mathrm{L}}^3}+\frac{2}{c_{\mathrm{T}}^3}\right)\omega^2\mathrm{d}\omega = B\omega^2\mathrm{d}\omega\,, \tag{7.2.14}$$

式中，$D(\omega)$ 称为弹性波的**态密度**. 由于弹性波总数为有限数 $3N$，故而 ω 应有一上限，记作 ω_{D}，称为**德拜频率**. 由式(7.2.14)可得

$$\int_0^{\omega_D} B\omega^2 \mathrm{d}\omega = 3N\ ,$$

所以

$$\omega_D = \sqrt[3]{9N/B}\ . \tag{7.2.15}$$

将式(7.2.11)中的求和化为积分，即

$$\sum_{i=1}^{3N} \cdots \to \int_0^{\omega_D} \cdots D(\omega)\mathrm{d}\omega\ .$$

再引入记号 $\hbar\omega/kT = y$ 和 $\hbar\omega_D/kT = \theta_D/T = x$，其中 θ_D 称为**德拜特征温度**，可有

$$\begin{aligned}\sum_{i=1}^{3N} \frac{\hbar\omega_i}{\mathrm{e}^{\beta\hbar\omega_i} - 1} &= \int_0^{\omega_D} \frac{\hbar\omega}{\mathrm{e}^{\hbar\omega/kT} - 1} D(\omega)\mathrm{d}\omega \\ &= 3NkT \frac{3}{x^3} \int_0^x \frac{y^3}{\mathrm{e}^y - 1} \mathrm{d}y = 3NkT\mathscr{D}(x),\end{aligned} \tag{7.2.16}$$

式中

$$\mathscr{D}(x) = \frac{3}{x^3} \int_0^x \frac{y^3}{\mathrm{e}^y - 1} \mathrm{d}y \tag{7.2.17}$$

称为**德拜函数**. 利用式(7.2.16)可将式(7.2.11)写为

$$\bar{E} = \overline{E_0} + 3NkT\mathscr{D}(x)\ . \tag{7.2.18}$$

下面讨论两种极限情形：

对于高温极限，$T \gg \theta_D$，式(7.2.17)中的 $x \ll 1$，可得

$$\mathscr{D}(x) \approx \frac{3}{x^3} \int_0^x y^2 \mathrm{d}y = 1\ .$$

式(7.2.18)化为

$$\bar{E} \approx \overline{E_0} + 3NkT\ .$$

由热容量的定义易得

$$C_V \approx 3Nk\ .$$

上式与**杜隆-珀蒂**定律即经典能均分定理的结果相同.

在低温极限下，$T \ll \theta_D$，式(7.2.17)中的 $x \gg 1$，因此积分上限可近似地取为无穷大，不难得到

$$\mathscr{D}(x) \approx \frac{3}{x^3} \int_0^\infty \frac{y^3}{\mathrm{e}^y - 1} \mathrm{d}y = \frac{\pi^4}{5} \left(\frac{T}{\theta_D} \right)^3 .$$

式(7.2.18)化为

$$\overline{E} \approx \overline{E_0} + 3NkT\frac{\pi^4}{5}\left(\frac{T}{\theta_D}\right)^3. \tag{7.2.19}$$

于是得

$$C_V \approx 3Nk\frac{4\pi^4}{5}\left(\frac{T}{\theta_D}\right)^3 \propto T^3. \tag{7.2.20}$$

这一结果指出：德拜理论获得的固体热容量在低温时与绝对温度的三次方成正比. 这个结论与非金属固体的比热容实验结果吻合. 对于金属固体，当 T>3K 时，德拜理论与实验结果符合较好. 当 T<3K 时，它与实验结果定性相符，且明显地优于爱因斯坦理论，但与实验结果仍有偏离. 实际测量的结果为

$$C_V \propto T.$$

为了获得与实验完全相符的理论结果，还必须考虑金属中电子对热容量的贡献，具体计算留待后文介绍.

表 7.1 列出由一些物质的热容量得到的德拜特征温度. 根据表 7.1 和式(7.2.18)计算在不同温度时晶格振动对单质固体(特别是简单固体)热容量的贡献，结果与实验较好地吻合. 还应指出，事实上德拜特征温度 θ_D 与温度有关. 但在通常情况下，它随温度的变化不超过 10%，因此德拜理论能给出较好的结果.

表 7.1　部分物质的德拜特征温度 θ_D

物质	Pb	Ag	Zn	Cu	Al	C	NaCl	KCl	MgO
θ_D/K	88	215	308	345	398	～1850	308	233	～850

用德拜理论讨论固体的热容量是一个较好的近似. 特别是在低温情况下，它可以给出比较满意的结果. 这是由于在低温时，只有低频振动模对热容量有贡献，用连续介质弹性波描述晶格特征振动是较好的近似. 对于化合物固体，晶格振动中既有低频部分，又有高频部分，此时 θ_D 随温度的变化较大，德拜理论与实验结果偏离也较大，反映出德拜连续介质模型的缺欠.

图 7-2 给出铝的晶格振动频谱(态密度)，其中虚线为德拜频谱，实线为在 300K 时用 X 射线测量的结果. 由图可见，在低频范围内德拜频谱与实际测量结果非常吻合，但在高频范围二者相差较大. 不过由于热容量对频谱的影响不很敏感，在高温极限和低温极限之间，德拜理论仍能给出满意的内插结果. 图 7-3 给出爱因斯坦理论(虚线)、德拜理论(实线)和铜的实验结果(圆圈)以作比较.

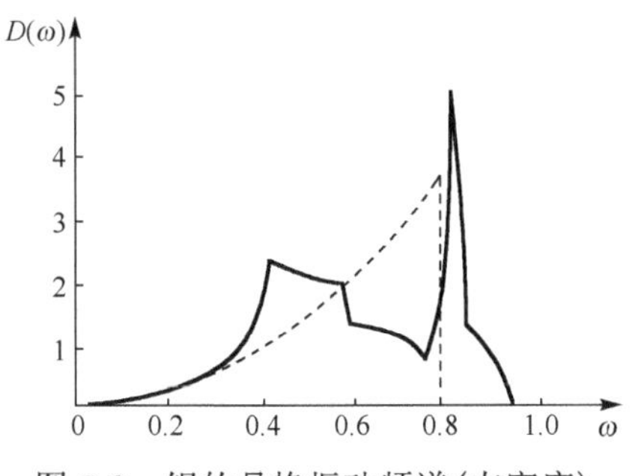

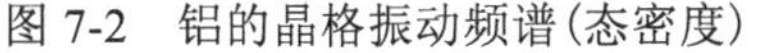

图 7-2　铝的晶格振动频谱(态密度)

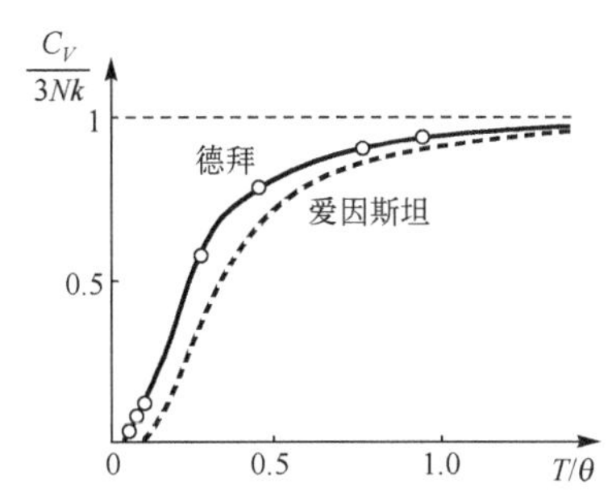

图 7-3　热容量理论值与实验结果的定性比较

7.3　光 子 气 体

本节讨论电磁辐射场即光子场的问题. 辐射场包含各种相互独立的不同频率的振动模式，根据量子理论，各振动模式的能量是量子化的. 它们只能按某个基本能量的整数倍增加. 我们将每增加一份基本能量视作激发了一个粒子，并把这种粒子称为光子. 这样，辐射场就被看成是含有一定数量的各种频率的光子的系统. 因为各振动模式之间相互独立，故将光子系作为理想气体来处理是适宜的. 这类体系具有如下特征：

(1) 光子之间无相互作用，系统为近独立粒子系，是理想气体.

(2) 光子没有经典粒子对应，因此光子气体总是简并气，是典型的量子体系.

(3) 光子的静止质量为零，频率为 ν 的光子的能量为 $\varepsilon = h\nu$，动量为 $p = h\nu/c$，c 为光速.

(4) 光子不受泡利不相容原理的约束，因此是玻色子，其自旋为 1. 因为电磁波只有两个偏振方向，即自由度为 2，所以光子只有两个自旋态，自旋投影取零的态是非物理态.

(5) 光子数目不守恒. 即使体系总能量固定，由于各频率之间的能量分布可有涨落，光子的数目还是不定的.

1. 黑体辐射的普朗克公式

绝对温度不为零的任何物体均可辐射(放出)电磁波，这种现象称为**热辐射**. $T>500$℃时辐射可见光，$T<500$℃时辐射红外线. 同时，物体还吸收电磁波. 只吸收电磁波而不向外界辐射的物体称为**黑体**. 空腔为典型的黑体. 当腔内辐射与吸收达到平衡时，称为**平衡辐射**. 这种黑体辐射是有确定能量光子场的典型例子. 经典的热辐射理论不能正确地解释黑体辐射能谱的短波部分，成为经典理论的一大困难. 这一困难只有用量子论才能解决.

我们考虑的黑体辐射事实上是一个等温等体的系统，达到平衡时的热力学条件是自由能对平均粒子数取变分极小，即

$$\left(\frac{\partial F}{\partial \overline{N}}\right)_{T,V}=0.$$

又

$$\mu=\left(\frac{\partial F}{\partial \overline{N}}\right)_{T,V},$$

故有$\mu=0$，即$\alpha=0$.

根据量子统计法，光子系的第 l 个振动频率ν_l的平均光子数为

$$\overline{a_l}=\frac{\omega_l}{\mathrm{e}^{\beta h\nu_l}-1}. \tag{7.3.1}$$

光子系的总能量则为

$$\overline{E}=\sum_l\frac{\omega_l h\nu_l}{\mathrm{e}^{\beta h\nu_l}-1}. \tag{7.3.2}$$

辐射场的频率允许值十分密集，可以视为准连续. 定义光子态密度 $g(\nu)$，即频率在 $\nu\sim\nu+\mathrm{d}\nu$ 范围内的光子态数为 $g(\nu)\mathrm{d}\nu$. 在动量空间中，考虑到光子动量态的简并度为 2(两个偏振方向)，在体积 V 内动量壳层 $p\sim p+\mathrm{d}p$ 中的光子态数应为

$$\frac{2V}{h^3}4\pi p^2\mathrm{d}p.$$

相应地有

$$g(\nu)\mathrm{d}\nu=\frac{8\pi V}{c^3}\nu^2\mathrm{d}\nu.$$

在此范围内光子数的平均值为

$$\mathrm{d}N=\frac{1}{\mathrm{e}^{\beta h\nu}-1}\frac{8\pi V}{c^3}\nu^2\mathrm{d}\nu.$$

因此可得在这一频率范围的辐射能

$$\mathrm{d}E_\nu=E_\nu\mathrm{d}\nu=\frac{8\pi V}{c^3}\frac{h\nu}{\mathrm{e}^{\beta h\nu}-1}\nu^2\mathrm{d}\nu. \tag{7.3.3}$$

此式称为**黑体辐射**的**普朗克公式**.

在高温(低频)时，$h\nu/kT\ll 1$，则有

$$E_\nu\mathrm{d}\nu\approx\frac{8\pi V}{c^3}\nu^2 kT\mathrm{d}\nu. \tag{7.3.4}$$

上式称为**瑞利**(Rayleigh)**-金斯**(Jeans)公式.

低温(高频)时，$h\nu/kT \gg 1$，则有

$$E_\nu \mathrm{d}\nu \approx \frac{8\pi V}{c^3} h\nu^3 \mathrm{e}^{-h\nu/kT} \mathrm{d}\nu . \tag{7.3.5}$$

此式与维恩首先根据实验结果拟合给出的公式相同，称为**维恩**(Wien)**公式**.

由上面的分析可见，量子统计理论不仅在高温段，而且在低温段，都得到与实验吻合的结果.

对式(7.3.3)积分可得辐射的总能量为

$$E = \int_0^\infty \frac{8\pi V}{c^3} \frac{h\nu}{\mathrm{e}^{\beta h\nu} - 1} \nu^2 \mathrm{d}\nu .$$

为便于计算，引入变量 $x = h\nu/kT$，则得

$$E = \frac{8\pi V}{c^3} \frac{k^4 T^4}{h^3} \int_0^\infty \frac{x^3}{\mathrm{e}^x - 1} \mathrm{d}x = \frac{8\pi V}{c^3} \frac{(kT)^4}{h^3} \frac{\pi^4}{15} = \alpha T^4 V , \tag{7.3.6}$$

式中

$$\alpha = \frac{8\pi^5 k^4}{15 c^3 h^3} .$$

定义**辐射通量密度**为单位时间内通过单位面积向一侧辐射的总能量，记作 J. 考虑通过面积 $\mathrm{d}A$、沿与面法线夹角θ的方向辐射的电磁波，其在单位时间内通过该面积辐射的能量则为 $c\cos\theta \mathrm{d}AE/V$. 平均而言，在单位时间内通过 $\mathrm{d}A$ 向 $\mathrm{d}\Omega$ 立体角内辐射的能量应为 $c\cos\theta \mathrm{d}A(E/V)\mathrm{d}\Omega/(4\pi)$. 于是，通过该面积的总辐射能量为

$$\begin{aligned} J\mathrm{d}A &= c\frac{E}{V}\frac{\mathrm{d}A}{4\pi}\int\cos\theta \mathrm{d}\Omega = c\frac{E}{V}\frac{\mathrm{d}A}{4\pi}\int_0^{\pi/2}\cos\theta\sin\theta \mathrm{d}\theta\int_0^{2\pi}\mathrm{d}\varphi \\ &= \frac{1}{4}\frac{E}{V}c\mathrm{d}A. \end{aligned}$$

因此，辐射通量密度为

$$J = \frac{1}{4}\frac{E}{V}c .$$

将式(7.3.6)代入上式，则有

$$J = \sigma T^4 , \tag{7.3.7}$$

式中

$$\sigma = \frac{2\pi^5 k^4}{15 c^2 h^3} . \tag{7.3.8}$$

这就是黑体辐射的**斯特藩**(Stefan)**公式**.

还可由式(7.3.3)求出辐射能按波长的分布. 波长在$\lambda\sim\lambda+\mathrm{d}\lambda$的辐射能为

$$E_\lambda \mathrm{d}\lambda = \frac{8\pi Vhc}{\lambda^5}\frac{\mathrm{d}\lambda}{\mathrm{e}^{hc/\lambda kT}-1}. \tag{7.3.9}$$

辐射能按波长的分布E_λ有极大值，此时的波长λ_m满足条件

$$\left.\frac{\mathrm{d}E_\lambda}{\mathrm{d}\lambda}\right|_{\lambda=\lambda_m}=0. \tag{7.3.10}$$

记$u=hc/\lambda_m kT$，则有

$$1-\frac{u}{5}-\mathrm{e}^{-u}=0.$$

可解出

$$u=4.965114.$$

不难得到

$$\lambda_m T = 0.28978\mathrm{cm}\cdot\mathrm{K}. \tag{7.3.11}$$

由此可见，λ_m随温度的增加而减小，即向短波方向移动. 式(7.3.11)称为**维恩位移律**. 实验已证明了它的正确性. 图 7-4 描述了维恩位移律的定性特征.

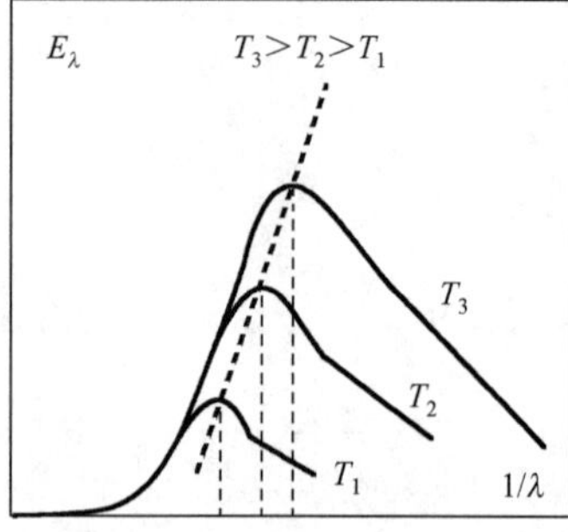

图 7-4 不同温度的E_λ-$1/\lambda$曲线($T_3>T_2>T_1$)

2. 光子系热力学

光子系的巨配分函数之对数为

$$\begin{aligned}\varsigma &= -\sum_l \omega_l \ln(1-\mathrm{e}^{-\beta\varepsilon_l}) = -\int_0^\infty g(\nu)\ln(1-\mathrm{e}^{-\beta h\nu})\mathrm{d}\nu \\ &= -\frac{8\pi V}{c^3}\int_0^\infty \nu^2\ln(1-\mathrm{e}^{-\beta h\nu})\mathrm{d}\nu = -\frac{8\pi V}{c^3}\int_0^\infty\left[-\sum_{l=1}^\infty\frac{\mathrm{e}^{-l\beta h\nu}}{l}\right]\nu^2\mathrm{d}\nu \\ &= \frac{8\pi^5 V}{45c^3h^3\beta^3}.\end{aligned} \tag{7.3.12}$$

由它可求得各热力学函数为

$$\bar{E} = -\frac{\partial\varsigma}{\partial\beta} = \frac{8\pi^5 V}{15c^3h^3}k^4T^4 = 3kT\varsigma. \tag{7.3.13}$$

$$p = \frac{1}{\beta}\frac{\partial\varsigma}{\partial V} = \frac{8\pi^5}{45c^3h^3}k^4T^4 = \frac{\bar{E}}{3V}. \tag{7.3.14}$$

$$S = \frac{32\pi^5 Vk}{45c^3h^3\beta^3} = \frac{32}{45}\pi^5 V\left(\frac{kT}{hc}\right)^3 k. \tag{7.3.15}$$

7.4　金属自由电子气

金属中的电子是最典型的费米子. 作为一种初级近似，可以略去电子之间的相互作用，将其视为**理想费米气体**. 本节将用量子统计法研究这种体系的热力学性质. 这里，我们着重考虑其对热容量的贡献.

1. 费米函数

如 7.1 节所给，自由电子气巨配分函数的对数为

$$\varsigma = \sum_l \omega_l \ln(1 + \mathrm{e}^{-\alpha - \beta\varepsilon_l}). \tag{7.4.1}$$

据量子力学的计算，自由电子的动量乃至能级是准连续的，因此上式中的求和可以通过动量空间的积分来计算. 为实现这一计算，我们首先考虑态密度. 由 1.2 节的讨论知道，电子的自旋为 1/2，在三维μ空间内，每个单粒子态所占据的体积为 h^3，因此在体积元 dxdydz 中、动量范围 p～p+dp 内，单电子的状态数为

$$\frac{8\pi}{h^3}p^2\mathrm{d}x\mathrm{d}y\mathrm{d}z\mathrm{d}p = \frac{4\pi}{h^3}(2m)^{3/2}\varepsilon^{1/2}\mathrm{d}\varepsilon\mathrm{d}x\mathrm{d}y\mathrm{d}z$$

为简单起见，这里已假定电子无自旋以外的内部自由度，而自旋态简并(简并度为 2). 引入态密度 $g(\varepsilon)$，其意义为在整个金属体积 V 中、能量处于ε～ε+dε 内电子态的数目为 $g(\varepsilon)\mathrm{d}\varepsilon$. 显然有

$$g(\varepsilon) = \frac{4\pi V}{h^3}(2m)^{3/2}\varepsilon^{1/2}. \tag{7.4.2}$$

利用上述关系，式(7.4.1)可写为

$$\varsigma = \frac{4\pi V}{h^3}(2m)^{3/2}\int_0^\infty \varepsilon^{1/2}\ln(1 + \mathrm{e}^{-\alpha - \beta\varepsilon})\mathrm{d}\varepsilon. \tag{7.4.1a}$$

电子按能级的分布为**费米分布**

$$\overline{a_l} = \frac{\omega_l}{\mathrm{e}^{\alpha + \beta\varepsilon_l} + 1}. \tag{7.4.3}$$

因此，在上述能量范围内的平均电子数为

$$\mathrm{d}N(\varepsilon) = fg(\varepsilon)\mathrm{d}\varepsilon. \tag{7.4.4}$$

这里定义了**费米函数**

$$f = \frac{1}{\mathrm{e}^{\beta(\varepsilon - \mu)} + 1}, \tag{7.4.5}$$

式中，μ 为化学势，与α的关系是

$$\alpha = -\beta\mu,$$

且有$\beta = 1/kT$. 化学势的数值可由电子总数守恒的条件

$$N = \sum_l a_l = \int_0^\infty fg(\varepsilon)\mathrm{d}\varepsilon = \frac{4\pi V}{h^3}(2m)^{3/2}\int_0^\infty \frac{\varepsilon^{1/2}\mathrm{d}\varepsilon}{\mathrm{e}^{\beta(\varepsilon-\mu)}+1} \tag{7.4.6}$$

来确定. 费米函数描述电子分布的性质，其随能量变化的行为还与温度有关. 图 7-5 绘出了费米函数的定性曲线.

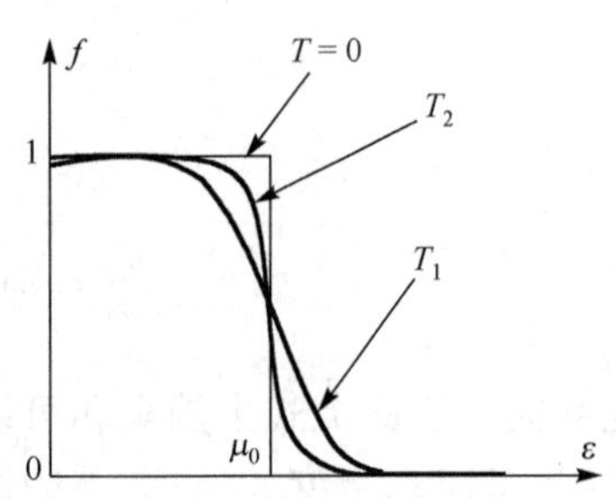

图 7-5 费米函数定性曲线($T_1>T_2>0$)

由图可见，当 $T\to 0$ 时，曲线趋于台阶形，在$\varepsilon = \mu_0$处突变，即

$$f = \begin{cases} 1, & \varepsilon \leqslant \mu_0, \\ 0, & \varepsilon > \mu_0, \end{cases} \tag{7.4.7}$$

式中，μ_0 是 $T = 0$ 时的化学势. 随着温度的升高，突变点消失，在$\varepsilon = \mu$ 处有一拐点. 温度越高，曲线越渐平滑.

2. 绝对零度时的电子气

在 T=0 时，式(7.4.6)成为

$$N = \int_0^{\mu_0} g(\varepsilon)\mathrm{d}\varepsilon = \frac{4\pi V}{h^3}(2m)^{3/2}\int_0^{\mu_0}\varepsilon^{1/2}\mathrm{d}\varepsilon = \frac{8\pi V}{3h^3}(2m)^{3/2}\mu_0^{3/2}. \tag{7.4.8}$$

由此可解出μ_0作为粒子数 N 的函数

$$\mu_0 = \frac{h^2}{8m}\left(\frac{3N}{\pi V}\right)^{2/3}. \tag{7.4.9}$$

电子从最低能级$\varepsilon = 0$ 开始按每能级两个逐级填充，直至全部填完. 最高能级为μ_0，以上的能级全空. μ_0 又称为**费米能级**，记作ε_{F}. 它所对应的动量是 p_{F}，称为**费米动量**. 根据自由电子的能量与动量之关系ε=$p^2/2m$，电子在动量空间所占据的区域是一个半径为费米动量的球，称为费米球. 球的表面称为**费米面**.

由式(7.4.9)可以算出费米动量为

$$p_{\mathrm{F}} = \sqrt{2m\varepsilon_{\mathrm{F}}} = h\left(\frac{3N}{8\pi V}\right)^{1/3}. \tag{7.4.10}$$

容易算出 T=0 时电子气的内能

$$E = \int_0^{\mu_0}\varepsilon g(\varepsilon)\mathrm{d}\varepsilon = \frac{4\pi V}{h^3}(2m)^{3/2}\int_0^{\mu_0}\varepsilon^{3/2}\mathrm{d}\varepsilon = \frac{3}{5}N\mu_0 = \frac{3}{5}N\varepsilon_{\mathrm{F}}. \tag{7.4.11}$$

电子的平均能量则为

$$\overline{\varepsilon}=\frac{3}{5}\mu_0=\frac{3}{5}\varepsilon_{\mathrm{F}}. \tag{7.4.12}$$

这就是说，费米气的基态能量并不是零. 这是由于泡利不相容原理带来了排斥作用，导致电子即使在绝对零度仍在做激烈运动. 可以估算出(请读者自己估算)，T=0 时电子的平均速率约为 10^8cm/s.

3. 电子热容量

现在计算电子对热容量的贡献. 先计算巨配分函数的对数. 由式(7.4.1)有

$$\varsigma=\frac{4\pi V}{h^3}\left(\frac{2m}{\beta}\right)^{3/2}\int_0^{\infty}x^{1/2}\ln(1+\mathrm{e}^{-\alpha-x})\mathrm{d}x.$$

这里已引入了无量纲变量 $x=\beta\varepsilon$. 为便于近似处理，我们将上面积分写为 $0\leqslant x\leqslant-\alpha$ 和 $-\alpha\leqslant x<\infty$两段积分之和，有

$$\varsigma=\frac{4\pi V}{h^3}\left(\frac{2m}{\beta}\right)^{3/2}I(-\alpha),$$

式中

$$\begin{aligned}I(-\alpha)&=\int_0^{-\alpha}x^{1/2}\ln(1+\mathrm{e}^{-\alpha-x})\mathrm{d}x+\int_{-\alpha}^{\infty}x^{1/2}\ln(1+\mathrm{e}^{-\alpha-x})\mathrm{d}x\\&=\int_0^{-\alpha}x^{1/2}(-\alpha-x)\mathrm{d}x+\int_0^{-\alpha}x^{1/2}\ln(1+\mathrm{e}^{\alpha+x})\mathrm{d}x+\int_{-\alpha}^{\infty}x^{1/2}\ln(1+\mathrm{e}^{-\alpha-x})\mathrm{d}x\\&=\frac{4}{15}(-\alpha)^{5/2}+I_1+I_2.\end{aligned} \tag{7.4.13}$$

容易估算出，电子的 $\mathrm{e}^{\alpha}\ll1$，即$\alpha<0$ 且 $\mathrm{e}^{-\alpha}\gg1$. 对两段积分可以采取不同的近似加以处理.

在 $0\leqslant x\leqslant-\alpha$段，令$\xi=-\alpha-x$，则有

$$I_1=\int_0^{-\alpha}(-\alpha-\xi)^{1/2}\ln(1+\mathrm{e}^{-\xi})\mathrm{d}\xi.$$

在$-\alpha\leqslant x<\infty$段，令$\xi=\alpha+x$，则有

$$I_2=\int_0^{\infty}(-\alpha+\xi)^{1/2}\ln(1+\mathrm{e}^{-\xi})\mathrm{d}\xi.$$

在两积分中，ξ较小的部分的贡献是主要的. 由于$-\alpha$很大，所以 I_1 的积分上限可以近似地代以无穷. 再考虑到ξ较$-\alpha$小得多，两积分则近似相等. 将对数展为级数再积分得

$$
\begin{aligned}
I_1 \approx I_2 &\approx \int_0^\infty (-\alpha)^{1/2}\ln(1+\mathrm{e}^{-\xi})\mathrm{d}\xi = (-\alpha)^{1/2}\int_0^\infty \sum_{n=1}^{\infty}\frac{(-1)^{n-1}}{n}\mathrm{e}^{-n\xi}\mathrm{d}\xi \\
&= (-\alpha)^{1/2}\sum_{n=1}^{\infty}\frac{(-1)^{n-1}}{n^2} = \frac{\pi^2}{12}(-\alpha)^{1/2}.
\end{aligned} \tag{7.4.14}
$$

因此

$$
\begin{aligned}
\varsigma &= \frac{4\pi V}{h^3}\left(\frac{2m}{\beta}\right)^{3/2}\left[\frac{4}{15}(-\alpha)^{5/2} + \frac{\pi^2}{6}(-\alpha)^{1/2}\right] \\
&= \frac{16\pi V}{15h^3}\left(\frac{2m}{\beta}\right)^{3/2}(-\alpha)^{5/2}\left[1 + \frac{5\pi^2}{8\alpha^2}\right].
\end{aligned} \tag{7.4.15}
$$

电子数守恒的条件为

$$
N = -\frac{\partial\varsigma}{\partial\alpha} = \frac{8\pi V}{3h^3}\left(\frac{2m}{\beta}\right)^{3/2}(-\alpha)^{3/2}\left[1 + \frac{\pi^2}{8\alpha^2}\right]. \tag{7.4.16}
$$

由此式原则上可以解出α. 但由于方程较复杂，只能近似求解. 将式(7.4.16)化为

$$
-\alpha = \frac{h^2}{8mkT}\left(\frac{3N}{\pi V}\right)^{2/3}\left(1 + \frac{\pi^2}{8\alpha^2}\right)^{-2/3}. \tag{7.4.17}
$$

因为$-\alpha \gg 1$，故可略去右端$\dfrac{\pi^2}{8\alpha^2}$，得一级近似为

$$
-\alpha_1 = \frac{h^2}{8mkT}\left(\frac{3N}{\pi V}\right)^{2/3}. \tag{7.4.18}
$$

相当于 $T=0$ 时的结果. 化学势为

$$
\mu_0 = \frac{h^2}{8m}\left(\frac{3N}{\pi V}\right)^{2/3},
$$

与式(7.4.9)相同. 将α_1代入式(7.4.17)右端，可得其二级近似为

$$
-\alpha_2 = \frac{\mu_0}{kT} - \frac{\pi^2 kT}{12\mu_0}. \tag{7.4.19}
$$

巨配分函数的对数为

$$
\varsigma = \frac{2}{5}N(-\alpha)\left(1 + \frac{5\pi^2}{8\alpha^2}\right)\left(1 + \frac{\pi^2}{8\alpha^2}\right)^{-1} \approx \frac{2}{5}N\frac{\mu_0}{kT}\left[1 + \frac{5\pi^2}{12}\left(\frac{kT}{\mu_0}\right)^2\right]. \tag{7.4.20}
$$

诸热力学函数可由ζ通过以下各公式计算：

$$E = \frac{3}{2}kT\varsigma\ , \tag{7.4.21a}$$

$$p = \frac{kT\varsigma}{V}\ , \tag{7.4.21b}$$

$$S = k\left(\frac{5}{2}\varsigma + N\alpha\right), \tag{7.4.21c}$$

$$G = -NkT\alpha\ . \tag{7.4.21d}$$

为讨论热容量，先具体计算内能得

$$E = \frac{3}{2}kT\varsigma = \frac{3}{5}N\mu_0 + \frac{\pi^2}{4}N\frac{k^2T^2}{\mu_0}\ . \tag{7.4.22}$$

电子热容量则为

$$C_V^{\mathrm{e}} = \frac{\partial E}{\partial T} = \frac{\pi^2}{2}Nk\frac{kT}{\mu_0}\ . \tag{7.4.23}$$

如果同时计入晶格和电子两种运动对热容量的贡献，则有

$$C_V = C_V^{\mathrm{e}} + C_V^{\mathrm{L}}\ . \tag{7.4.24}$$

两种热容量各有不同的特征：

C_V^{L} 在高温时为常数(杜隆-珀蒂定律)，在低温时为 T^3 律，见式(7.2.20).

C_V^{e} 在高温时其贡献可略去，在低温时与 T 成正比.

图 7-6 给出两种热容量的特征比较. 计入电子的贡献，用量子统计理论得到的金属热容量，与实验结果相符.

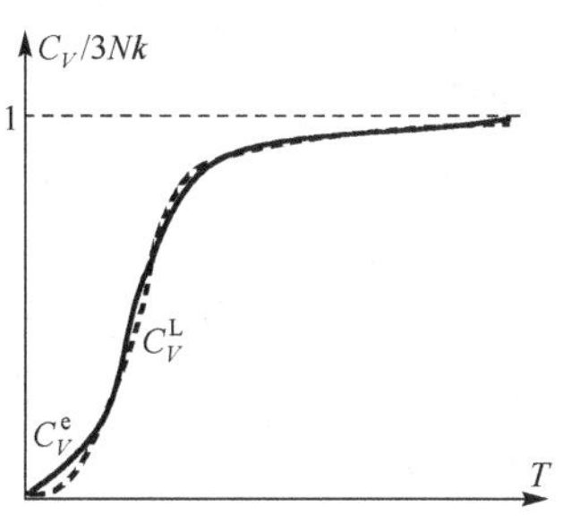

图 7-6　晶格与电子对热容量的贡献

7.5　半导体载流子统计

通常将可以自由移动的带有电荷的物质微粒称为载流子. 与金属情形不同，半导体中有两种对电导有贡献的荷电载流子：电子与空穴. 本节简要讨论这两种载流子的统计性质.

1. 半导体能带结构

在讨论载流子性质之前，让我们先对固体能带结构有粗浅的了解. 原子(离子)结合成固体后，形成周期性排列的晶体结构. 原子或离子的外层电子受其正电荷作

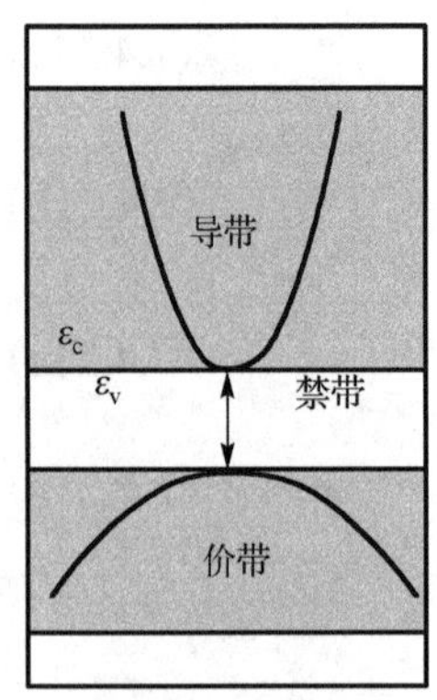

图 7-7 固体能带结构示意图

用，运动在周期势场中，其量子化的能级由低到高呈带状结构，称为**能带**. 图 7-7 绘出纯净固体最简单能带结构的两个与载流子相关的能带示意图. 如图所示，能级允许电子占据的能带被一些能级不允许电子占据的称为**禁带**(又称为**带隙**)的区域隔开. 电子依次填充这些能带. 在 T = 0K 时，电子填满的最高满带为价带，被禁带隔开的上面一个能带为导带. 金属材料的导带不被填满，称为半满，其中的电子相对自由，可以近似为“自由电子”，具有较好的导电性能. 绝缘体和半导体导带全空. 绝缘体的禁带较宽(约几个电子伏特)；半导体的禁带较窄，往往为一个或小于一个电子伏特. 以四价半导体(如硅和锗)为例，带隙的实验值为

$$\text{硅(Si)：}\quad \varepsilon_g \approx 1.1\text{eV}; \qquad \text{锗(Ge)：}\quad \varepsilon_g \approx 0.7\text{eV}.$$

不含杂质的半导体称为**本征半导体**. 当 T>0K 时，价带中带顶附近的电子被热激发至导带，在价带留下“空穴”. 这时本征半导体的电子、空穴对电导均有贡献. 在实际应用中，常在半导体中有目的地掺入价数不同的杂质，这种半导体称为掺杂半导体. 被掺入杂质的半导体称为“宿主”. 例如，在 Si、Ge 等Ⅳ族半导体宿主中掺入Ⅲ族的镓(Ga)、Ⅴ族的砷(As)等杂质. 根据掺入的杂质价数不同，掺杂半导体可分为两类：n 型和 p 型半导体. 如四价半导体(如硅、锗)掺入五价原子(如砷、磷)，替代四价原子，其四个电子与宿主原子形成共价键. 所余一个电子可能束缚于杂质中心，形成杂质态. 因为这种杂质提供了富余电子，故称为“施主”杂质. 杂质态的电子束缚较弱，因而有一定的导电性. 这种掺杂的半导体主要靠施主提供的电子(负电荷)导电，称为 n 型半导体. 施主能级位于禁带中接近导带底处. 如果在四价半导体中掺入三价原子(如镓、铟等)，每个杂质将“俘获”一个近邻电子而与宿主原子形成共价键，同时在半导体中留下一个空穴. 俘获电子的杂质原子形成负电荷中心，它可以束缚一个空穴，构成另一种杂质态. 因为这种杂质原子能够俘获近邻电子，故称“受主”杂质. 这种杂质态的空穴束缚也比较弱，有一定的导电性. 这种掺杂半导体主要靠空穴(正电荷)导电，称为 p 型半导体. 受主能级位于禁带中近价带顶处.

2. 本征半导体载流子浓度

本征半导体中被热激发的电子和空穴都可以近似地视为自由费米子，遵从费米统计，按费米分布占据导带或价带中的各能级. 根据 7.1 节的结论，在单位体积内，分布于能量在ε～ε+dε 内的导带电子数目为

$$g_n(\varepsilon)f(\varepsilon)\mathrm{d}\varepsilon\,, \tag{7.5.1}$$

式中

$$f(\varepsilon)=\frac{1}{\mathrm{e}^{\alpha+\beta\varepsilon}+1}=\frac{1}{\mathrm{e}^{\beta(\varepsilon-\varepsilon_{\mathrm{F}})}+1}\,,\tag{7.5.1a}$$

其中，ε_{F} 为费米能级，$g_{\mathrm{n}}(\varepsilon)$ 为单位体积的电子态密度．由式(7.4.2)可得

$$g_{\mathrm{n}}(\varepsilon)=\frac{4\pi}{h^3}(2m_{\mathrm{e}})^{3/2}(\varepsilon-\varepsilon_{\mathrm{c}})^{1/2}\,,\tag{7.5.1b}$$

式中，m_{e} 为电子的**有效质量**，ε_{c} 为导带底能量．对式(7.5.1)积分得自由电子的密度

$$n=\int_{\varepsilon_{\mathrm{c}}}^{\varepsilon_{\max}}\frac{4\pi}{h^3}(2m_{\mathrm{e}})^{3/2}\frac{(\varepsilon-\varepsilon_{\mathrm{c}})^{1/2}}{\mathrm{e}^{\beta(\varepsilon-\varepsilon_{\mathrm{F}})}+1}\mathrm{d}\varepsilon\,,\tag{7.5.2}$$

式中，$\varepsilon_{\max}$ 为导带上边缘的能量．

与式(7.5.1b)类似，价带中空穴的态密度则为

$$g_{\mathrm{p}}(\varepsilon)=\frac{4\pi}{h^3}(2m_{\mathrm{h}})^{3/2}(\varepsilon_{\mathrm{v}}-\varepsilon)^{1/2}\,,\tag{7.5.3}$$

式中，m_{h} 代表空穴有效质量，ε_{v} 为价带顶的能量．空穴密度便可写为

$$\begin{aligned}p&=\int_{\varepsilon_{\min}}^{\varepsilon_{\mathrm{v}}}g_{\mathrm{p}}(\varepsilon)[1-f(\varepsilon)]\mathrm{d}\varepsilon\\&=\int_{\varepsilon_{\min}}^{\varepsilon_{\mathrm{v}}}\frac{4\pi}{h^3}(2m_{\mathrm{h}})^{3/2}\frac{(\varepsilon_{\mathrm{v}}-\varepsilon)^{1/2}}{\mathrm{e}^{\beta(\varepsilon_{\mathrm{F}}-\varepsilon)}+1}\mathrm{d}\varepsilon,\end{aligned}\tag{7.5.4}$$

式中，$\varepsilon_{\min}$ 为价带下边缘的能量．

3. 玻尔兹曼统计

因为半导体中载流子的浓度很小，上述分布还可进一步简化．如 5.2 节，e^{α}可由下式估算：

$$\mathrm{e}^{\alpha}\approx\frac{(2\pi mkT)^{3/2}}{nh^3}\,.$$

在掺杂不太多时(一般 $10^{13}\sim10^{16}$)，室温下的估算结果是(读者可自行估算)$\mathrm{e}^{\alpha}\sim10^{3}\sim10^{6}\gg1$．因此可略去分布式(7.5.1a)分母中的 1 而成为

$$f(\varepsilon)\approx f_{\mathrm{B}}(\varepsilon)=\mathrm{e}^{-\alpha-\beta\varepsilon}=\mathrm{e}^{-\beta(\varepsilon-\varepsilon_{\mathrm{F}})}\,.\tag{7.5.5}$$

费米统计退化为玻尔兹曼统计．以下，我们的讨论将在玻尔兹曼分布的基础上进行．

仍考虑本征半导体．导带电子浓度则由下式给出：

$$n=\int_{\varepsilon_{\mathrm{c}}}^{\varepsilon_{\max}}g_{\mathrm{n}}(\varepsilon)f_{\mathrm{B}}(\varepsilon)\mathrm{d}\varepsilon\,.\tag{7.5.6}$$

将式(7.5.1b)和式(7.5.5)代入上式，则得自由电子(导带电子)密度

$$n=\int_{\varepsilon_c}^{\varepsilon_{\max}}\frac{4\pi}{h^3}(2m_e)^{3/2}(\varepsilon-\varepsilon_c)^{1/2}\mathrm{e}^{-\beta(\varepsilon-\varepsilon_F)}\mathrm{d}\varepsilon .$$

因为玻尔兹曼分布随能量增大迅衰，故可将上式积分的上限改为无穷. 完成积分得

$$n=2\left(\frac{2\pi m_e kT}{h^2}\right)^{3/2}\exp\left(-\frac{\varepsilon_c-\varepsilon_F}{kT}\right). \tag{7.5.7}$$

记

$$N_c\equiv 2\left(\frac{2\pi m_e kT}{h^2}\right)^{3/2}, \tag{7.5.8}$$

称为导带**有效态密度**，相当于费米能级恰在导带底时的自由电子密度，电子密度则可写为

$$n=N_c\exp\left(\frac{\varepsilon_F-\varepsilon_c}{kT}\right). \tag{7.5.9}$$

由式(7.5.4)，采用玻尔兹曼统计时，价带中空穴的浓度为

$$p=\int_{\varepsilon_{\min}}^{\varepsilon_v}\frac{4\pi}{h^3}(2m_h)^{3/2}(\varepsilon_v-\varepsilon)^{1/2}\mathrm{e}^{-\beta(\varepsilon_F-\varepsilon)}\mathrm{d}\varepsilon .$$

作类似于电子的处理，将积分的下限改为负无穷，再记

$$N_v\equiv 2\left(\frac{2\pi m_h kT}{h^2}\right)^{3/2}, \tag{7.5.10}$$

称为价带有效态密度，则

$$p=N_v\exp\left(\frac{\varepsilon_v-\varepsilon_F}{kT}\right). \tag{7.5.11}$$

对本征半导体，自由电子与空穴总是成对地出现，因此 $n=p$ 记作 n_i. 不难求出

$$n_i=(N_cN_v)^{1/2}\exp\left(-\frac{\varepsilon_g}{2kT}\right), \tag{7.5.12}$$

式中，$\varepsilon_g=\varepsilon_c-\varepsilon_v$ 为带隙. n_i 由半导体的**本征参量** m_e、m_h 和 ε_g 决定，因此称为**本征浓度**.

4. 杂质能级的占据率

现在考虑掺杂情形. 根据电子自旋特征和外层电子的情况，不同类型杂质能级的基态(s 态)所容纳电子情况不同：每个施主杂质能级只能容纳自旋向上或向下电子中的一个；每一受主能级上必已有一电子(自旋向上或向下)，还可再容纳一个不同自旋取向的电子. 下面对两种杂质的能级占据率分别加以讨论.

1) 施主能级

假定自旋向上和向下的两个施主能态之能量分别为ε_1和ε_2，考虑单位体积的半导体，两个能级的简并度均应为施主浓度 N_D. 若两态填充的电子数分别为 N_1 和 N_2，即有分布$\{N_1, N_2\}$. 让我们来考虑这种分布的微观状态数. 首先，将 N_1 个不可分辨的电子填充到ε_1能级的 N_D 个态上，其方式有

$$\frac{N_D!}{N_1!(N_D-N_1)!}$$

种；然后再由 N_2 个电子填充ε_2能级上的 N_D-N_1 个态，其方式数则为

$$\frac{(N_D-N_1)!}{N_2!(N_D-N_1-N_2)!}.$$

于是得分布$\{N_1, N_2\}$的微观状态数为

$$W=\frac{N_D!}{N_1!(N_D-N_1)!}\frac{(N_D-N_1)!}{N_2!(N_D-N_1-N_2)!}=\frac{N_D!}{N_1!N_2!(N_D-N_1-N_2)!}. \tag{7.5.13}$$

考虑到总粒子数和总能量守恒，用拉格朗日未定乘子法求最概然分布，得到关系

$$-\ln(N_D-N_1-N_2)+\ln N_i+\beta(\varepsilon_i-\varepsilon_F)=0, \qquad i=1,2. \tag{7.5.14}$$

因此

$$N_i=(N_D-N_1-N_2)\mathrm{e}^{\beta(\varepsilon_F-\varepsilon_i)}. \tag{7.5.15}$$

事实上，这里相应于不同自旋取向的两个施主能级具有相同的能量，即$\varepsilon_1=\varepsilon_2$，将之记为$\varepsilon_D$. 因此，$N_1=N_2$. 由式(7.5.15)可得

$$N_1=N_2=\frac{N_D}{\mathrm{e}^{\beta(\varepsilon_D-\varepsilon_F)}+2}. \tag{7.5.16}$$

最后得**施主能级**上的电子浓度为

$$n_D=N_1+N_2=\frac{N_D}{1+\frac{1}{2}\mathrm{e}^{\beta(\varepsilon_D-\varepsilon_F)}}.$$

占据概率则为

$$f(\varepsilon_D)=\frac{1}{1+\frac{1}{2}\mathrm{e}^{\beta(\varepsilon_D-\varepsilon_F)}}. \tag{7.5.17}$$

2) 受主能级

对受主能级可作类似的考虑. 所不同的是，每一受主上至少已有一个电子占据两态中之一. 若受主浓度为 N_A，则必有 $N_1+N_2>N_A$. 先考虑将 N_1 个电子布入 N_A 个态，其方式有

$$\frac{N_{\mathrm{A}}!}{N_1!(N_{\mathrm{A}}-N_1)!}$$

种；接着再将 N_2 个电子布入尚空的态，必将先填充所余的ε_1能级上的态，然后才能填充ε_2能级上的态，这样的填充方式则有

$$\frac{N_1!}{(N_1+N_2-N_{\mathrm{A}})!(N_{\mathrm{A}}-N_2)!}$$

种. 因此，总微观状态数为

$$\begin{aligned} W &= \frac{N_{\mathrm{A}}!}{N_1!(N_{\mathrm{A}}-N_1)!}\frac{N_1!}{(N_1+N_2-N_{\mathrm{A}})!(N_{\mathrm{A}}-N_2)!} \\ &= \frac{N_A!}{(N_{\mathrm{A}}-N_1)!(N_{\mathrm{A}}-N_2)!(N_1+N_2-N_{\mathrm{A}})!}. \end{aligned} \tag{7.5.18}$$

再考虑到$\varepsilon_1=\varepsilon_2$，因而 N_1=N_2，作类似于对施主情形的推导即可得**受主能级**占据概率为

$$f(\varepsilon_{\mathrm{A}})=\frac{1}{1+2\mathrm{e}^{\beta(\varepsilon_{\mathrm{A}}-\varepsilon_{\mathrm{F}})}}. \tag{7.5.19}$$

5. 掺杂半导体载流子浓度

我们以 n 型半导体为例来讨论载流子浓度. 此类半导体的杂质为施主，其能级比较接近导带底(图 7-8). 如记施主杂质浓度为 N_{D}，占据在施主能级上的电子数密度则为

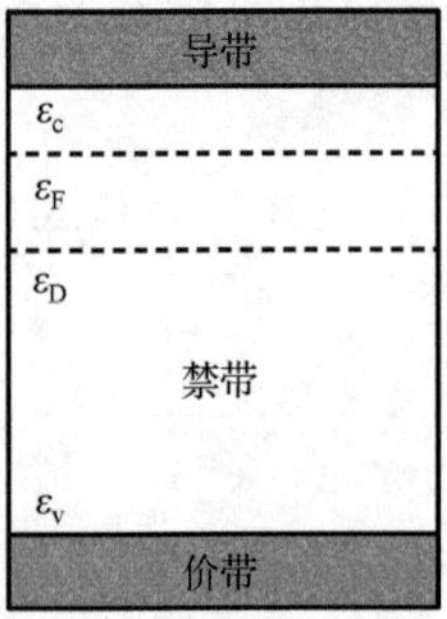

$$n_{\mathrm{D}}=\frac{N_{\mathrm{D}}}{1+\dfrac{1}{2}\mathrm{e}^{(\varepsilon_{\mathrm{D}}-\varepsilon_{\mathrm{F}})/kT}}. \tag{7.5.20}$$

图 7-8　n 型半导体杂质和费米能级图

材料的电中性又要求

$$n+n_{\mathrm{D}}=p+N_{\mathrm{D}}. \tag{7.5.21}$$

假定掺杂浓度比较低，系统则可视为非简并性理想气体，我们可以采用玻尔兹曼统计来研究载流子系统，式(7.5.7)仍成立. 用条件 $p\ll n$，再结合式(7.5.7)、式(7.5.20)和式(7.5.21)，可得电子的浓度和费米能级所满足的方程分别为

$$n^2=\frac{(N_{\mathrm{D}}-n)N_{\mathrm{c}}}{2}\exp\left(-\frac{\varepsilon_{\mathrm{c}}-\varepsilon_{\mathrm{D}}}{kT}\right). \tag{7.5.22}$$

$$\varepsilon_{\mathrm{F}}=\varepsilon_{\mathrm{D}}+kT\ln\left\{-\frac{1}{4}+\frac{1}{4}\left[1+\frac{8N_{\mathrm{D}}}{N_{\mathrm{c}}}\exp\left(\frac{\varepsilon_{\mathrm{c}}-\varepsilon_{\mathrm{D}}}{kT}\right)\right]^{1/2}\right\}. \tag{7.5.23}$$

式(7.5.22)和式(7.5.23)给出的表达式较为复杂. 为清楚起见，对不同温区的近似结果加以讨论：

1)低温情形

此时，$\exp\left(\frac{\varepsilon_c-\varepsilon_D}{kT}\right)\gg 1$，$N_D\gg n$. 因此，式(7.5.22)和式(7.5.23)分别简化为

$$n\approx\left(\frac{N_D N_c}{2}\right)^{1/2}\exp\left(-\frac{\varepsilon_c-\varepsilon_D}{2kT}\right), \tag{7.5.24}$$

和

$$\varepsilon_F\approx\frac{\varepsilon_c+\varepsilon_D}{2}+\frac{kT}{2}\ln\left(\frac{N_D}{2N_c}\right). \tag{7.5.25}$$

式(7.5.24)与式(7.5.12)十分相像. 只是将价带能级代之以施主能级，此区域称为杂质区.

2)中间区域

此时有，$\exp\left(\frac{\varepsilon_c-\varepsilon_D}{kT}\right)\approx 1$，$N_D\gg n_D$. 于是

$$n\approx N_D.$$

施主能级的大多数电子被激发到导带.

$$\varepsilon_F\approx\varepsilon_D+kT\ln\frac{N_D}{N_c}. \tag{7.5.26}$$

在这一区域，载流子浓度随温度的变化不明显，因此常称为饱和区，或称完全电离区. 由于这一性质，多数半导体器件正是工作在这一区域的.

3)高温情形

此时，$\exp\left(\frac{\varepsilon_c-\varepsilon_D}{kT}\right)\ll 1$，且 $N_D\ll n$. 大量电子被激发到导带，留在价带的空穴亦多，空穴作为载流子的贡献不可忽略. 且如本征半导体情形，$n\approx p=n_i$，因此将这一区域称为**本征区**. 各个区域的电子浓度与温度的定性依赖关系见图 7-9.

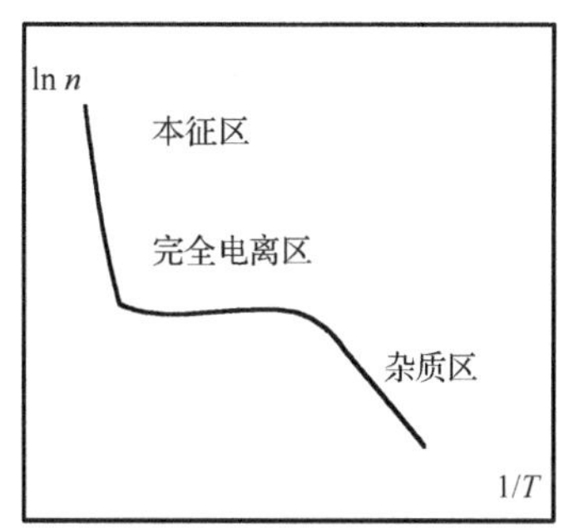

图 7-9　n 型半导体导带电子浓度

7.6　玻色-爱因斯坦凝聚

本节讨论实际原子组成的**理想玻色气体**——无相互作用玻色子气体的性质，并简要分析玻色-爱因斯坦凝聚问题.

1. 玻色子的占据特征

根据式(7.1.17)，玻色气体原子按能级的分布为

$$\overline{a_l}=\frac{\omega_l}{e^{\beta(\varepsilon_l-\mu)}-1}. \tag{7.6.1}$$

体系粒子总数 N 守恒的条件为

$$N=\sum_l\overline{a_l}=\sum_l\frac{\omega_l}{e^{\beta(\varepsilon_l-\mu)}-1}. \tag{7.6.2}$$

选基态为能量零点，即$\varepsilon_0=0$. 因为占据数平均值$\overline{a_l}$不能为负，式(7.6.1)要求$\varepsilon_l>\mu$，因而$\mu<\varepsilon_0=0$，即$\alpha>0$. 将式(7.6.2)写为积分形式为

$$N=\int_0^{\infty}\frac{g(\varepsilon)\mathrm{d}\varepsilon}{e^{\beta(\varepsilon-\mu)}-1}. \tag{7.6.3}$$

不失一般性，假定能级无简并，即$\omega_l=1$. 类似于费米系情形(见 7.4 节)有

$$g(\varepsilon)=\frac{2\pi V}{h^3}(2m)^{3/2}\varepsilon^{1/2}. \tag{7.6.4}$$

于是

$$N=\frac{2\pi V}{h^3}(2m)^{3/2}\int_0^{\infty}\frac{\varepsilon^{1/2}\mathrm{d}\varepsilon}{e^{\beta(\varepsilon-\mu)}-1}. \tag{7.6.5}$$

必须指出，上面将求和换为积分时，由于因子$\varepsilon^{1/2}$使$\varepsilon=0$态的权重为零而被忽略，这相当于略去式(7.6.2)求和的$l=0$项. 在温度不很低的情形下，这样计算是正确的. 但当温度很低时，由于没有泡利不相容原理的限制，粒子向$\varepsilon_0=0$态(基态)聚集，使基态粒子数对求和的贡献变得尤为突出而不可忽略，式(7.6.2)求和变为积分时略去的$l=0$项必须单独补入计算，正确的结果是

$$N=\frac{1}{e^{-\beta\mu}-1}+\frac{2\pi V}{h^3}(2m)^{3/2}\int_0^{\infty}\frac{\varepsilon^{1/2}\mathrm{d}\varepsilon}{e^{\beta(\varepsilon-\mu)}-1}.$$

进一步可写为

$$\frac{N}{V}=\frac{N_0}{V}+\frac{2\pi}{h^3}(2m)^{3/2}\int_0^{\infty}\frac{\varepsilon^{1/2}\mathrm{d}\varepsilon}{e^{\beta(\varepsilon-\mu)}-1}. \tag{7.6.6}$$

上式右侧首项为基态($\varepsilon_0=0$)的粒子数密度，

$$N_0=\frac{1}{e^{-\beta\mu}-1}. \tag{7.6.7}$$

第二项为非零能量的粒子数密度. 由于 N 很大，所以在温度不很低时，式(7.6.6)的首项可略去，这就是式(7.6.5).

2. 玻色-爱因斯坦凝聚

考虑体系在密度不变(事实上是变化不显著)的条件下降温，μ 必然增大，直至达到(事实上是非常接近)零. 我们将这一温度记为 T_c. 因为 μ 不可大于零，所以当温度继续下降而低于 T_c 时，将保持 $\mu \approx 0$ 不变. 这一温度由下式确定：

$$\frac{N}{V} = \frac{2\pi}{h^3}(2m)^{3/2}\int_0^\infty \frac{\varepsilon^{1/2}\mathrm{d}\varepsilon}{\mathrm{e}^{\varepsilon/kT_c}-1}. \tag{7.6.8}$$

引入变量 $x = \varepsilon/kT_c$，可将积分写为

$$\frac{N}{V} = \left(\frac{2\pi mkT_c}{h^2}\right)^{3/2}\frac{2}{\sqrt{\pi}}\int_0^\infty \frac{x^{1/2}\mathrm{d}x}{\mathrm{e}^x-1}. \tag{7.6.9}$$

完成上式的积分，可得

$$\frac{2}{\sqrt{\pi}}\int_0^\infty \frac{x^{1/2}\mathrm{d}x}{\mathrm{e}^x-1} \approx 2.612 .$$

因此

$$T_c = \frac{h^2}{2\pi mk}\left(\frac{N}{2.612V}\right)^{2/3}. \tag{7.6.10}$$

从化学势的变化可以看出 T_c 的转变温度特征：当系统冷却至这一温度时，化学势增至零而不再随降温而增大. 这一点还可从粒子的分布看出. 将 $T>T_c$ 时粒子数的表示式(7.6.5)与式(7.6.6)联合考虑，可得基态能级上的粒子数在总粒子数中所占比例为

$$\frac{N_0}{N} = 1-\left(\frac{T}{T_c}\right)^{3/2}. \tag{7.6.11}$$

图 7-10 示出 N_0/N 随温度变化的行为. 由图可见，温度高于 T_c 时，基态上的粒子数 N_0 与其总数 N 相比可忽略不计. 当系统冷却至 T_c 时，其行为发生明显的转变：N_0/N 急剧增加，在 T_c 以下它与 N/V 相比不再是微不足道的. 这种转变是一种相变. 在相变点 T_c，系统由粒子弥散在各能级的状态转变为在最低能级(动量为零的态)聚集的状态，如同气相凝为液相，因

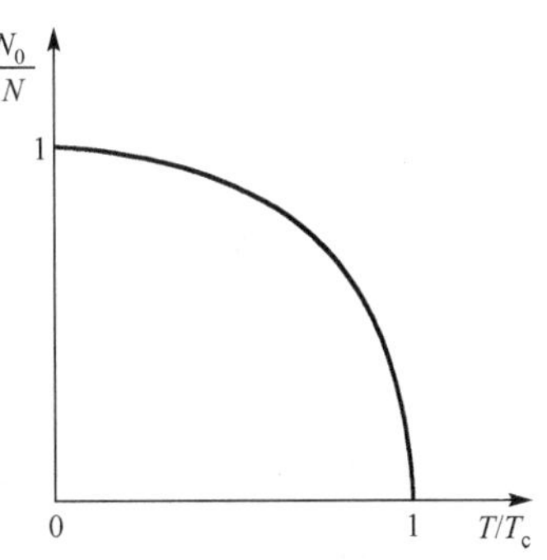

图 7-10　玻色气 N_0/N 随温度的变化行为

此可以视之为“凝聚”. 不过，这种凝聚是粒子在动量空间的凝聚，只能在不受泡利不相容原理制约的玻色气体中发生.

爱因斯坦早在 1924 年就从理论上预言了这种现象. 他将玻色[①]在研究光子气体时提出的微观状态计数方法推广到普通理想气体，预言在温度足够低时，气体分子(原子)将“聚集”在其能量最低的量子态上.[②] 因此，人们将它称为**玻色–爱因斯坦凝聚**(Bose-Einstein condensation)，简写为 BEC. T_c 即**凝聚温度**，或称**临界温度**.

3. 热容量的特征

在临界温度附近，玻色气体的热力学函数表现出十分特别的性质. 这些性质中，最具代表意义的是热容量的变化. 下面我们简要讨论玻色气的热容量.

对 $T<T_c$ 情形，玻色气体的内能可以计算为

$$\begin{aligned}\bar{E}&=\frac{2\pi V(2m)^{3/2}}{h^3}\int_0^\infty\frac{\varepsilon^{3/2}\mathrm{d}\varepsilon}{\mathrm{e}^{\beta\varepsilon}-1}=\frac{2\pi V(2m)^{3/2}}{h^3}(kT)^{5/2}\int_0^\infty\frac{x^{3/2}\mathrm{d}x}{\mathrm{e}^x-1}\\&=0.77Nk\frac{T^{5/2}}{T_c^{3/2}}.\end{aligned}\tag{7.6.12}$$

定容热容量则为

$$C_V=1.93Nk\left(\frac{T}{T_c}\right)^{3/2}.\tag{7.6.13}$$

在临界温度时，热容量取值为

$$C_V=1.93Nk.$$

随着温度的降低，热容量以温度之 3/2 次方的规律下降，直至温度趋于绝对零度时趋零.

对高温情形，玻色气体趋于经典的理想气体，其内能可以简单地由能均分定理给出为

$$\bar{E}=\frac{3}{2}NkT.$$

相应的热容量则为

$$C_V=\frac{3}{2}Nk,\tag{7.6.14}$$

趋于一常数值. 这个取值明显低于临界温度时的值.

---

① Bose S N. 1924. *Z. Physik*. 26: 181.

② Einstein A. 1924. Sitzungsber. Klg. Preuss. Akad. 261;Einstein A. 1925. Sitzungsber. Klg. Preuss. Akad. 3.

根据以上分析，我们可以定性地绘出理想玻色气体热容量随温度变化的曲线，如图 7-11 所示. 在温度较高时，玻色气体的热容量为经典理想气体的结果；随着温度降低而接近临界温度时，热容量迅速增加，至 $T=T_c$ 时取极大值；若温度继续降低，热容量又以 3/2 次方律下降. 在临界点附近，热容量对温度的依赖性质发生突变，表现出明显的相变特征. 临界温度 T_c 将玻色气体分隔为两个不同的相. 温度低于 T_c 的相为凝聚相. 图 7-11 的热容量曲线呈希腊字母λ形，所以常将此类相变称为λ **相变**.

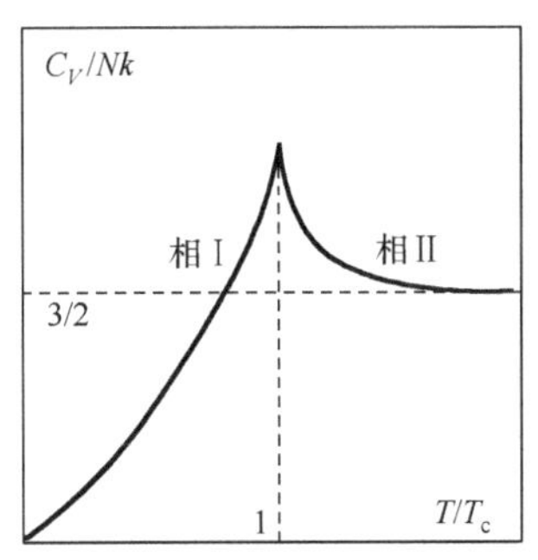

图 7-11 玻色气体热容量随温度的变化

4. 玻色-爱因斯坦凝聚的实现

自爱因斯坦预言以来，科学家一直试图在实验中发现这种凝聚现象. 昂尼斯在 1911 年首先发现的金属超导电性，以及卡皮查(Kapitza)和艾仑(Allen)等在 1938 年发现的液态氦(^{4}He)超流现象，在相变点附近比热容均呈λ形，应该与玻色-爱因斯坦凝聚有关. 但是，经仔细研究发现，这些现象并不能用气体的玻色-爱因斯坦凝聚来解释. 以超流为例，^{4}He 原子为玻色子，由式(7.6.10)计算可获得其玻色-爱因斯坦凝聚温度为 $T_c = 3.13\text{K}$. 而液氦的超流转变温度却为 2.17K. 更重要的是，氦气在 4.2K 已发生液化，原子间的相互作用很强，不能再用理想气体来描述. 因此，这种超流现象显然与爱因斯坦所预言的情形相去甚远. 为验证这一预言，需要在原子间相互作用很弱以致可以忽略的气体中实现玻色-爱因斯坦凝聚. 事实上，只有气体十分稀薄时，这种相互作用才可以忽略. 而在密度很低的前提下，欲满足式(7.6.10)必须使系统处于极低的温度. 这就给实验工作带来极大的困难. 经过几代实验物理学家坚持不懈的努力，这个愿望终于在 20 世纪 90 年代得以实现.

1995 年，美国实验天文物理联合研究所(JILA)的康奈尔(Cornell)和维曼(Wieman)领导的小组采用激光冷却和磁光陷阱(捕获)技术，先获得较大量的冷原子，再结合逃逸蒸发冷却，实现了金属铷(^{87}Rb)稀薄气体的玻色-爱因斯坦凝聚①. 条件是：$T_c \sim 0.17\mu\text{K}$，原子数密度为 $n \sim 2.5\times10^{12}\text{cm}^{-3}$，凝聚体包含 2000 个铷原子. 不久，美国麻省理工学院(MIT)克特勒(Kertterle)的小组观察到钠(^{23}Na)气体的玻色-爱因斯坦凝聚②. 条件是：$T_c \sim 2\mu\text{K}$，原子数密度超过 $5\times10^{14}\text{cm}^{-3}$，凝聚体包含 2×10^6 个钠原子. 1996 年，美国加州斯坦福大学的朱棣文(Stephen Chu)等曾疑似观测到钾原子稀薄气体的玻色-爱因斯坦凝聚. 由于在激光冷却和原子捕获方面的贡

① Anderson M H, Ensher J R, Matthews M R, et al. 1995. *Science*, 269:198.

② Davis K B, Mewes M O, Andrews M R, et al. 1995. *Phys. Rev. Lett.*, 75:3969.

献，他与科恩-塔诺季(Cohen-Tannoudji，法国)和菲利普斯(Phillips，美国)分享了1997 年的诺贝尔物理学奖. 因为在碱金属原子稀薄气体中实现玻色-爱因斯坦凝聚，康奈尔、克特勒和维曼三位物理学家分享了 2001 年的诺贝尔物理学奖. 应该指出的是，维曼和康奈尔于 2001 年终于观测到冷原子气体 ^{4}He 的玻色-爱因斯坦凝聚. 条件是：T_c～4.7μK，凝聚体包含 5×10^6 个原子. 科学家还陆续在氢(1998)、钾(2001)、铈(2002)、镱(2003)和铬(2005)等多种原子的稀薄气体中实现了玻色-爱因斯坦凝聚. 在早期的磁光陷阱应用中，需要将冷原子在磁陷阱和光陷阱间传输，再通过蒸发冷却后，实现玻色-爱因斯坦凝聚. 后来，又发展出在光陷阱中直接蒸发冷却，实现玻色-爱因斯坦凝聚①. 值得指出的是，一维和二维理想玻色气体不存在玻色-爱因斯坦凝聚(见习题 7.15)，但在准二维系统-原子晶片上，近年来也已观测到该现象.

7.7 顺磁性的统计理论

前面几节的讨论均未涉及外场的作用. 事实上，在很多实际问题中都必须考虑外加电场、磁场与宏观体系的相互作用. 本节将分析一个最简单的例子：外磁场中固体顺磁性的简单模型. 所谓顺磁性，是指加磁场时体系产生与外场同方向的磁矩，这种磁矩随磁场的撤除而消失. 通常，顺磁物质在外场中的磁化都是比较弱的.

1. 配分函数

我们考虑固体顺磁物质，它们由若干带着固有磁矩的分子组成. 这些分子有序地排列成刚性晶格. 分子之间各种相互作用均弱，仅起维持体系平衡的作用，在讨论中可以略去. 于是，顺磁系就抽象为若干个相互独立、可以分辨的磁偶极子组成的系统. 事实上，自旋是产生分子磁矩的主要机制，为便于讨论，我们以自旋系作为基本对象. 假定体系由N个自旋组成，为明确起见，限于讨论自旋为1/2的情形. 记每一自旋磁矩为μ_s. 根据量子力学，在磁感应强度为 B 的磁场中，自旋磁矩的取向只有平行与反平行于磁场两种情形，相应的磁势能分别为 $\mp\mu_s B$ (平行为−，反平行为+). 因为各自旋都可视为是定域的，故可用玻尔兹曼统计进行讨论. 又因体系的粒子数不变，可采用正则系综.

首先求体系的配分函数. 写出自旋系的总势能为

$$E=-\mu_s B\sum_{i=1}^{N}s_i\ . \tag{7.7.1}$$

式中，s_i 取+1(当第 i 个自旋与外场同向)或−1(反向). 有一点应当说明，在写出的自

① Hung C L, Zhang X, Gemelke N, et al. 2008. *Phys. Rev.* A, 78:011604(R).

旋磁势能中，磁场 B 是作用在该自旋处的局部场. 但是，因为顺磁体的磁化一般较弱，局部场与外磁场差别甚微，我们将不再区分它们. 进一步写出配分函数

$$Z=\sum_{s_1=\pm}\sum_{s_2=\pm}\cdots\sum_{s_N=\pm}\exp\left(\beta\mu_s B\sum_{i=1}^{N}s_i\right)=z^N. \tag{7.7.2}$$

其中，z 为单自旋配分函数

$$z=\sum_{s_i=\pm}\exp(s_i\beta\mu_s B)=2\cosh(\beta\mu_s B). \tag{7.7.3}$$

利用这里给出的配分函数，原则上可以求出各热力学函数.

2. 自旋态占据数

由单自旋配分函数式(7.7.3)可以计算与磁场平行和反平行两个单粒子自旋态的平均占据数. 它可由玻尔兹曼分布给出为

$$\overline{a_\pm}=\frac{N\mathrm{e}^{\pm\beta\mu_s B}}{2\cosh(\beta\mu_s B)}, \tag{7.7.4}$$

式中，+、−号分别代表自旋平行、反平行于磁场的状态. 占据数随温度(磁场)变化的曲线可见图 7-12 所示.

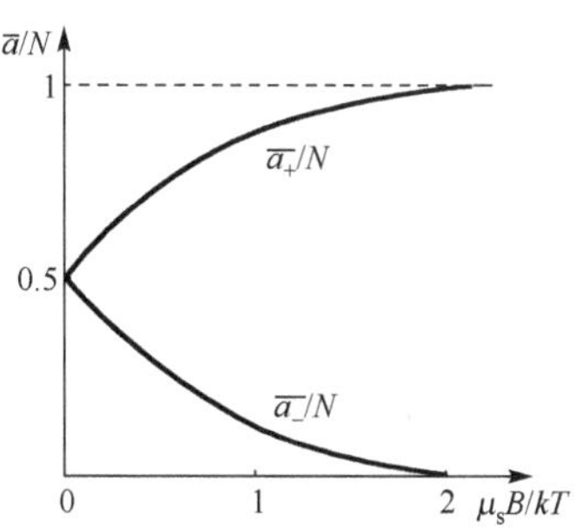

图 7-12　自旋态占据数曲线

现就两种极限情形对这一对占据数加以分析：

当$\mu_s B/kT\ll 1$，即弱场、高温极限($B\to 0$，$T\to\infty$). 此时，$\overline{a_+}=\overline{a_-}=N/2$，自旋取向顺、逆各半，取向完全无序；

当$\mu_s B/kT\gg 1$，即强场、低温极限($B\to\infty$，$T\to 0$). 此时$\overline{a_+}=N$，$\overline{a_-}=0$，自旋全部与外磁场平行，取向完全有序.

这就是说，温度越高(磁场越弱)，取向越混乱；相反，温度越低(磁场越强)，取向越有序. 由此得出结论：外磁场导致有序，热运动则导致无序. 这正是我们预期的结果.

3. 磁化强度

用配分函数式(7.7.2)容易计算自旋系的平均能量和平均磁矩.

体系在磁场中的平均能量为

$$\overline{E}=-\left(\frac{\partial\ln Z}{\partial\beta}\right)_B=-N\mu_s B\tanh(\mu_s B/kT). \tag{7.7.5}$$

沿磁场方向的平均磁矩为

$$\overline{\mathscr{M}}=\frac{1}{\beta}\left(\frac{\partial \ln Z}{\partial B}\right)_{\beta}=N\mu_{\mathrm{s}}\tanh(\mu_{\mathrm{s}}B/kT). \tag{7.7.6}$$

单位体积的平均磁矩，即磁化强度则为

$$m=\frac{\overline{\mathscr{M}}}{V}=\frac{N}{V}\mu_{\mathrm{s}}\tanh(\mu_{\mathrm{s}}B/kT). \tag{7.7.7}$$

现就两种极限情形对磁化强度进行分析：

当$\mu_{\mathrm{s}}B/kT\ll 1$，即在弱场、高温极限下，有 $\tanh(\mu_{\mathrm{s}}B/kT)\approx\mu_{\mathrm{s}}B/kT$. 于是，磁化强度成为

$$m\approx\frac{N}{V}\mu_{\mathrm{s}}(\mu_{\mathrm{s}}B/kT)=\frac{N\mu_{\mathrm{s}}^{2}B}{VkT}, \tag{7.7.8}$$

与磁场成正比. 磁化率则为

$$\chi=\frac{m}{B}=\frac{N\mu_{\mathrm{s}}^{2}}{VkT}\propto\frac{1}{T}. \tag{7.7.9}$$

这正是**居里定律**.

当$\mu_{\mathrm{s}}B/kT\gg 1$，即强场、低温极限下，有 $\tanh(\mu_{\mathrm{s}}B/kT)\approx 1$. 因此得

$$m\approx\frac{N\mu_{\mathrm{s}}}{V}. \tag{7.7.10}$$

全部自旋均沿磁场方向排列，即磁饱和情形.

图 7-13 绘出了磁化强度随磁场和温度变化的定性曲线.

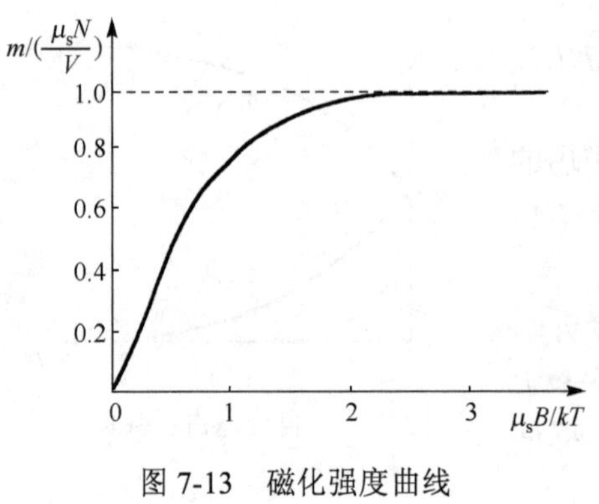

图 7-13　磁化强度曲线

讨　论　题

7.1　非简并性条件为何？从物理上解释它的意义.

7.2　设系统由 N 个玻尔兹曼粒子组成，单粒子能级为三个：0、ε、2ε. 试讨论温度为零和无穷大时，粒子的分布情况.

7.3　为何由正则分布不能推导出费米和玻色分布？

7.4　指出统计独立性的意义.

7.5　叙述固体热容量的爱因斯坦理论.

7.6　简述固体热容量的德拜理论之思路.

7.7　给出固体和液体中弹性波的定性差别，指出原因.

7.8　举例说明光的波粒二象性.

7.9　简述计算辐射场总能量的思路，并讨论如何获得辐射场总能量与温度的定性关系.

7.10　金属为何能导电？

7.11　简述辐射场总能量的计算及与温度的定性关系.

7.12　叙述费米函数的物理意义.

7.13　讨论费米函数中的化学势对粒子状态占据的影响.

7.14　单原子最外层有一个电子，基态时处于最低能级，当许多原子结合在一起，形成什么形式的能级？

7.15　简述半导体的能带论.

7.16　定性说明本征浓度.

7.17　如何理解费米气体简并压(习题 7.9)？

7.18　简述玻色凝聚的定义.

7.19　在 7.7 节的顺磁性计算中为何不引入 $N!$？

7.20　近独立粒子有几种统计？差别为何？

第 7 章小结

习　　题

7.1　证明，对于玻色系统，熵可表示为

$$S=-k\sum_s[f_s\ln f_s-(1+f_s)\ln(1+f_s)],$$

式中，f_s 为量子态 s 上的平均粒子数，$\sum\limits_s$ 表示对粒子的所有量子态求和.

7.2　证明，对于费米系统，熵可表示为

$$S=-k\sum_s[f_s\ln f_s+(1-f_s)\ln(1-f_s)],$$

式中，f_s 为量子态 s 上的平均粒子数，$\sum\limits_s$ 表示对粒子的所有量子态求和.

7.3　试求爱因斯坦固体的熵.

7.4　随着超大规模集成电路和半导体光电器件技术的发展，一维固体(很多平行的原子长链，链之间作用很弱)和二维固体(很多平行的原子平面，平面之间作用很弱)的物理性质备受关注. 试证明，在低温极限下，它们的热容分别与 T、T^2 成正比.

7.5　(1)试证明对光子气体的压强有如下关系：

$$p=\frac{E}{3V},$$

式中，E 为光子气体的能量，V 为体积；

(2)利用热力学基本定律和上述关系，推导光子气能量对温度的依赖关系；

(3)讨论(1)、(2)对黑体辐射是否适用.

7.6 根据热力学公式 $S=\int\frac{C_V}{T}\mathrm{d}T$ 及 $C_V=\left(\frac{\partial E}{\partial T}\right)_V$，求光子气体的熵.

7.7 考虑体积 V 内，温度为 T 的光子气. 已知光子静质量为零，即 $\varepsilon=cp$.

(1)光子气化学势是多少？

(2)确定光子数对温度的依赖关系；

(3)能量密度可写为 $\frac{\overline{E}}{V}=\int_0^\infty\rho(\omega)\mathrm{d}\omega$，试确定能量谱密度 $\rho(\omega)$；

(4)求 $\overline{E}$ 对 T 的依赖关系.

7.8 试求绝对零度下电子气体中电子的平均速率以及与费米能量间的关系.

7.9 在极端相对论情形下电子能量与动量的关系为 $\varepsilon=cp$，其中 c 为光速. 试求自由电子气体在 0K 时的费米能量、内能和简并压.

7.10 根据热力学公式 $S=\int\frac{C_V}{T}\mathrm{d}T$ 及低温下 C_V 的表达式，求金属中自由电子气的熵.

7.11 证明温度在 $T=0\mathrm{K}$ 时电子气体每秒钟碰撞单位面积器壁上的次数为 $\Gamma=\frac{1}{4}n\overline{v_0}$，式中，$n$ 为电子的数密度，$\overline{v_0}$ 为 0K 时电子的平均速率.

7.12 求 $T=0\mathrm{K}$ 时，金属中动量大于费米动量 p_{F} 的电子数占总粒子数的比例.

7.13 假定 N 个电子组成的体系服从费米分布，在 $T\to0$ 时态密度可写为

$$D(\varepsilon)=\begin{cases}0, & \varepsilon<0,\\ D_0, & \varepsilon\geqslant0.\end{cases}$$

(1)试求 $T\to0$ 时的化学势和总能量；

(2)求证：系统的非简并条件为 $kT\gg N/D_0$；

(3)在强简并理想费米气体中有

$$\int_0^\infty\frac{D(\varepsilon)\mathrm{d}\varepsilon}{\exp[(\varepsilon-\mu)/kT]+1}=\int_0^\infty D(\varepsilon)\mathrm{d}\varepsilon+\frac{\pi^2}{6}D'(\mu)\,(kT)^2+\cdots,$$

证明系统强简并时 C_V 与 T 成正比.

7.14 试求低温下金属中自由电子气的巨配分函数的对数，从而求得电子气的压强、内能和熵. 提示：用分部积分的方法可得

$$\int_0^\infty\varepsilon^{1/2}\ln(1+\mathrm{e}^{-\alpha-\beta\varepsilon})\mathrm{d}\varepsilon=-\frac{2}{3}\int_0^\infty\frac{\varepsilon^{3/2}(-\beta)}{(\mathrm{e}^{\alpha+\beta\varepsilon}+1)}\mathrm{d}\varepsilon.$$

7.15 试证明一维和二维理想玻色气体不存在玻色凝聚现象.

7.16 铁磁体中的自旋波也是一种准粒子，遵从玻色分布，色散关系是 $\omega=Ak^2$. 试证明在低温下，这种准粒子的激发所导致的热容与 $T^{3/2}$ 成正比.

第 8 章 涨 落 理 论

涨落的特征是统计规律性的重要组成部分，是宏观系统的基本属性. 一些重要的物理现象(如光散射等)与涨落密切相关. 同时，涨落也是对热现象分子运动本质的证明. 在前面几章中，我们建立了系综理论，并用这一理论讨论了平衡态时各种体系的热力学性质. 在研究平衡态性质的同时，曾经计算过各种系综的能量或粒子数的涨落，但是尚未较系统地专门讨论涨落问题. 本章将相对集中地介绍这方面的一些基本理论和方法. 我们所说的涨落包含两种：一种是围绕平均值的涨落，正如我们在前面几章已部分涉及的；另一种则是布朗运动，或者说是剩余涨落，这种涨落前面尚未涉及.

8.1　涨落的准热力学理论

本节讨论第一种涨落，即围绕平均值的涨落. 前面已分别用正则和巨正则系综理论，通过直接计算平均值的方法，讨论过能量和粒子数的涨落. 但有一些热力学函数的涨落，用直接平均的方法难以计算. 本节主要介绍一种用热力学函数表示并计算涨落的方法，称为“准热力学”方法. 运用这种方法，可以方便地计算各种热力学量的涨落.

1. 斯莫卢霍夫斯基公式

从前面几章对涨落的讨论中看到，只要给出系统的配分或巨配分函数，即可由它们计算能量和分子数的涨落. 同样，我们也知道，配分函数与巨配分函数的对数(Ψ和 ζ)是统计物理中的特性函数，与热力学的特性函数有对应关系. 用 Ψ、ζ表示的涨落自然也可用热力学特性函数来表示. 这就是说，有可能找到一种用热力学函数来研究涨落的方法. 斯莫卢霍夫斯基(Smoluchowski)首先提出了这种方法. 因为这种方法借助平衡态热力学函数之间的微分关系计算各种涨落，所以被称为**准热力学方法**.

首先以封闭系为基础，导出准热力学理论的基本公式.

考虑简单均匀系的涨落. 假定物体系与一大热源接触，共同构成孤立系. 物体系与热源之间相互交换能量，互变体积，但不交换粒子，达到热平衡. 若将物系、热源和总系的能量、体积以及熵分别记为 E、E_r 和 E_t，V、V_r 和 V_t 以及 S、S_r 和 S_t，显然有

$$E_t = E + E_r, \qquad V_t = V + V_r, \qquad S_t = S + S_r. \tag{8.1.1}$$

因为总系孤立，其能量(即内能)和体积均应保持不变，即

$$\Delta E_t = \Delta E + \Delta E_r = 0, \qquad \Delta V_t = \Delta V + \Delta V_r = 0. \tag{8.1.2}$$

以下我们将热力学量的涨落值(区别于平衡态的平均值)称作精确值. 根据玻尔兹曼关系，总系之熵的精确值可写为

$$S_t = k\ln W_t, \tag{8.1.3}$$

式中，W_t 是总系热力学量取精确值时的微观状态数(热力学概率). 平衡态时，微观状态数达极大值，记为 W_m，相应熵的取值(平均值)则为

$$\overline{S_t} = k\ln W_m. \tag{8.1.4}$$

因此，上述两个热力学概率之间应有如下关系：

$$W_t = W_m \exp\left(\frac{S_t - \overline{S_t}}{k}\right), \tag{8.1.5}$$

上式称为**爱因斯坦公式**.

因为热源很大，所以，由物系变动引起热源的能量、体积以及熵的变化 ΔE_r、ΔV_r 和 ΔS_r 虽对物系而言可能很大，但较之热源的相应量 E_r、V_r 和 S_r 仍可认为是小量. 于是，可以用热力学的微分公式来描述这些变量之间的关系，即

$$\Delta S_r = \frac{\Delta E_r + p\Delta V_r}{T} = \frac{-\Delta E - p\Delta V}{T}. \tag{8.1.6}$$

这里用到式(8.1.2)，T、p 是总系也是物系的平均温度和压强. 式(8.1.6)将热源的熵变与物系能量和体积的变化联系起来. 根据熵的关系又有

$$\Delta S_t = \Delta S + \Delta S_r. \tag{8.1.7}$$

这样，就可以用物系的热力学量(内能、体积和熵)的变化来表示总系的熵变

$$\Delta S_t = \Delta S + \frac{-\Delta E - p\Delta V}{T}. \tag{8.1.8}$$

如果将 ΔE 和 ΔV 理解为物系精确值对平均值的偏差，这种偏差又带来物系熵的偏差，相应的总系熵的偏差则为 ΔS_t. 这种涨落状态出现的概率应与其相应的热力学概率成正比，即

$$W \propto W_m \exp\left(\frac{\Delta S_t}{k}\right) \propto \exp\left(-\frac{\Delta E - T\Delta S + p\Delta V}{kT}\right). \tag{8.1.9}$$

上式给出物体系涨落态出现的概率，并已将它表示为热力学量偏差的函数，因此是准热力学方法的基本公式，称为**斯莫卢霍夫斯基公式**.

在一般情况下，涨落都是比较小的，我们可以用 S、V 作独立变量，围绕平均值，将 ΔE 展为泰勒级数，取至二级项，即

$$\begin{aligned}\Delta E &= \frac{\partial E}{\partial S}\Delta S + \frac{\partial E}{\partial V}\Delta V + \frac{1}{2}\left[\frac{\partial^2 E}{\partial S^2}(\Delta S)^2 + 2\frac{\partial^2 E}{\partial S\partial V}\Delta S\Delta V + \frac{\partial^2 E}{\partial V^2}(\Delta V)^2\right] \\ &= T\Delta S - p\Delta V + \frac{1}{2}\left[\frac{\partial^2 E}{\partial S^2}(\Delta S)^2 + 2\frac{\partial^2 E}{\partial S\partial V}\Delta S\Delta V + \frac{\partial^2 E}{\partial V^2}(\Delta V)^2\right],\end{aligned}$$

因此

$$\Delta E - T\Delta S + p\Delta V = \frac{1}{2}(\Delta S\Delta T - \Delta V\Delta p).$$

进而得

$$W \propto \exp\left(\frac{\Delta p\Delta V - \Delta S\Delta T}{2kT}\right) \tag{8.1.10}$$

或

$$W = W_0 \exp\left(\frac{\Delta p\Delta V - \Delta S\Delta T}{2kT}\right), \tag{8.1.10a}$$

其中，W_0 为归一化常数. 式(8.1.10)是准热力学理论基本公式——斯莫卢霍夫斯基公式的另一种常用形式.

在式(8.1.10)的推导中，用到了热力学关系

$$\left(\frac{\partial E}{\partial S}\right)_V = T, \qquad \left(\frac{\partial E}{\partial V}\right)_S = -p.$$

还应注意到：前式中的四个偏差量并不全部独立. 它们之间有两个方程约束，只有两个是独立的. 适当选择独立变量，演变式(8.1.10)，可得各种热力学量偏差的概率，进而求出均方涨落以及各种涨落之间的统计关联.

2. 温度和体积的涨落

作为用准热力学方法求涨落的例子，我们先计算温度和体积的涨落.

利用热力学关系，消去式(8.1.10)中的 ΔS 和 Δp，即可获得偏差 ΔT 和 ΔV 的概率，以便计算其均方涨落. 以 ΔT 和 ΔV 为独立变量，可将 ΔS 和 Δp 展开. 这里，只保留至 ΔT 和 ΔV 的一级项，展开的结果则为

$$\Delta S = \left(\frac{\partial S}{\partial T}\right)_V \Delta T + \left(\frac{\partial S}{\partial V}\right)_T \Delta V = \frac{C_V}{T}\Delta T + \left(\frac{\partial p}{\partial T}\right)_V \Delta V,$$

$$\Delta p=\left(\frac{\partial p}{\partial T}\right)_V \Delta T+\left(\frac{\partial p}{\partial V}\right)_T \Delta V.$$

将上述两式代入式(8.1.10)，可得到温度和体积偏差的概率分布为

$$W \propto \exp\left[-\frac{C_V}{2kT^2}(\Delta T)^2+\frac{1}{2kT}\left(\frac{\partial p}{\partial V}\right)_T (\Delta V)^2\right]. \tag{8.1.11}$$

利用上式即可计算温度和体积的均方涨落. 计算之前，让我们先考查两种涨落的统计独立性. 由式(8.1.11)给出的热力学概率是 ΔT 和 ΔV 的高斯型函数. 因此,它们之间的统计独立性是显然的. 事实上

$$\begin{aligned}\overline{\Delta T\Delta V}&=\frac{\iint_{-\infty}^{\infty}\Delta T\Delta V\,\mathrm{e}^{-\frac{C_V}{2kT^2}(\Delta T)^2+\frac{1}{2kT}\left(\frac{\partial p}{\partial V}\right)_T(\Delta V)^2}\,\mathrm{d}(\Delta T)\mathrm{d}(\Delta V)}{\iint_{-\infty}^{\infty}\mathrm{e}^{-\frac{C_V}{2kT^2}(\Delta T)^2+\frac{1}{2kT}\left(\frac{\partial p}{\partial V}\right)_T(\Delta V)^2}\,\mathrm{d}(\Delta T)\mathrm{d}(\Delta V)}\\&=\overline{\Delta T}\,\overline{\Delta V}=0.\end{aligned} \tag{8.1.12}$$

由此式可见，温度和体积的涨落之间统计独立.

容易进一步计算所需的平均值. 如温度的涨落计算为

$$\begin{aligned}\overline{(\Delta T)^2}&=\frac{\iint_{-\infty}^{\infty}(\Delta T)^2\,\mathrm{e}^{-\frac{C_V}{2kT^2}(\Delta T)^2+\frac{1}{2kT}\left(\frac{\partial p}{\partial V}\right)_T(\Delta V)^2}\,\mathrm{d}(\Delta T)\mathrm{d}(\Delta V)}{\iint_{-\infty}^{\infty}\mathrm{e}^{-\frac{C_V}{2kT^2}(\Delta T)^2+\frac{1}{2kT}\left(\frac{\partial p}{\partial V}\right)_T(\Delta V)^2}\,\mathrm{d}(\Delta T)\mathrm{d}(\Delta V)}\\&=\frac{kT^2}{C_V}.\end{aligned} \tag{8.1.13}$$

因为 $\overline{(\Delta T)^2}$ 必不小于零，所以上式给出

$$C_V>0,$$

这是系统稳定的必备条件之一.

类似地计算出体积的涨落为

$$\overline{(\Delta V)^2}=-kT\left(\frac{\partial V}{\partial p}\right)_T. \tag{8.1.14}$$

因为 $\overline{(\Delta V)^2}$ 必不小于零，所以上式给出

$$\left(\frac{\partial V}{\partial p}\right)_T<0,$$

即加压必使体积减小. 这也是系统稳定必备的条件.

进一步可计算相对涨落. 以体积为例，结果是

$$\overline{\left(\frac{\Delta V}{V}\right)^2} = -\frac{kT}{V^2}\left(\frac{\partial V}{\partial p}\right)_T. \tag{8.1.15}$$

如果系统的体积确定，可以求粒子数和密度的相对涨落. 两者同为

$$\overline{\left(\frac{\Delta N}{N}\right)^2} = \overline{\left(\frac{\Delta \rho}{\rho}\right)^2} = -\frac{kT}{V^2}\left(\frac{\partial V}{\partial p}\right)_T. \tag{8.1.16}$$

对理想气体

$$\left(\frac{\partial V}{\partial p}\right)_T = -\frac{V}{p} = -\frac{V^2}{NkT},$$

因此

$$\overline{\left(\frac{\Delta N}{N}\right)^2} = \frac{1}{N}.$$

密度的涨落已在光散射的实验观测中得到证实.

3. 其他热力学量的涨落

如前所述，利用准热力学理论，原则上可以计算所有热力学函数的涨落. 具体计算方法可以分为两类，即直接和间接计算. 现分别举例说明.

1) 直接计算

通过独立变量之间的变换，可以将斯莫卢霍夫斯基公式写为其他热力学量的偏差的高斯函数形式.

例如，选择 ΔS 和 Δp 作为独立变量，将 ΔT 和 ΔV 展开，最后可得

$$W \propto \exp\left[-\frac{1}{2kC_p}(\Delta S)^2 - \frac{\kappa_s V}{2kT}(\Delta p)^2\right]. \tag{8.1.17}$$

因此易得

$$\overline{(\Delta S \Delta p)} = 0. \tag{8.1.18}$$

立即可以获得熵和压强的均方涨落

$$\overline{(\Delta S)^2} = kC_p, \qquad \overline{(\Delta p)^2} = \frac{kT}{\kappa_s V}. \tag{8.1.19}$$

式中，κ_s 为物体系的**绝热压缩系数**，定义为

$$\kappa_s = -\frac{1}{V}\left(\frac{\partial V}{\partial p}\right)_s.$$

2) 间接计算

有些热力学量的均方偏差不易用上述方法直接平均计算. 我们可以通过热力学函数之间的微分关系，由一些容易计算的热力学函数的均方涨落间接计算它们的涨落. 例如，以 T、V 作为独立变量，根据函数微分关系，可将能量的偏差写为

$$\Delta E = \left(\frac{\partial E}{\partial T}\right)_V \Delta T + \left(\frac{\partial E}{\partial V}\right)_T \Delta V . \tag{8.1.20}$$

将此式两端平方，再求平均值，用式(8.1.12)～式(8.1.14)的结果即可得能量的均方涨落为

$$\begin{aligned}\overline{(\Delta E)^2} &= kT^2 C_V + kT\kappa_T V\left(\frac{\partial E}{\partial V}\right)_T^2 \\ &= kT^2 C_V + kT\kappa_T \frac{N^2}{V}\left(\frac{\partial E}{\partial N}\right)_T^2 .\end{aligned} \tag{8.1.21}$$

式中，κ_T 为等温压缩系数.

由以上结果可以看到，广延量(如体积、能量和熵)的均方涨落与体系的大小(粒子数的多少)成正比；而强度量(如温度和压强)的均方涨落则与体系的大小成反比. 但是，无论哪一类热力学量，其相对涨落则总是与体系的大小成反比. 我们讨论的系统是宏观系统，从微观角度来看，他们总是很大的. 这就是说，除特殊情况(临界现象)以外，体系的涨落总是可以忽略不计的.

8.2 光 的 散 射

本节讨论一种反映围绕平均值附近涨落的宏观现象——光散射现象. 光散射现象有两种不同情形：光通过浑浊物(如有悬浮杂质的液体或气体)时，悬浮杂质会对光发生散射，称为**廷德尔(Tyndall)现象**；另一种情形是，光通过纯净的气体或液体时所发生的散射. 这种散射称为分子散射，又称**瑞利散射**，是由于介质分子密度的涨落(起伏)引起的. 本节讨论瑞利散射.

光射入透明体时，物体内的分子因光的激发而振动，会产生偶极辐射. 密度无涨落时，大量分子的这种辐射的叠加效果是光的透射，可能会有折射或反射，但不应有散射. 若有涨落，则可以产生分子散射. 考虑各向同性媒质内的小体积，由光激发的单位体积电偶极矩为 $\boldsymbol{P}$，它与局部电场强度 $\mathscr{E}$ 有关系

$$\boldsymbol{P} = \frac{\varepsilon - 1}{4\pi}\mathscr{E} ,$$

式中，ε 为介电常量. 由于密度 ρ 的涨落，可导致介电常量 ε，进而 $\boldsymbol{P}$ 的涨落. 将以

上三量的涨落分别记为$\delta\rho$、$\delta\varepsilon$和$\delta\boldsymbol{P}$. 在我们的讨论中，可以略去涨落对电场的影响，$\mathscr{E}$ 即入射光的电场. 于是有

$$\delta\boldsymbol{P}=\frac{\delta\varepsilon}{4\pi}\mathscr{E}=\frac{\delta\rho}{4\pi}\frac{\partial\varepsilon}{\partial\rho}\mathscr{E}. \tag{8.2.1}$$

根据 $\boldsymbol{P}$ 的意义知 $P\propto\rho$，因此$\varepsilon-1\propto\rho$，即有$(\varepsilon-1)/\rho=$常数. 对其对数求导数有

$$\frac{\partial}{\partial\rho}\ln\frac{\varepsilon-1}{\rho}=\frac{1}{\varepsilon-1}\left(\frac{\partial\varepsilon}{\partial\rho}-\frac{\varepsilon-1}{\rho}\right)=0$$

所以

$$\frac{\partial\varepsilon}{\partial\rho}=\frac{\varepsilon-1}{\rho}=\frac{n^2-1}{\rho}, \tag{8.2.2}$$

式中，n 为折射率.

根据电磁场理论，对于单色平面波，在立体角元 $\mathrm{d}\Omega$ 内散射的能量为

$$\mathrm{d}I=I_0\frac{\pi^2}{\lambda^4}\left(\frac{\partial\varepsilon}{\partial\rho}\right)^2\overline{V^2(\delta\rho)^2}\sin^2\theta\mathrm{d}\Omega, \tag{8.2.3}$$

式中，I_0 为入射光强(单位面积通过的入射光强度). V 为前面所考虑的小体积，其尺度较λ 小得多. θ 为入射光电场与观察方向之间的夹角(图 8-1).

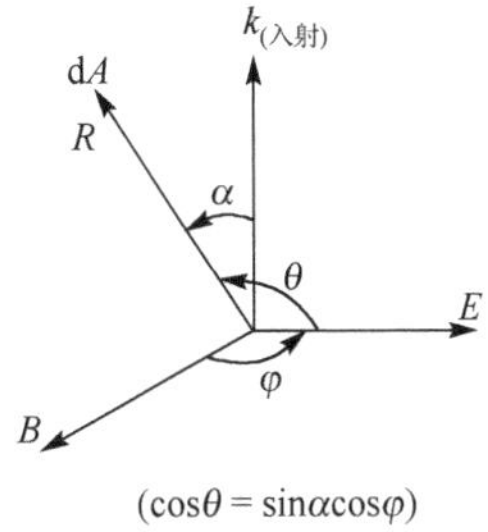

图 8-1 光散射角度示意图

如果讨论无偏振的自然光，则应考虑各方向的平均，结果是

$$\mathrm{d}I=I_0\frac{\pi^2}{\lambda^4}\left(\frac{\partial\varepsilon}{\partial\rho}\right)^2\overline{V^2(\delta\rho)^2}\frac{1}{2}(1+\cos^2\alpha)\mathrm{d}\Omega, \tag{8.2.4}$$

式中，α 为入射方向与观察方向之间的夹角.

在距被观察的散射点 R 处，垂直于观察方向单位面积上的**散射光强度**为

$$\begin{aligned}\frac{\mathrm{d}I}{\mathrm{d}A}&=\frac{\pi^2}{2\lambda^4R^2}(1+\cos^2\alpha)\left(\frac{\partial\varepsilon}{\partial\rho}\right)^2\overline{V^2(\delta\rho)^2}I_0\\&=\frac{\pi^2}{2\lambda^4R^2}(1+\cos^2\alpha)\,(n^2-1)^2V^2\frac{\overline{(\delta\rho)^2}}{\rho^2}I_0.\end{aligned} \tag{8.2.5}$$

将 8.1 节关于涨落的结果代入，可得

$$\frac{\mathrm{d}I}{\mathrm{d}A}=\frac{\pi^2}{2\lambda^4R^2}(1+\cos^2\alpha)\,(n^2-1)^2V^2\left(-\frac{kT}{V^2}\frac{\partial V}{\partial p}\right)I_0, \tag{8.2.6}$$

运用理想气体模型，我们有

$$\frac{\partial V}{\partial p}=-\frac{V^2}{NkT}.$$

又 $n\approx 1$，所以 $n^2-1\approx 2(n-1)$. 因此

$$\begin{aligned}\frac{\mathrm{d}I}{\mathrm{d}A}&=\frac{2\pi^2}{\lambda^4R^2}(1+\cos^2\alpha)(n-1)^2V^2\frac{1}{N}I_0\\&=\frac{2\pi^2}{\lambda^4R^2}(1+\cos^2\alpha)(n-1)^2V^2\frac{kTV}{p}I_0.\end{aligned}\tag{8.2.7}$$

可见，散射光强度与体积成正比，并且正比于 $1/\lambda^4$，表明波长越长，散射越少. 或者说，散射部分主要是短波.

用上述结论可以解释日常所见天空颜色的变化. 例如，白昼看到天空的蓝色，就是因为其波长较短容易被散射入眼帘的缘故. 早晚日出日落，东、西方的阳光穿过较厚的云层，波长较短的蓝光被散射，而长波的红光透射较多，所以人们可看到一轮红日或红色的朝霞和晚霞.

8.3 涨落的空间关联

迄今为止，我们对涨落的讨论尚未涉及空间不同位置涨落之间的相互影响. 事实上，由于物体系中粒子之间的相互作用和量子力学全同性，不同位置的粒子间有相关性. 这种相关性称为**空间关联**，它导致物体系两处涨落之间的关联. 本节将简要介绍有关涨落空间关联的一些基本知识.

1. 空间相关函数

为了研究涨落的空间关联，引入空间相关函数. 假定物体系的物理量 A 是位置的函数 $A(\boldsymbol{r})$，其统计平均值为 $\overline{A(\boldsymbol{r})}$，偏差为 $\Delta A(\boldsymbol{r})$. 定义体系中两点 $\boldsymbol{r}$ 和 $\boldsymbol{r}'$之间涨落的**相关函数**为

$$\Gamma(\boldsymbol{r},\boldsymbol{r}')=\overline{\Delta A(\boldsymbol{r})\Delta A(\boldsymbol{r}')}.\tag{8.3.1}$$

它反映物理量 $A(\boldsymbol{r})$ 在 $\boldsymbol{r}'$处的偏差对 $\boldsymbol{r}$ 处偏差的影响. 当 $\boldsymbol{r}=\boldsymbol{r}'$时，式(8.3.1)则成为 A 的均方偏差，即

$$\Gamma(\boldsymbol{r},\boldsymbol{r})=\overline{[\Delta A(\boldsymbol{r})]^2}.$$

前已指出，涨落的关联来自于粒子之间的相互关联. 假定力学量 A 在 $\boldsymbol{r}$ 处的取值为 $A_i(\boldsymbol{r})$ 的概率是 $P_i(\boldsymbol{r})$，在 $\boldsymbol{r}'$ 处取值为 $A_j(\boldsymbol{r}')$ 的概率是 $P_j(\boldsymbol{r}')$. 将以上两种取值同时出现的概率记为 $P_{ij}(\boldsymbol{r},\boldsymbol{r}')$. 一般说来，

$$P_{ij}(\boldsymbol{r},\boldsymbol{r}')\neq P_i(\boldsymbol{r})P_j(\boldsymbol{r}').$$

根据以上定义的概率，可以计算相关函数

$$\Gamma(\boldsymbol{r},\boldsymbol{r}')=\sum_{i,j}\Delta A_i(\boldsymbol{r})\Delta A_j(\boldsymbol{r}')P_{ij}(\boldsymbol{r},\boldsymbol{r}'). \tag{8.3.2}$$

如果体系是均匀的，相关函数则只是两点距离的函数，可记为 $\Gamma(|\boldsymbol{r}-\boldsymbol{r}'|)$.

当物理量 A 在两处取值的概率相互无关，即不存在空间相关时，则有

$$P_{ij}(\boldsymbol{r},\boldsymbol{r}')=P_i(\boldsymbol{r})P_j(\boldsymbol{r}'). \tag{8.3.3}$$

可以算出式(8.3.2)为

$$\begin{aligned}\Gamma(\boldsymbol{r},\boldsymbol{r}')&=\sum_i\Delta A_i(\boldsymbol{r})P_i(\boldsymbol{r})\sum_j\Delta A_j(\boldsymbol{r}')P_j(\boldsymbol{r}')\\&=\overline{\Delta A(\boldsymbol{r})}\,\overline{\Delta A(\boldsymbol{r}')}=0.\end{aligned} \tag{8.3.4}$$

此式亦可作为空间两处涨落独立的条件.

2. 粒子数密度关联

用相关函数可以讨论热力学函数的关联. 这里以粒子数密度为例，简要讨论之. 假定体系的粒子总数为 N，物体系体积为 V，在密度不很大的情形下，认为粒子可以分辨，可用经典统计讨论. 不计粒子内部自由度，视其为“点”粒子，则空间一点 $\boldsymbol{r}$ 处的粒子数密度可写为 δ 函数之和，即

$$n(\boldsymbol{r})=\sum_{i=1}^{N}\delta(\boldsymbol{r}-\boldsymbol{r}_i). \tag{8.3.5}$$

用正则系综，将概率密度函数记为

$$\rho_N(\boldsymbol{r}_1,\boldsymbol{r}_2,\cdots,\boldsymbol{r}_N;\boldsymbol{p}_1,\boldsymbol{p}_2,\cdots,\boldsymbol{p}_N)=\frac{1}{Z}\mathrm{e}^{-\beta K-\beta U(r)}.$$

为简单起见，上式已取 $h=1$，并略去计及粒子全同性的因子 $N!$. K 和 U 分别为体系的动能和粒子间相互作用势能. 对非相对论性粒子，有

$$K=\sum_{i=1}^{N}\frac{p_i^2}{2M}.$$

体系的配分函数为

$$Z=Z^K Z^U,$$

式中

$$Z^K=\int\mathrm{e}^{-\beta K}\prod_i\mathrm{d}\boldsymbol{p}_i=\left(\frac{2\pi M}{\beta}\right)^{3N/2},$$

$$Z^U=\int\mathrm{e}^{-\beta U}\prod_i\mathrm{d}\boldsymbol{r}_i.$$

粒子数密度的系综平均由下式计算：

$$\begin{aligned}\overline{n(\boldsymbol{r})}&=\int\sum_{i=1}^{N}\delta(\boldsymbol{r}-\boldsymbol{r}_i)\rho_N(\boldsymbol{r}_1,\boldsymbol{r}_2,\cdots,\boldsymbol{r}_N;\boldsymbol{p}_1,\boldsymbol{p}_2,\cdots,\boldsymbol{p}_N)\prod_i(\mathrm{d}\boldsymbol{r}_i\mathrm{d}\boldsymbol{p}_i)\\&=\int\sum_{i=1}^{N}\delta(\boldsymbol{r}-\boldsymbol{r}_i)\rho_N(\boldsymbol{r}_1,\boldsymbol{r}_2,\cdots,\boldsymbol{r}_N)\prod_i\mathrm{d}\boldsymbol{r}_i.\end{aligned}\tag{8.3.6}$$

式中，粒子按空间位置分布的概率密度函数为

$$\begin{aligned}\rho_N(\boldsymbol{r}_1,\boldsymbol{r}_2,\cdots,\boldsymbol{r}_N)&=\int\rho_N(\boldsymbol{r}_1,\boldsymbol{r}_2,\cdots,\boldsymbol{r}_N;\boldsymbol{p}_1,\boldsymbol{p}_2,\cdots,\boldsymbol{p}_N)\prod_i\mathrm{d}\boldsymbol{p}_i\\&=\frac{1}{Z^U}\mathrm{e}^{-\beta U}.\end{aligned}\tag{8.3.7}$$

此函数关于 $\boldsymbol{r}_1,\boldsymbol{r}_2,\cdots,\boldsymbol{r}_N$ 对称，故式(8.3.6)中的各项积分有相同的贡献，即

$$\begin{aligned}\overline{n(\boldsymbol{r})}&=N\int\delta(\boldsymbol{r}-\boldsymbol{r}_1)\left[\int\rho_N(\boldsymbol{r}_1,\boldsymbol{r}_2,\cdots,\boldsymbol{r}_N)\mathrm{d}\boldsymbol{r}_2\cdots\mathrm{d}\boldsymbol{r}_N\right]\mathrm{d}\boldsymbol{r}_1\\&=\frac{N}{V}\int\delta(\boldsymbol{r}-\boldsymbol{r}_1)\rho_1(\boldsymbol{r}_1)\mathrm{d}\boldsymbol{r}_1=n\rho_1(\boldsymbol{r}),\end{aligned}\tag{8.3.8}$$

式中

$$\rho_1(\boldsymbol{r}_1)=V\int\rho_N(\boldsymbol{r}_1,\boldsymbol{r}_2,\cdots,\boldsymbol{r}_N)\mathrm{d}\boldsymbol{r}_2\cdots\mathrm{d}\boldsymbol{r}_N\,,\tag{8.3.9}$$

$\frac{1}{V}\rho_1(\boldsymbol{r}_1)$ 是不论其他粒子位置，第一个粒子出现在 $\boldsymbol{r}_1$ 处的概率密度. n 为体系的平均粒子数密度.

对于均匀系，显然有

$$\rho_1(\boldsymbol{r})=1\,,\tag{8.3.10}$$

平均粒子数密度与位置 $\boldsymbol{r}$ 无关. 相应的概率密度为 $1/V$.

现在，我们来考虑**粒子数密度的关联**性质. 为此，需计算

$$\begin{aligned}&\overline{n(\boldsymbol{r})n(\boldsymbol{r}')}\\&=\int n(\boldsymbol{r})n(\boldsymbol{r}')\rho_N(\boldsymbol{r}_1,\boldsymbol{r}_2,\cdots,\boldsymbol{r}_N;\boldsymbol{p}_1,\boldsymbol{p}_2,\cdots,\boldsymbol{p}_N)\prod_i(\mathrm{d}\boldsymbol{r}_i\mathrm{d}\boldsymbol{p}_i)\\&=\int\sum_{i,j=1}^{N}\delta(\boldsymbol{r}-\boldsymbol{r}_i)\delta(\boldsymbol{r}'-\boldsymbol{r}_j)\rho_N(\boldsymbol{r}_1,\boldsymbol{r}_2,\cdots,\boldsymbol{r}_N)\prod_i\mathrm{d}\boldsymbol{r}_i.\\&=\int\left[\sum_{i=1}^{N}\delta(\boldsymbol{r}-\boldsymbol{r}_i)\delta(\boldsymbol{r}'-\boldsymbol{r}_i)+\sum_{i\neq j}\delta(\boldsymbol{r}-\boldsymbol{r}_i)\delta(\boldsymbol{r}'-\boldsymbol{r}_j)\right]\rho_N(\boldsymbol{r}_1,\boldsymbol{r}_2,\cdots,\boldsymbol{r}_N)\prod_i\mathrm{d}\boldsymbol{r}_i.\end{aligned}\tag{8.3.11}$$

引入**二粒子概率密度函数**

$$\rho_2(\boldsymbol{r}_1,\boldsymbol{r}_2)=V^2\int\rho_N(\boldsymbol{r}_1,\boldsymbol{r}_2,\cdots,\boldsymbol{r}_N)\mathrm{d}\boldsymbol{r}_3\cdots\mathrm{d}\boldsymbol{r}_N\,.$$

$\frac{1}{V^2}\rho_2(\boldsymbol{r}_1,\boldsymbol{r}_2)$给出两个粒子分别处在 $\boldsymbol{r}_1$ 和 $\boldsymbol{r}_2$ 的概率密度. 于是，式(8.3.11)可写为

$$\begin{aligned}&\overline{n(\boldsymbol{r})n(\boldsymbol{r}')}\\&=n\delta(\boldsymbol{r}-\boldsymbol{r}')+N(N-1)\int\delta(\boldsymbol{r}-\boldsymbol{r}_1)\delta(\boldsymbol{r}'-\boldsymbol{r}_2)\rho_2(\boldsymbol{r}_1,\boldsymbol{r}_2)\mathrm{d}\boldsymbol{r}_1\mathrm{d}\boldsymbol{r}_2\\&=n\delta(\boldsymbol{r}-\boldsymbol{r}')+\frac{N(N-1)}{V^2}\rho_2(\boldsymbol{r},\boldsymbol{r}').\end{aligned}\tag{8.3.12}$$

因为 $N\gg1$，故可略去 N 与 $N-1$ 的差别，上式成为

$$\overline{n(\boldsymbol{r})n(\boldsymbol{r}')}=n\delta(\boldsymbol{r}-\boldsymbol{r}')+n^2\rho_2(\boldsymbol{r},\boldsymbol{r}')\,.\tag{8.3.13}$$

对于均匀系，二粒子概率密度函数只与两粒子之间的距离有关，故有

$$\rho_2(\boldsymbol{r}_1,\boldsymbol{r}_2)=\rho_2(|\boldsymbol{r}_1-\boldsymbol{r}_2|)=\rho_2(\boldsymbol{r}_2,\boldsymbol{r}_1)\,.\tag{8.3.14}$$

进一步可求涨落的空间相关函数

$$\begin{aligned}\varGamma_n(\boldsymbol{r},\boldsymbol{r}')&=\overline{\Delta n(\boldsymbol{r})\Delta n(\boldsymbol{r}')}=\overline{(n(\boldsymbol{r})-n)\ (n(\boldsymbol{r}')-n)}\\&=\overline{n(\boldsymbol{r})n(\boldsymbol{r}')}-n^2=n\delta(\boldsymbol{r}-\boldsymbol{r}')+n^2[\rho_2(\boldsymbol{r},\boldsymbol{r}')-1]\\&=n\delta(\boldsymbol{r}-\boldsymbol{r}')+n^2[\rho_2(|\boldsymbol{r}-\boldsymbol{r}'|)-1].\end{aligned}\tag{8.3.15}$$

对于无相互作用(两粒子相互独立)的经典体系，$\rho_2(|\boldsymbol{r}_1-\boldsymbol{r}_2|)=1$，相应的概率密度为 $1/V^2$. 在一般情形下，有

$$\rho_2(|\boldsymbol{r}_1-\boldsymbol{r}_2|)\neq1\,.$$

常引入一个描述体系空间关联程度的函数，定义为

$$\nu(|\boldsymbol{r}_1-\boldsymbol{r}_2|)=n[\rho_2(|\boldsymbol{r}_1-\boldsymbol{r}_2|)-1]\,.\tag{8.3.16}$$

在不存在空间关联时，$\nu(|\boldsymbol{r}-\boldsymbol{r}'|)=0$. 根据上述定义，又可将式(8.3.15)写为

$$\begin{aligned}\varGamma_n(\boldsymbol{r},\boldsymbol{r}')&=\overline{\Delta n(\boldsymbol{r})\Delta n(\boldsymbol{r}')}\\&=n\delta(\boldsymbol{r}-\boldsymbol{r}')+n\nu(|\boldsymbol{r}-\boldsymbol{r}'|).\end{aligned}\tag{8.3.17}$$

可见，函数 $\nu(|\boldsymbol{r}-\boldsymbol{r}'|)$ 可以描述一对粒子的空间关联性质，故常将它称为**“对相关函数”**.

如果 $|\boldsymbol{r}-\boldsymbol{r}'|\to\infty$，两体关联总是可以忽略的. 这时 $\nu(|\boldsymbol{r}-\boldsymbol{r}'|)\to0$，$\rho_2(|\boldsymbol{r}-\boldsymbol{r}'|)\to1$. 由此也可以想到，空间关联是有一定范围的. 如果可以找到一个尺度 ξ，在这个尺度以外，关联可以忽略不计，我们则将它称为**关联长度**. 如果这个尺度不存在，可称关联长度为无穷. 关联长度是研究关联，特别是讨论临界现象的一个重要物理量. 这一问题在以后的讨论中还要涉及，此处不再详细讨论.

3. 热力学函数

运用二粒子概率密度函数还可计算体系的热力学函数. 这里，我们以内能为例加以说明. 由正则系综理论计算内能的公式为

$$E=-\frac{\partial}{\partial\beta}\ln Z=-\frac{\partial}{\partial\beta}\ln Z^K-\frac{\partial}{\partial\beta}\ln Z^U\,, \tag{8.3.18}$$

式中，Z^K 和 Z^U 分别为配分函数的动能和势能部分. 如果仍略去粒子的内部自由度，上式成为

$$E=\frac{3}{2}NkT-\frac{1}{Q}\frac{\partial Q}{\partial\beta}\,, \tag{8.3.19}$$

式中，Q 为位形配分函数，由下式计算：

$$Q=\int\exp\left(-\beta\sum_{i<j}u_{ij}\right)\prod_i \mathrm{d}\boldsymbol{r}_i\,. \tag{8.3.20}$$

于是，互作用势能对内能的贡献则为

$$\begin{aligned}-\frac{1}{Q}\frac{\partial Q}{\partial\beta}&=\frac{1}{2Q}\int\sum_{i\neq j}u_{ij}\exp\left(-\beta\sum_{i<j}u_{ij}\right)\prod_i\mathrm{d}\boldsymbol{r}_i\\&=\frac{N(N-1)}{2}\int u_{ij}\rho_N(\boldsymbol{r}_1,\boldsymbol{r}_2,\cdots,\boldsymbol{r}_N)\prod_i\mathrm{d}\boldsymbol{r}_i\\&=\frac{N(N-1)}{2}\int u_{ij}\frac{1}{V^2}\rho_2(\boldsymbol{r}_1,\boldsymbol{r}_2)\mathrm{d}\boldsymbol{r}_1\mathrm{d}\boldsymbol{r}_2.\end{aligned} \tag{8.3.21}$$

如果系统各向同性且均匀，$\rho_2(\boldsymbol{r}_1,\boldsymbol{r}_2)$ 和 u_{ij} 便只是两粒子间距离的函数，即

$$u_{ij}=u(r),\quad \rho_2(\boldsymbol{r}_1,\boldsymbol{r}_2)=\rho_2(r)\,. \tag{8.3.22}$$

这里引入了相对坐标 $r=|\boldsymbol{r}_1-\boldsymbol{r}_2|$. 再采用与式(8.3.13)相同的近似，式(8.3.21)则可写为

$$-\frac{1}{Q}\frac{\partial Q}{\partial\beta}=\frac{n^2V}{2}\int u(r)\rho_2(r)\mathrm{d}\boldsymbol{r}\,. \tag{8.3.23}$$

这里还用到粒子间作用力程较小的条件. 最后可获得内能平均密度的表达式

$$u=\frac{3}{2}nkT+\frac{n^2}{2}\int u(r)\rho_2(r)\mathrm{d}\boldsymbol{r}\,. \tag{8.3.24}$$

上式右侧第二项是相互作用势能，与密度的平方成正比. 如果知道了二粒子概率密度函数，即可用此式计算出内能.

8.4 布 朗 运 动

涨落的另一种形式是布朗(Brown)运动，它是植物学家布朗在 1827 年观察水中花粉的运动时首先发现的. 布朗发现，花粉之类的悬浮小颗粒在液体中会不停地做无规运动，人们将这类运动称为**布朗运动**.

根据观测结果,花粉之类的小颗粒在水面上的无规运动的速率约为 10^{-5}cm/s. 这是何种运动的速度呢？让我们对它作简单的分析：如果将布朗运动的粒子视为巨分子，因被周围的分子碰撞而运动. 那么，根据关于碰撞频率的知识，在液体中巨分子每秒钟受到碰撞的次数约为 10^{19} 的数量级，在气体中约有 10^{15} 次. 这远快于我们观测到的布朗运动频次. 因此，布朗运动不是分子运动的直接反应. 从另一角度来看，如果用理想气体模型估计布朗巨分子运动的平均速率，由能均分定理有

$$\frac{1}{2}M\overline{v^2}=\frac{3}{2}kT\,. \tag{8.4.1}$$

将 M 和 v 分别取为布朗巨分子的质量和速度，估算出的平均速率 $\bar{v}$ 为 1cm/s. 但是，实际观察到的布朗运动速率约为这个速度的 10^{-5} 倍. 可见，布朗运动观察到的只是颗粒在液体分子驱动下的一种平均运动: 当“布朗粒子”受周围液体分子的碰撞作用时，各方向的作用不能完全平衡，平衡之余的净力对小颗粒的作用导致了布朗运动. 这事实上是一种“剩余涨落”，是分子无规运动的间接表现.

1. 郎之万理论

郎之万(Langevin)通过对布朗粒子受力的分析，建立了描述其运动的方程. 为简单起见，只考虑布朗运动在某一水平方向(x 方向)的投影：沿 x 方向的一维运动. 设质量为 m 的布朗粒子在 t 时刻的坐标为 $x(t)$. 假定除周围分子的作用以外，无其他作用力. 这种力在各方向的作用相消后所余的净力 $F(t)$包括两部分：一部分是无规力，记作 $X(t)$；另一部分是黏滞力，可以表示为$-\alpha \mathrm{d}x/\mathrm{d}t$. 这里，$\alpha$ 是阻尼系数，其倒数 $B=1/\alpha$ 称为迁移率，表示粒子由于受单位外力作用所获的漂移速度. 斯托克斯(Stokes)证明，对半径为 a 的球有

$$\alpha=6\pi a\eta\,. \tag{8.4.2}$$

式中，η 为**黏滞系数**. a 的数量级一般为 10^{-5}，水的黏滞系数的数量级约为 10^{-3}，因此α 的数量级约为 10^{-6}.

根据牛顿定律应有

$$m\frac{\mathrm{d}^2x}{\mathrm{d}t^2}=F(t)\,,$$

即

$$m\frac{\mathrm{d}^2x}{\mathrm{d}t^2}=-\alpha\frac{\mathrm{d}x}{\mathrm{d}t}+X(t). \tag{8.4.3}$$

上式称为**郎之万方程**.

因为布朗运动的方向总是不断变化的，让我们来研究其位移绝对值的平均. 这可以通过 x^2 来讨论. 为此，将郎之万方程两端同乘以 x，并记 $u=\mathrm{d}x/\mathrm{d}t$，则有

$$\frac{1}{2}\frac{\mathrm{d}^2}{\mathrm{d}t^2}(mx^2)-mu^2=-\frac{\alpha}{2}\frac{\mathrm{d}x^2}{\mathrm{d}t}+xX(t). \tag{8.4.4}$$

考虑此式对大量颗粒求平均，得

$$\frac{1}{2}\frac{\mathrm{d}^2}{\mathrm{d}t^2}\overline{(mx^2)}+\frac{\alpha}{2}\frac{\mathrm{d}}{\mathrm{d}t}\overline{x^2}=kT. \tag{8.4.5}$$

这里已根据能均分定理将 mu^2 的平均值写为 kT. 又因运动的无规性有

$$\overline{xX(t)}=0.$$

整理得

$$\frac{\mathrm{d}^2}{\mathrm{d}t^2}\overline{(x^2)}+\frac{\alpha}{m}\frac{\mathrm{d}}{\mathrm{d}t}\overline{x^2}=\frac{2kT}{m}. \tag{8.4.6}$$

此方程的解为

$$\overline{x^2}=C_1\mathrm{e}^{-\alpha t/m}+\frac{2kT}{\alpha}t+C_2, \tag{8.4.6a}$$

式中，C_1 和 C_2 是积分常数，应由边界条件确定. 注意到式中 m 的数量级为 10^{-13}，前已估计 α 的数量级为 10^{-6}，所以 α/m 的数量级为 $10^7\gg1$，因此式(8.4.6a)的首项可以略去. 选初始条件为 $t=0$ 时，$\overline{x^2}=0$，则有 $C_2=0$. 最后，可确定方程式(8.4.6)的解为

$$\overline{x^2}=\frac{2kT}{\alpha}t. \tag{8.4.7}$$

此式给出布朗运动位移平方的平均值与间隔时间成正比的关系.

为讨论方便，我们记

$$\overline{x^2}=2Dt, \tag{8.4.8}$$

式中

$$D=\frac{kT}{\alpha}=\frac{kT}{6\pi a\eta}. \tag{8.4.9}$$

这里的平均是对多个布朗粒子的位移平方进行平均. 实际观测是对其多次测量

的结果求平均，两者结果是相同的. 假定每隔τ秒测量一次粒子的位移，在时间 $t=l\tau$ 内测量的次数应为 l，第 i 次测得的位移为Δx_i，总位移平方则为

$$x^2=\sum_{i=1}^{l}(\Delta x_i)^2+\sum_{i\neq j}\Delta x_i\Delta x_j\,. \tag{8.4.10}$$

当测量间隔时间较大时，每次测量便是独立的. 于是有

$$\overline{\Delta x_i\Delta x_j}=0\,.$$

因此得

$$\overline{x^2}=\sum_i\overline{(\Delta x_i)^2}=l\overline{(\Delta x)^2}\,, \tag{8.4.11}$$

式中，$\overline{(\Delta x)^2}$ 是$\overline{(\Delta x_i)^2}$对多次位移的平均. 这样，结合式(8.4.8)则有

$$\overline{(\Delta x)^2}=2D\tau\,. \tag{8.4.12}$$

佩兰(Perrin)对布朗粒子每隔 30s 做一次测量，计算位移的方均值，证实了它与 T、$1/\eta$ 成正比. 同时与τ有关，与 m 无关，证实了式(8.4.12)的结论. 通过对布朗运动的实验观测，由式(8.4.12)确定 D，再应用式(8.4.9)，便可确定玻尔兹曼常量 k. 佩兰用相差 15000 倍的布朗粒子进行测量，所获的 k 相同，也证明了理论的正确性.

2. 爱因斯坦-斯莫卢霍夫斯基理论

爱因斯坦把布朗运动作为“无规行走问题”来研究，对布朗运动进行了正确的理论分析. 这里介绍其大要，仍限于讨论一维问题. 假定初始时($t=0$时刻)布朗粒子在 $x(0)=0$ 处，分子的碰撞频率是 $1/\tau^*$. 为简单起见，假设每次碰撞均使布朗粒子沿 x 方向或反向移动一很小距离δ，即 $\Delta x=\delta$或$-\delta$. 这事实上是一种平均的观点. 由于分子运动的无规性，布朗粒子沿正、反向移动的概率应是相同的，均为 1/2. 同时，假定各次移动彼此独立. 在这样的前提下，考虑在 t 时刻布朗粒子移动至 x 处的概率. 这时，粒子已被碰撞而移动的总次数应是 $l=t/\tau^*$，并且向正方移动的次数应比向负方移动的次数多 $m=x/\delta$. 根据 m 的意义，在 l 次碰撞中，布朗粒子向正、负方移动的次数分别应为

$$l_+=\frac{1}{2}(l+m),\qquad l_-=\frac{1}{2}(l-m).$$

粒子处在 x 处的概率可以由出现上述正、反向次数的概率来计算. 该概率应由下面二项式分布给出：

$$P_l(m)=\left(\frac{1}{2}\right)^l\frac{l!}{[(l+m)/2]![(l-m)/2]!}\,. \tag{8.4.13}$$

注意到关系 $l=l_{+}+l_{-}$和 $m=l_{+}-l_{-}$，可知 l 和 m 必有相同的奇偶性，m 的相邻取值间隔为 $\Delta m=2$.

用上述分布可以求出几个有用的平均值

$$\overline{m}=0,\qquad \overline{m^2}=l\,. \tag{8.4.14}$$

经过一段有限时间 $t\gg\tau^*$，布朗粒子的位移平均值和方均值分别为

$$\overline{x(t)}=0\,. \tag{8.4.15a}$$

和

$$\overline{x^2(t)}=t\,\delta^2/\tau^*\propto t\,. \tag{8.4.15b}$$

斯莫卢霍夫斯基曾用连续变量描述布朗粒子的位移和出现的概率，其处理方法与爱因斯坦方法并无本质区别，且获得了相同的结果，其具体做法不再赘述.

当 l 为大数时，二项分布可过渡到高斯分布. 对式(8.4.13)中大数的阶乘运用斯特林公式

$$l!\approx(2\pi l)^{1/2}(l/\mathrm{e})^l\,, \tag{8.4.16}$$

概率的对数则可写为

$$\begin{aligned}\ln P_l(m)\approx&\left(l+\frac{1}{2}\right)\ln l-\frac{1}{2}(l+m+1)\ln\left[\frac{1}{2}(l+m)\right]\\&-\frac{1}{2}(l-m+1)\ln\left[\frac{1}{2}(l-m)\right]-l\ln 2-\frac{1}{2}\ln(2\pi).\end{aligned} \tag{8.4.17}$$

一般来说，总有 $m\ll l$，因此

$$P_l(m)\approx\frac{2}{\sqrt{2\pi l}}\exp(-m^2/2l)\,. \tag{8.4.18}$$

这正是**高斯分布**. 若取 x 为连续变量，再注意到 $\Delta m=2$，此分布可写为

$$\rho(x)=\frac{1}{\sqrt{4\pi Dt}}\exp(-x^2/4Dt)\,. \tag{8.4.19}$$

D 与碰撞频率 $1/\tau^*$和两次碰撞之间的位移δ之间的关系是

$$D=\frac{1}{2}(\delta^2/\tau^*)\,. \tag{8.4.20}$$

下面将看到，D 正是扩散系数.

3. 扩散理论

爱因斯坦提出，布朗颗粒的运动可以通过它在液体介质中的扩散来实现. 当布朗粒子的密度不均匀时，会产生扩散而调整分布，使密度趋向均匀. 因此，可用扩散理论来研究布朗运动.

以 $\boldsymbol{J}(\boldsymbol{r}, t)$ 表示布朗颗粒的通量(单位时间通过单位面积的颗粒数)，用 $n(\boldsymbol{r}, t)$ 表示布朗颗粒的浓度，则有

$$\boldsymbol{J}(\boldsymbol{r},t) = -D\nabla n(\boldsymbol{r},t), \tag{8.4.21}$$

上式为**菲克(Fick)定律**，式中的 D 为**扩散系数**. 由连续性方程

$$\frac{\partial n}{\partial t} + \nabla\cdot\boldsymbol{J} = 0$$

可得

$$\frac{\partial n}{\partial t} = -\nabla\cdot\boldsymbol{J} = D\nabla^2 n. \tag{8.4.22}$$

这就是**扩散方程**. 它的求解须采用傅里叶(Fourier)积分、格林函数等方法，不再详述. 这里写出方程的一个与本问题有关的解. 如果初始时颗粒的浓度为 δ 函数，即

$$n(\boldsymbol{r},0) = N\delta(\boldsymbol{r}),$$

t 时刻的浓度则为

$$n(\boldsymbol{r},t) = \frac{N}{(4\pi Dt)^{3/2}}\exp\left(-\frac{r^2}{4Dt}\right). \tag{8.4.23}$$

此解是球对称的归一化解. 相应的一维形式为

$$n(x,t) = \frac{N}{2\sqrt{\pi Dt}}\exp\left(-\frac{x^2}{4Dt}\right). \tag{8.4.24}$$

它是一高斯型函数，与爱因斯坦-斯莫卢霍夫斯基概率公式的渐近形式相同. 可见，前面式(8.4.20)中的 D 确为扩散系数. 由高斯分布看出，当 t 增加时，指数函数变钝，这相当于颗粒向两边扩散(图8-2). 用它来计算位移的方均值可得

$$\overline{x^2} = \frac{1}{N}\int_{-\infty}^{\infty} x^2 n(x,t)\mathrm{d}x = 2Dt. \tag{8.4.25}$$

与前面的结果对照有

$$D = \frac{kT}{\alpha}. \tag{8.4.26}$$

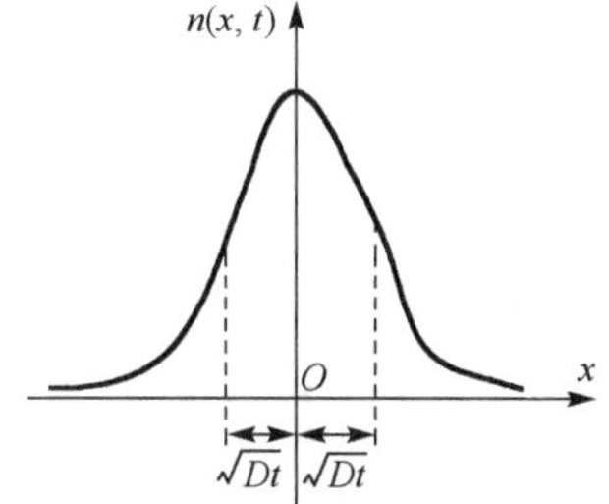

图 8-2 布朗颗粒之浓度的空间分布

上式又称为**爱因斯坦关系**，它将扩散系数与黏滞系数(因而与迁移率)联系起来. 以上关系还使我们想到，黏滞性(以及扩散)是由流体分子热运动导致的随机涨落而引起的.

8.5 电路的噪声

本节将涨落理论用于对电路中噪声的讨论. 涨落导致的电路噪声的来源主要有两个方面：其一是热电子发射的不规则性所致，称为**散粒效应**；其二为电子的热运动导致的噪声，称为**热噪声**. 与一般流体中的分子热运动一样，导体中的电子亦有热运动. 这种热运动会导致电流的涨落，进而产生噪声，我们又将这种噪声称为约翰逊(Johnson)效应. 现简要介绍这两种效应.

1. 时间相关函数

研究电路噪声的问题，将涉及涨落的**时间关联**. 为此，我们先引入时间相关函数. 设物理量 $A(t)$ 为一随机变量，其**时间相关函数**定义为

$$\Phi(t,t') = \overline{A(t)A(t')}. \tag{8.5.1}$$

式中的平均为系综的统计平均. 因为在统计意义下，长时间平均与系综平均相同，所以上述平均亦可理解为在给定时间间隔 $t-t' = \tau$ 下，对长时间 t 的平均，即

$$\overline{A(t)A(t+\tau)} = \lim_{T\to\infty}\frac{1}{T}\int_0^T A(t)A(t+\tau)\mathrm{d}t. \tag{8.5.2}$$

如果 τ 足够长，$A(t)$ 和 $A(t+\tau)$ 将不再关联，即在两个不同时间的取值彼此应无任何影响. 其时间关联则为零，即 $\Phi(t, t+\tau) = 0$. 可以想象，时间关联应有一定的范围. 如果可以找到一个有限时间尺度，超过这个时间以外，时间关联可以忽略不计，我们便将它称为**关联时间**，亦称弛豫时间. 如果这个时间尺度不存在，则称关联时间为无穷. 相反，如果对宏观时间尺度来说，关联时间可以略去，则可说 $A(t)$ 和 $A(t+\tau)$ 不相关，时间相关函数则为

$$\Phi(t,t') = a\delta(t-t'). \tag{8.5.3}$$

当 $t\neq t'$ 时，$\Phi(t,t')=0$；当 $t=t'$时，$\Phi(t,t') = \overline{A^2(t)} = a$. 因为随机变量的平均为零，即 $\overline{A(t)}=0$，所以 a 等于 A 的方均值.

2. 散粒效应

散粒效应是电子管中灯丝发射电子的涨落引起噪声的现象. 电子由灯丝发射出来的时刻是无规的. 每一电子发射后，由灯丝到达板极的时间很短，可以看成是一个瞬时电流，记作 $G(t)$. 如果电子发射时刻为 t_r，到达板极所需时间是 τ，其所产生的瞬时电流只有在 t_r 到 $t_r+\tau$ 这段时间内不为零. 如果将电子的电荷记为 e，则有

$$e = \int_{-\infty}^{\infty} G(t)\mathrm{d}t. \tag{8.5.4}$$

假定，在时刻 t_r 附近，Δt_r 时间内发射的电子数为 N_r，则 t 时刻电路中因电子发射所提供的总电流应为这样的瞬时电流的总和

$$I(t)=\sum_r N_r G(t-t_r). \tag{8.5.5}$$

其平均值为

$$\overline{I(t)}=\sum_r \overline{N_r} G(t-t_r). \tag{8.5.6}$$

偏差则为

$$\Delta I(t)=\sum_r (N_r-\overline{N_r})G(t-t_r). \tag{8.5.7}$$

方均值为

$$\begin{aligned}
&\overline{(\Delta I(t))^2}\\
&=\overline{\left[\sum_r (N_r-\overline{N_r})G(t-t_r)\right]^2}\\
&=\sum_r \overline{(N_r-\overline{N_r})^2}[G(t-t_r)]^2+\sum_{r\neq s}\overline{(N_r-\overline{N_r})\ (N_s-\overline{N_s})}G(t-t_r)G(t-t_s)\\
&=\sum_r \overline{N_r}[G(t-t_r)]^2.
\end{aligned} \tag{8.5.8}$$

这里，用到 N_r 独立的条件和其方均偏差的结果. 若灯丝每秒发射的平均电子数为 n，则 $N_r=n\Delta t_r$. 平均电流又可写为

$$\overline{I(t)}=\sum_r n\Delta t_r G(t-t_r),$$

写为积分则有

$$\overline{I(t)}=n\int_{-\infty}^{\infty}G(t-t')\mathrm{d}t'=n\int_{-\infty}^{\infty}G(t)\mathrm{d}t.$$

方均涨落为

$$\overline{(\Delta I(t))^2}=n\sum_r \Delta t_r[G(t-t_r)]^2=n\int_{-\infty}^{\infty}\left|G(t)\right|^2\mathrm{d}t. \tag{8.5.9}$$

此式称为**坎贝尔**(Campbell)**定理**，反映了热电子发射的无规性对电流涨落的贡献.

在电路问题中，一个重要的参数是频率，因此我们还应考虑涨落的频率特性. 将瞬时电流 $G(t)$ 展为傅里叶积分

$$G(t)=\frac{1}{\sqrt{2\pi}}\int_{-\infty}^{\infty}S(\omega)\mathrm{e}^{\mathrm{i}\omega t}\mathrm{d}\omega, \tag{8.5.10}$$

式中，ω 为圆频率. 它的逆变换为

$$S(\omega)=\frac{1}{\sqrt{2\pi}}\int_{-\infty}^{\infty}G(t)\mathrm{e}^{-\mathrm{i}\omega t}\mathrm{d}t\,. \tag{8.5.11}$$

对于这一对变换，有如下傅里叶积分定理：

$$\int_{-\infty}^{\infty}\left|G(t)\right|^2\mathrm{d}t=\int_{-\infty}^{\infty}\left|S(\omega)\right|^2\mathrm{d}\omega=2\int_{0}^{\infty}\left|S(\omega)\right|^2\mathrm{d}\omega\,. \tag{8.5.12}$$

实际的电子仪器对频率都有一定的选择性，通常是选择某个频带. 若将仪器的频带记为 $\Delta\nu=\Delta\omega/2\pi$，运用坎贝尔定理，在此频带中的电流涨落则可写为

$$\overline{(\Delta I)^2}=n\int_{-\infty}^{\infty}\left|G(t)\right|^2\mathrm{d}t\bigg|_{\Delta\nu}=4\pi n\left|S(\omega)\right|^2\Delta\nu\,. \tag{8.5.13}$$

当频率很低时(如音频)，$\omega\tau\ll 1$，式(8.5.11)可以近似地写为

$$S(\omega)=\frac{1}{\sqrt{2\pi}}\int_{-\infty}^{\infty}G(t)\mathrm{d}t=\frac{e}{\sqrt{2\pi}}\,. \tag{8.5.14}$$

代入式(8.5.13)有

$$\overline{(\Delta I)^2}=2ne^2\Delta\nu\,. \tag{8.5.15}$$

又 $ne=I$，所以

$$\overline{(\Delta I)^2}=2eI\Delta\nu\,. \tag{8.5.16}$$

这就是散粒效应引起的电流涨落. 如果用于放大器，放大后的涨落还应乘以放大倍数的平方. 此式还提供了一个由散粒效应来测定电子电荷的方法.

3. 约翰逊效应

导体中载流子(如电子)无规热运动所引起的电流涨落经放大后形成的噪声称为热噪声，约翰逊首先发现了这种效应，故名为**约翰逊效应**. 现在我们对这种效应作简要的讨论.

将电流涨落相应的电势记为 $V(t)$，展开其傅里叶积分为

$$V(t)=\frac{1}{\sqrt{2\pi}}\int_{-\infty}^{\infty}W(\omega)\mathrm{e}^{\mathrm{i}\omega t}\mathrm{d}\omega\,, \tag{8.5.17}$$

同样有积分定理

$$\int_{-\infty}^{\infty}\left|V(t)\right|^2\mathrm{d}t=\int_{-\infty}^{\infty}\left|W(\omega)\right|^2\mathrm{d}\omega=2\int_{0}^{\infty}\left|W(\omega)\right|^2\mathrm{d}\omega\,. \tag{8.5.18}$$

考虑电势的平方在一个足够长的时间 $\mathscr{T}$ 内平均，并用式(8.5.18)得

$$\overline{V^2} = \frac{1}{\mathscr{T}} \int_0^{\mathscr{T}} |V(t)|^2 \mathrm{d}t \approx \frac{2}{\mathscr{T}} \int_0^{\infty} |W(\omega)|^2 \mathrm{d}\omega . \tag{8.5.19}$$

将其作为系综平均，此式的结果可写为时间相关函数的形式

$$\overline{V^2} = \overline{V(t)V(t+\tau)}\Big|_{\tau=0} = 2\int_0^{\infty} \overline{|W(\omega)|^2} \mathrm{d}\omega = \varPhi, \qquad \tau = 0 . \tag{8.5.20}$$

若电路的频带为 $\Delta\nu$，在此频率范围内电势方均值为 $\overline{E^2}\Delta\nu$，则有

$$\overline{V^2} = \int_0^{\infty} \overline{E^2} \mathrm{d}\nu \approx \overline{E^2} \Delta\nu . \tag{8.5.21}$$

于是有

$$\overline{E^2}\Delta\nu = 4\pi \overline{|W(\omega)|^2} \Delta\nu ,$$

即

$$\overline{E^2} = 4\pi \overline{|W(\omega)|^2} . \tag{8.5.22}$$

这里已将电路的噪声电势与时间相关函数联系起来. 为了计算上式的右端，我们考虑截面为 S，电阻为 R 的线路，其噪声电流为

$$I = jS = Sne\overline{v} = \frac{V}{R} . \tag{8.5.23}$$

式中，j 为电流密度，n 和 $\overline{v}$ 分别为带电粒子的数密度和平均漂移速度. 若线路长 l，带电粒子总数为 N，便有 $N = nSl$，且

$$\overline{v} = \frac{\sum_i v_i}{N} = \frac{\sum_i v_i}{nSl} . \tag{8.5.24}$$

电压则为

$$V = \frac{Re\sum v_i}{l} = \sum_i V_i . \tag{8.5.25}$$

因为第 i 个粒子的速度 v_i 是随机的，所以它对电压的贡献 V_i 也是随机量. 电压 V_i 的时间相关函数是

$$\varPhi_i(\tau) = \overline{V_i(t)V_i(t+\tau)} . \tag{8.5.26}$$

以带电粒子的漂移时间 τ_c 作为弛豫时间，相关函数可写为

$$\varPhi_i(\tau) = \overline{V_i^2} \mathrm{e}^{-\tau/\tau_c} . \tag{8.5.27}$$

将 $\varPhi_i(\tau)$ 展为傅里叶积分

$$\begin{aligned}\Phi_i(\tau) &= \frac{1}{2\pi}\int_{-\infty}^{\infty}\overline{\left|W_i(\omega)\right|^2}\mathrm{e}^{\mathrm{i}\omega\tau}\mathrm{d}\omega = 2\int_0^{\infty}\overline{\left|W_i(\omega)\right|^2}\cos(\omega\tau)\mathrm{d}\omega \\ &= \int_0^{\infty}G(\omega)\cos(\omega\tau)\mathrm{d}\omega,\end{aligned} \tag{8.5.28}$$

式中

$$G(\omega) = 2\overline{\left|W_i(\omega)\right|^2}\,. \tag{8.5.29}$$

式(8.5.29)是傅里叶积分的**谱函数**，还可用其逆变换来表示

$$\begin{aligned}G(\omega) &= 2\frac{1}{2\pi}\int_{-\infty}^{\infty}\Phi_i(\tau)\mathrm{e}^{-\mathrm{i}\omega\tau}\mathrm{d}\tau = \frac{2}{\pi}\int_0^{\infty}\Phi_i(\tau)\cos(\omega\tau)\mathrm{d}\tau \\ &= \frac{2}{\pi}\overline{V_i^2}\int_0^{\infty}\mathrm{e}^{-\tau/\tau_{\mathrm{c}}}\cos(\omega\tau)\mathrm{d}\tau = \frac{2}{\pi}\left(\frac{Re}{l}\right)^2\overline{v_i^2}\frac{\tau_{\mathrm{c}}}{1+\omega^2\tau_{\mathrm{c}}^2}.\end{aligned} \tag{8.5.30}$$

一般情形下，总有$\omega\tau_{\mathrm{c}} \ll 1$. 例如，在金属中，室温下，$\tau_{\mathrm{c}}<10^{-13}\mathrm{s}$，即使是微波也满足上述条件. 于是可将式(8.5.30)简化为

$$G(\omega) \approx \frac{2}{\pi}\left(\frac{Re}{l}\right)^2\overline{v_i^2}\tau_{\mathrm{c}} = \frac{2}{\pi}\left(\frac{Re}{l}\right)^2\frac{kT}{m}\tau_{\mathrm{c}}\,. \tag{8.5.31}$$

上式中的最后一步运算用到能均分定理$\overline{v_i^2} = kT/m$. 此式与式(8.5.29)对比再将其代入式(8.5.22)又可得

$$\overline{E^2} = 4\pi N\overline{\left|W_i(\omega)\right|^2} = 2\pi NG(\omega) = 4nSl\left(\frac{Re}{l}\right)^2\frac{kT}{m}\tau_{\mathrm{c}}\,. \tag{8.5.32}$$

用电导$\sigma = ne^2\tau_{\mathrm{c}}/m$及其与电阻的关系$R = l/\sigma S$，最后得到

$$\overline{E^2} = 4RkT\,. \tag{8.5.33}$$

这一公式给出了热噪声电压方均值与电阻和温度的关系，可供电路设计参考. 因为它首先是由尼奎斯特(Nyquist)获得的，故称**尼奎斯特定理**. 因为热噪声电压和电阻均可测，所以用$\overline{E^2}$、R和T即可确定玻尔兹曼常量k的值，这又提供了一种测定玻尔兹曼常量的方法.

第 8 章小结

讨 论 题

8.1 为什么以前对热力学公式展开到一次项，而准热力学公式展开到二次项？

8.2 举出一个粒子影响另一个粒子空间位置的例子.

8.3 何为空间关联？根据空间关联，结合相对论采用的基本思想，能得到什么结论？

8.4 讨论粒子按坐标的分布与按速度的分布间的关联.

8.5 计算朗之万方程 x^2 的平均值时，能体现分子无规碰撞的作用吗？

8.6 如何理解求解微分方程的猜解法？

习 题

8.1 由斯莫卢霍夫斯基公式(8.1.10)导出式(8.1.17)

$$W \propto \exp\left[-\frac{1}{2kC_p}(\Delta S)^2 - \frac{\kappa_s V}{2kT}(\Delta p)^2\right],$$

并由此计算 $\overline{\Delta S\Delta p}$ 、$\overline{(\Delta S)^2}$ 和 $\overline{(\Delta p)^2}$.

8.2 利用 $\overline{(\Delta T)^2}$ 、$\overline{(\Delta V)^2}$ 和 $\overline{\Delta T\Delta V}$ 之结果，计算 $\overline{\Delta T\Delta S}$ 、$\overline{\Delta p\Delta V}$ 、$\overline{\Delta V\Delta S}$ 和 $\overline{\Delta T\Delta p}$.

8.3 试证明开放系涨落的准热力学公式为

$$W \propto \exp\left(-\frac{\Delta T\Delta S - \Delta p\Delta V + \Delta\mu\Delta N}{2kT}\right)$$

在 T、V 恒定时计算 $\overline{(\Delta N)^2}$ 、$\overline{(\Delta\mu)^2}$ 和 $\overline{\Delta N\Delta\mu}$.

8.4 试由玻尔兹曼关系 $S = k\ln W$ 导出高斯分布.

8.5 设遵从玻尔兹曼分布的电量为 e 的带电粒子，在恒定电场 $\mathscr{E}$ 的作用下发生漂移运动，由于存在浓度梯度又发生扩散运动. 证明当漂移与扩散达到平衡时，存在爱因斯坦关系

$$\frac{\mu}{D} = \frac{e}{kT},$$

式中，$\mu = \overline{v}/\mathscr{E}$ 为粒子的迁移率($\overline{v}$ 为 x 方向的漂移速度)，D 为扩散系数.

第 9 章 非平衡态统计物理简介

在上述章节中，我们已对平衡态统计物理作了较系统的介绍. 平衡态统计理论仅限于讨论热力学系统处于平衡态的宏观热力学性质，或讨论系统从平衡态经历可逆过程到达另一平衡态时热力学性质的改变. 一般而言，实际系统的状态多为非平衡态. 即使是处于非平衡态的孤立系统，经历足够长的时间后才趋于平衡态，而系统从非平衡态到平衡态(或非平衡态)的转变经历的是不可逆过程. 讨论系统处于非平衡态的热力学性质及性质随状态变化的统计理论已发展成为独立的学科——非平衡态统计物理. 非平衡态统计物理的重要内容，即关于系统远离平衡态性质的讨论，已超出本书研究的范围，不拟讨论. 目前我们的讨论仅限于在平衡态附近，趋向平衡的问题. 这类问题最典型的有黏滞现象、扩散过程、电导率等，统称为输运过程. 本章简要介绍非平衡态统计的基本理论，并讨论若干典型的输运问题.

9.1　玻尔兹曼积分微分方程

类似于平衡态统计物理，用统计理论讨论非平衡态问题的关键仍然是求系统的分布函数. 需特别指出的是：当系统处于非平衡态时，其分布函数为时间的函数. 因此，我们首先需要了解分布函数随时间的变化规律. 本节将通过分析分布函数变化的主要原因来构建描述这种规律的方程.

考虑由 N 个分子组成的经典稀薄气体. 为简单起见，在以下的讨论中将忽略分子的内部自由度.

设在 t 时刻位于相空间体积元即坐标空间体积元 $\mathrm{d}\tau=\mathrm{d}x\mathrm{d}y\mathrm{d}z$ 和速度间隔 $\mathrm{d}\omega=\mathrm{d}v_x\mathrm{d}v_y\mathrm{d}v_z$ 内的分子数为

$$f(\boldsymbol{r},\boldsymbol{v},t)\mathrm{d}\tau\mathrm{d}\omega\,, \tag{9.1.1}$$

式中，分布函数 $f(\boldsymbol{r},\boldsymbol{v},t)$ 表示在 t 时刻位于单位体积中、单位速度间隔内的平均分子数，满足下述关系：

$$\iint f(\boldsymbol{r},\boldsymbol{v},t)\mathrm{d}\tau\mathrm{d}\omega=N\,. \tag{9.1.2}$$

在 $t+\mathrm{d}t$ 时刻位于体积元 $\mathrm{d}\tau$ 和速度间隔 $\mathrm{d}\omega$ 内的分子数则为

$$f(\boldsymbol{r},\boldsymbol{v},t+\mathrm{d}t)\mathrm{d}\tau\mathrm{d}\omega\,. \tag{9.1.3}$$

在 $\mathrm{d}t$ 时间内，位于 $\mathrm{d}\tau\mathrm{d}\omega$ 中平均分子数的增加为

$$f(\boldsymbol{r},\boldsymbol{v},t+\mathrm{d}t)\mathrm{d}\tau\mathrm{d}\omega-f(\boldsymbol{r},\boldsymbol{v},t)\mathrm{d}\tau\mathrm{d}\omega=\frac{\partial f}{\partial t}\mathrm{d}t\mathrm{d}\tau\mathrm{d}\omega\,. \tag{9.1.4}$$

上式中分布函数 $f(\boldsymbol{r},\boldsymbol{v},t)$ 随时间的变化 $\partial f/\partial t$ 是由两个原因造成的：①分子速度不同产生的漂移；②分子间的碰撞. 将其写为两部分之和，即

$$\frac{\partial f}{\partial t}=\left(\frac{\partial f}{\partial t}\right)_{\mathrm{d}}+\left(\frac{\partial f}{\partial t}\right)_{\mathrm{c}}. \tag{9.1.5}$$

下面分别讨论这两种变化的贡献.

1. 漂移变化

在以变量 x, y, z, v_x, v_y, v_z 构成的六维空间中，“体积元” $\mathrm{d}\tau\mathrm{d}\omega$ 以 6 对平面 $(x, x+\mathrm{d}x)$，$(y, y+\mathrm{d}y)$，…，$(v_z, v_z+\mathrm{d}v_z)$ 为边界. 只要得知在 $\mathrm{d}t$ 时间内穿越边界的分子数，便可获得在这段时间内位于 $\mathrm{d}\tau\mathrm{d}\omega$ 中分子数变化的漂移贡献.

如图 9-1 所示，在 $\mathrm{d}t$ 时间内能够穿越 x 平面上“面积” $\mathrm{d}A=\mathrm{d}y\mathrm{d}z\mathrm{d}v_x\mathrm{d}v_y\mathrm{d}v_z$ 进入 $\mathrm{d}\tau\mathrm{d}\omega$ 中的分子需处于高为 $\dot{x}\mathrm{d}t$、底面积为 $\mathrm{d}A$ 的柱体内. 由此得到在 $\mathrm{d}t$ 内穿过 x 平面上面积 $\mathrm{d}A$ 进入 $\mathrm{d}\tau\mathrm{d}\omega$ 中的分子数为

$$(f\dot{x})_x\mathrm{d}t\mathrm{d}A\,. \tag{9.1.6}$$

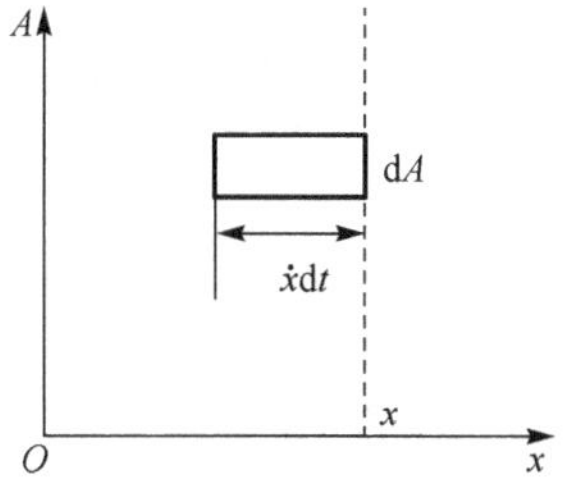

图 9-1　在 $\mathrm{d}t$ 时间内穿越面积 $\mathrm{d}A$ 的分子所占的体积

同理可得在 $\mathrm{d}t$ 时间内穿越平面 $x+\mathrm{d}x$ 上面积 $\mathrm{d}A$ 走出 $\mathrm{d}\tau\mathrm{d}\omega$ 的分子数为

$$(f\dot{x})_{x+\mathrm{d}x}\mathrm{d}t\mathrm{d}A=\left[(f\dot{x})_x+\frac{\partial}{\partial x}(f\dot{x})\mathrm{d}x\right]\mathrm{d}t\mathrm{d}A\,. \tag{9.1.7}$$

两式相减可得在 $\mathrm{d}t$ 时间内通过一对平面 x 和 $x+\mathrm{d}x$ 进入体积元 $\mathrm{d}\tau\mathrm{d}\omega$ 中的净分子数为

$$-\frac{\partial}{\partial x}(f\dot{x})\mathrm{d}x\mathrm{d}t\mathrm{d}A=-\frac{\partial}{\partial x}(f\dot{x})\mathrm{d}t\mathrm{d}\tau\mathrm{d}\omega\,. \tag{9.1.8}$$

将式(9.1.8)中的 x 依次换为 y 和 z，便可得到在 $\mathrm{d}t$ 时间内通过另两对平面 y 和 $y+\mathrm{d}y$ 及 z 和 $z+\mathrm{d}z$ 进入体积元 $\mathrm{d}\tau\mathrm{d}\omega$ 中的净分子数.

仿照式(9.1.6)～式(9.1.8)的推导过程，易得在 $\mathrm{d}t$ 时间内通过一对平面 v_x 和 $v_x+\mathrm{d}v_x$ 进入体积元 $\mathrm{d}\tau\mathrm{d}\omega$ 中的净分子数为

$$-\frac{\partial}{\partial v_x}(f\dot{v}_x)\mathrm{d}t\mathrm{d}\tau\mathrm{d}\omega\,. \tag{9.1.9}$$

将式(9.1.9)中的 x 依次换为 y 和 z,便可得到在 $\mathrm{d}t$ 时间内通过另两对平面 v_y 和 $v_y+\mathrm{d}v_y$ 及 v_z 和 $v_z+\mathrm{d}v_z$ 进入体积元 $\mathrm{d}\tau\mathrm{d}\omega$ 中的净分子数.

于是可得在时间 $\mathrm{d}t$ 内、在六维空间体积元 $\mathrm{d}\tau\mathrm{d}\omega$ 中由于漂移贡献所净增加的分子数

$$\begin{aligned}&\left(\frac{\partial f}{\partial t}\right)_{\mathrm{d}}\mathrm{d}t\mathrm{d}\tau\mathrm{d}\omega\\&=-\left[\frac{\partial}{\partial x}(f\dot{x})+\frac{\partial}{\partial y}(f\dot{y})+\frac{\partial}{\partial z}(f\dot{z})\right]\mathrm{d}t\mathrm{d}\tau\mathrm{d}\omega\\&\quad-\left[\frac{\partial}{\partial v_x}(f\dot{v}_x)+\frac{\partial}{\partial v_y}(f\dot{v}_y)+\frac{\partial}{\partial v_z}(f\dot{v}_z)\right]\mathrm{d}t\mathrm{d}\tau\mathrm{d}\omega.\end{aligned}\tag{9.1.10}$$

一般而言，分子的坐标 $\boldsymbol{r}=(x, y, z)$ 与速度 $\boldsymbol{v}=(v_x, v_y, v_z)=(\dot{x},\dot{y},\dot{z})$ 是相互独立的变量，而速度与单位质量的分子所受的作用力 $\boldsymbol{F}=(X, Y, Z)=(\dot{v}_x,\dot{v}_y,\dot{v}_z)$ 也是相互独立的变量. 故式(9.1.10)可化为

$$\begin{aligned}\left(\frac{\partial f}{\partial t}\right)_{\mathrm{d}}&=-\left(v_x\frac{\partial f}{\partial x}+v_y\frac{\partial f}{\partial y}+v_z\frac{\partial f}{\partial z}+X\frac{\partial f}{\partial v_x}+Y\frac{\partial f}{\partial v_y}+Z\frac{\partial f}{\partial v_z}\right)\\&=-\boldsymbol{v}\cdot\frac{\partial f}{\partial \boldsymbol{r}}-\boldsymbol{F}\cdot\frac{\partial f}{\partial \boldsymbol{v}}.\end{aligned}\tag{9.1.11}$$

2. 碰撞变化

对于稀薄气体，可仅计及分子的两两相撞，且认为分子为弹性刚球，即在某一时刻仅考虑两个分子间的弹性碰撞.

设质量为 m_1，直径为 d_1 的一个分子以初速度 $\boldsymbol{v}_1$ 与质量为 m_2，直径为 d_2 及初速度为 $\boldsymbol{v}_2$ 的第二个分子相碰撞，碰撞后两个分子的速度分别为 $\boldsymbol{v}_1'$ 和 $\boldsymbol{v}_2'$. 根据能量守恒和动量守恒定律可得

$$\begin{aligned}&m_1\boldsymbol{v}_1+m_2\boldsymbol{v}_2=m_1\boldsymbol{v}_1'+m_2\boldsymbol{v}_2',\\&\frac{1}{2}m_1v_1^2+\frac{1}{2}m_2v_2^2=\frac{1}{2}m_1v_1'^2+\frac{1}{2}m_2v_2'^2.\end{aligned}\tag{9.1.12}$$

由动量定律知在碰撞前后分子的动量改变必须沿着碰撞方向(由第一个分子的球心指向第二个分子的球心方向)，因此有

$$\boldsymbol{v}_1'-\boldsymbol{v}_1=\lambda_1\boldsymbol{n},\quad \boldsymbol{v}_2'-\boldsymbol{v}_2=\lambda_2\boldsymbol{n},\tag{9.1.13}$$

式中，λ_1 和 λ_2 为待定系数，$\boldsymbol{n}$ 是两分子碰撞方向的单位矢量. 将式(9.1.13)代入式(9.1.12)，可解得

$$\boldsymbol{v}_1'=\boldsymbol{v}_1+\frac{2m_2}{m_1+m_2}[(\boldsymbol{v}_2-\boldsymbol{v}_1)\cdot\boldsymbol{n}]\boldsymbol{n},$$

$$\boldsymbol{v}_2' = \boldsymbol{v}_2 - \frac{2m_1}{m_1+m_2}[(\boldsymbol{v}_2-\boldsymbol{v}_1)\cdot\boldsymbol{n}]\boldsymbol{n}. \tag{9.1.14}$$

式(9.1.14)中两个方程相减有

$$\boldsymbol{v}_2' - \boldsymbol{v}_1' = \boldsymbol{v}_2 - \boldsymbol{v}_1 - 2[(\boldsymbol{v}_2-\boldsymbol{v}_1)\cdot\boldsymbol{n}]\boldsymbol{n}. \tag{9.1.15}$$

将上式两端分别平方则得

$$(\boldsymbol{v}_2' - \boldsymbol{v}_1')^2 = (\boldsymbol{v}_2 - \boldsymbol{v}_1)^2. \tag{9.1.16}$$

由式(9.1.16)易知：在碰撞前后两个分子的相对速度不因碰撞的影响而变化. 将式(9.1.15)两端点乘 $\boldsymbol{n}$ 后代入式(9.1.14)，可解出

$$\begin{aligned}\boldsymbol{v}_1 &= \boldsymbol{v}_1' + \frac{2m_2}{m_1+m_2}[(\boldsymbol{v}_2'-\boldsymbol{v}_1')\cdot(-\boldsymbol{n})](-\boldsymbol{n}),\\ \boldsymbol{v}_2 &= \boldsymbol{v}_2' - \frac{2m_1}{m_1+m_2}[(\boldsymbol{v}_2'-\boldsymbol{v}_1')\cdot(-\boldsymbol{n})](-\boldsymbol{n}).\end{aligned} \tag{9.1.17}$$

比较式(9.1.14)和式(9.1.17)可知：两个分子以各自的速度 $\boldsymbol{v}_1$ 和 $\boldsymbol{v}_2$ 在 $\boldsymbol{n}$ 方向碰撞后，其速度分别改变为 $\boldsymbol{v}_1'$ 和 $\boldsymbol{v}_2'$，我们称这种碰撞为**正碰撞**或碰撞；两个分子以各自的速度 $\boldsymbol{v}_1'$ 和 $\boldsymbol{v}_2'$ 在$(-\boldsymbol{n})$方向碰撞后，则其速度分别改变为 $\boldsymbol{v}_1$ 和 $\boldsymbol{v}_2$，我们称这种碰撞为**反碰撞**.

下面计算分子间的碰撞次数. 如图 9-2 所示，以第一个分子的球心为球心，作一半径为 $d_{12} = (d_1 + d_2)/2$ 的虚球. 设第二个分子相对于第一个分子的速度 $\boldsymbol{v}_2-\boldsymbol{v}_1$ 与碰撞方向 $\boldsymbol{n}$ 的夹角为 $\pi-\theta$，显然，只有当 $0\leqslant\theta\leqslant\pi/2$ 时，两个分子才能相碰. 在 $\mathrm{d}t$ 时间内，在以 $\boldsymbol{n}$ 为轴线的立体角元 $\mathrm{d}\Omega$ 中，与速度为 $\boldsymbol{v}_1$ 的一个分子相碰的速度为 $\boldsymbol{v}_2$ 的分子必须在一个柱体中. 该柱体的底面位于虚球的球面上，底面积为 $d_{12}^2\mathrm{d}\Omega$，高为 $v_\mathrm{r}\cos\theta\mathrm{d}t$. 这里，我们记

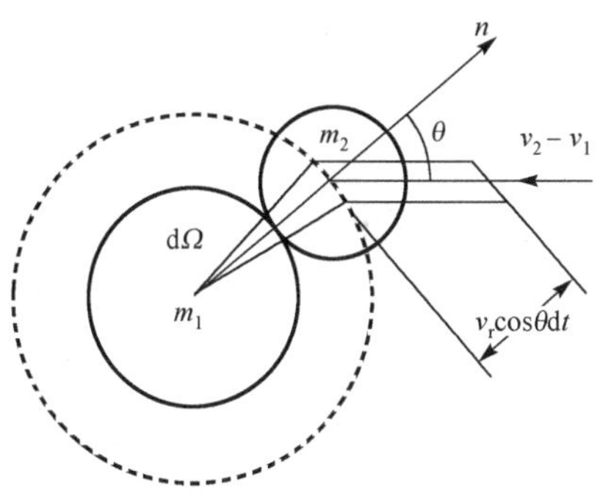

图 9-2　分子碰撞示意图

$$v_\mathrm{r} = |\boldsymbol{v}_2 - \boldsymbol{v}_1|.$$

易知柱体的体积为

$$d_{12}^2 v_\mathrm{r}\cos\theta\mathrm{d}\Omega\mathrm{d}t$$

由式(9.1.1)得知：在 t 时刻位于体积元 $\mathrm{d}\tau$ 和速度间隔 $\mathrm{d}\omega_i$ 内的分子数为

$$f(r,\boldsymbol{v}_i,t)\mathrm{d}\tau\mathrm{d}\omega_i,$$

可记作 $f_i\mathrm{d}\tau\mathrm{d}\omega_i$. 进而可得：一个速度为 $\boldsymbol{v}_1$ 的分子，与速度间隔 $\mathrm{d}\omega_2$ 内的分子在 $\mathrm{d}t$ 时间内立体角元 $\mathrm{d}\Omega$ 中相碰的次数为

$$f_2 \mathrm{d}\omega_2 d_{12}^2 v_{\mathrm{r}} \cos\theta \mathrm{d}\Omega \mathrm{d}t = f_2 \Lambda \mathrm{d}\omega_2 \mathrm{d}\Omega \mathrm{d}t ,$$

式中

$$\Lambda = d_{12}^2 (\boldsymbol{v}_1 - \boldsymbol{v}_2) \cdot \boldsymbol{n} = d_{12}^2 v_{\mathrm{r}} \cos\theta .$$

故而体积元 $\mathrm{d}\tau$ 和速度间隔 $\mathrm{d}\omega_1$ 内的分子与速度间隔 $\mathrm{d}\omega_2$ 内的分子在 $\mathrm{d}t$ 时间内以 $\boldsymbol{n}$ 为轴的立体角元 $\mathrm{d}\Omega$ 中的碰撞次数为

$$f_1 f_2 \mathrm{d}\omega_1 \mathrm{d}\omega_2 \Lambda \mathrm{d}\Omega \mathrm{d}t \mathrm{d}\tau . \tag{9.1.18}$$

上式称为**元碰撞数**.

我们已知原来处于速度间隔 $\mathrm{d}\omega_1$ 和 $\mathrm{d}\omega_2$ 内的分子，在以 $\boldsymbol{n}$ 为轴的立体角元内碰撞后，分别变为速度间隔在 $\mathrm{d}\omega'_1$ 和 $\mathrm{d}\omega'_2$ 内的分子. 而原来处于速度间隔 $\mathrm{d}\omega'_1$ 和 $\mathrm{d}\omega'_2$ 内的分子，在以 $\boldsymbol{n}' = -\boldsymbol{n}$ 为轴的立体角元内碰撞后，分别变为速度间隔在 $\mathrm{d}\omega_1$ 和 $\mathrm{d}\omega_2$ 内的分子. 可定义**元反碰撞数**为体积元 $\mathrm{d}\tau$ 和速度间隔 $\mathrm{d}\omega'_1$ 内的分子与速度间隔 $\mathrm{d}\omega'_2$ 内的分子在 $\mathrm{d}t$ 时间内以 $\boldsymbol{n}'$ 为轴的立体角元 $\mathrm{d}\Omega$ 中的碰撞次数

$$f'_1 f'_2 \mathrm{d}\omega'_1 \mathrm{d}\omega'_2 \Lambda' \mathrm{d}\Omega \mathrm{d}t \mathrm{d}\tau , \tag{9.1.19}$$

式中

$$\Lambda' = d_{12}^2 (\boldsymbol{v}'_1 - \boldsymbol{v}'_2) \cdot \boldsymbol{n}', \qquad f'_i = f(r, \boldsymbol{v}'_i, t), \qquad i = 1, 2.$$

在 $\mathrm{d}t$ 时间内，由于碰撞贡献，体积元 $\mathrm{d}\tau$ 和速度间隔 $\mathrm{d}\omega_1$ 中分子的净增加数为

$$\left(\frac{\partial f_1}{\partial t}\right)_{\mathrm{c}} \mathrm{d}t \mathrm{d}\omega_1 \mathrm{d}\tau . \tag{9.1.20}$$

欲计算出上式，需对元反碰撞数式(9.1.19)和元碰撞数式(9.1.18)中的 $\mathrm{d}\omega'_2$、$\mathrm{d}\omega_2$ 及 $\mathrm{d}\Omega$ 积分后取差值. 为了方便运算，先对式(9.1.19)中的变量 ω'_1 和 ω'_2 作下述变换：

$$\mathrm{d}\omega'_1 \mathrm{d}\omega'_2 = |J| \mathrm{d}\omega_1 \mathrm{d}\omega_2 . \tag{9.1.21}$$

式中，J 为雅可比行列式，定义如下：

$$J = \frac{\partial(\boldsymbol{v}'_1, \boldsymbol{v}'_2)}{\partial(\boldsymbol{v}_1, \boldsymbol{v}_2)}. \tag{9.1.22}$$

上式的严格计算较繁难. 我们用雅可比行列式的性质来求$|J|$. 根据雅可比行列式的定义式(9.1.22)及 $\boldsymbol{v}_1$、$\boldsymbol{v}_2$ 与 $\boldsymbol{v}'_1$、$\boldsymbol{v}'_2$ 的对称关系式(9.1.17)和式(9.1.14)知

$$J' = \frac{\partial(\boldsymbol{v}_1, \boldsymbol{v}_2)}{\partial(\boldsymbol{v}'_1, \boldsymbol{v}'_2)} = J . \tag{9.1.23}$$

故而

$$J'J = 1 = J^2 . \tag{9.1.24}$$

所以

$$|J| = 1 . \tag{9.1.25}$$

于是我们可以直接用如下代换：

$$d\omega_1' d\omega_2' \to d\omega_1 d\omega_2 .$$

根据Λ和Λ'的定义，易知

$$\Lambda = \Lambda' . \tag{9.1.26}$$

将式(9.1.26)、式(9.1.25)和式(9.1.21)代入式(9.1.19)，可将元反碰撞数写为

$$f_1' f_2' d\omega_1 d\omega_2 \Lambda d\Omega dt d\tau . \tag{9.1.27}$$

考虑到元反碰撞数式(9.1.27)和元碰撞数式(9.1.18)对式(9.1.20)的贡献，可得

$$\left(\frac{\partial f_1}{\partial t}\right)_c dt d\omega_1 d\tau = dt d\tau d\omega_1 \iint (f_1' f_2' - f_1 f_2) d\omega_2 \Lambda d\Omega . \tag{9.1.28}$$

将上式两端的 $dt d\omega_1 d\tau$ 相消，并作变量代换 $\boldsymbol{v}_1 \to \boldsymbol{v}$，$\boldsymbol{v}_2 \to \boldsymbol{v}_1$，$\boldsymbol{v}'_1 \to \boldsymbol{v}'$和 $\boldsymbol{v}'_2 \to \boldsymbol{v}'_1$ 可求得碰撞对分布函数随时间变化的贡献

$$\left(\frac{\partial f}{\partial t}\right)_c = \iint (f' f_1' - f f_1) d\omega_1 \Lambda d\Omega . \tag{9.1.29}$$

最后，将式(9.1.11)和式(9.1.29)代入式(9.1.5)加以整理，便得到

$$\frac{\partial f}{\partial t} + \boldsymbol{v} \cdot \frac{\partial f}{\partial \boldsymbol{r}} + \boldsymbol{F} \cdot \frac{\partial f}{\partial \boldsymbol{v}} = \iint (f' f_1' - f f_1) d\omega_1 \Lambda d\Omega . \tag{9.1.30}$$

上式称为**玻尔兹曼积分微分方程**，式中的积分限分别为

$$\int d\omega_1 = \int_{-\infty}^{\infty} \int_{-\infty}^{\infty} \int_{-\infty}^{\infty} dv_{1x} dv_{1y} dv_{1z}$$

和

$$\int d\Omega = \int_0^{2\pi} d\varphi \int_0^{\pi/2} \sin\theta d\theta .$$

由玻尔兹曼积分微分方程可导出体系趋向平衡态的重要性质.

9.2　H定理及趋向平衡

本节利用玻尔兹曼积分微分方程讨论系统趋于平衡的问题.

玻尔兹曼于 1872 年引入 H 函数，并证明在分子相互碰撞下，H 随时间单调减小，当 H 达极小时，系统处于平衡态.

定义泛函

$$H = \iint f \ln f d\tau d\omega . \tag{9.2.1}$$

则有

$$\frac{\mathrm{d}H}{\mathrm{d}t}=\frac{\mathrm{d}}{\mathrm{d}t}\iint f\ln f\mathrm{d}\tau\mathrm{d}\omega=\iint(1+\ln f)\frac{\partial f}{\partial t}\mathrm{d}\tau\mathrm{d}\omega. \tag{9.2.2}$$

利用玻尔兹曼积分微分方程，将$\partial f/\partial t$化为漂移贡献和碰撞贡献后代入式(9.2.2)，可得

$$\begin{aligned}\frac{\mathrm{d}H}{\mathrm{d}t}=&-\iint(1+\ln f)\boldsymbol{v}\cdot\frac{\partial f}{\partial \boldsymbol{r}}\mathrm{d}\tau\mathrm{d}\omega-\iint(1+\ln f)\boldsymbol{F}\cdot\frac{\partial f}{\partial \boldsymbol{v}}\mathrm{d}\tau\mathrm{d}\omega\\&+\iint\iint(1+\ln f)\ (f'f_1'-ff_1)\mathrm{d}\omega\mathrm{d}\omega_1\Lambda\mathrm{d}\Omega\mathrm{d}\tau.\end{aligned} \tag{9.2.3}$$

式(9.2.3)右端第一项的积分中

$$-\int(1+\ln f)\boldsymbol{v}\cdot\frac{\partial f}{\partial \boldsymbol{r}}\mathrm{d}\tau=-\int\nabla\cdot(\boldsymbol{v}f\ln f)\mathrm{d}\tau=-\oint\mathrm{d}\boldsymbol{\Sigma}\cdot\boldsymbol{v}f\ln f=0. \tag{9.2.4}$$

上式的第二步运算用到了高斯定理. 式中的$\mathrm{d}\boldsymbol{\Sigma}$表示系统表面的面积元，积分范围为系统的整个表面. 最后的积分为零是由于分子不能穿出器壁，分布函数f在边界上为零. 式(9.2.3)右端第二项积分中

$$-\int(1+\ln f)\boldsymbol{F}\cdot\frac{\partial f}{\partial \boldsymbol{v}}\mathrm{d}\omega=-\int\frac{\partial}{\partial \boldsymbol{v}}\cdot(\boldsymbol{F}f\ln f)\mathrm{d}\omega=0. \tag{9.2.5}$$

上式的最后一步利用了分部积分法和条件

$$\lim_{v\to\pm\infty}f(\boldsymbol{r},\boldsymbol{v},t)=0.$$

利用式(9.2.4)和式(9.2.5)的结果，可将式(9.2.3)简化为

$$\frac{\mathrm{d}H}{\mathrm{d}t}=-\iint\iint(1+\ln f)\ (ff_1-f'f_1')\mathrm{d}\omega\mathrm{d}\omega_1\Lambda\mathrm{d}\Omega\mathrm{d}\tau. \tag{9.2.6}$$

将式(9.2.6)中的积分变量$\boldsymbol{v}_1$与$\boldsymbol{v}$互换，则有

$$\frac{\mathrm{d}H}{\mathrm{d}t}=-\iint\iint(1+\ln f_1)\ (f_1f-f'f_1')\mathrm{d}\omega_1\mathrm{d}\omega\Lambda\mathrm{d}\Omega\mathrm{d}\tau. \tag{9.2.7}$$

再将式(9.2.6)和式(9.2.7)相加后除以 2，可得

$$\frac{\mathrm{d}H}{\mathrm{d}t}=-\frac{1}{2}\iint\iint[2+\ln(ff_1)](ff_1-f'f_1')\mathrm{d}\omega_1\mathrm{d}\omega\Lambda\mathrm{d}\Omega\mathrm{d}\tau. \tag{9.2.8}$$

由于分子间的碰撞和反碰撞是对称的，故可将式(9.2.8)中的积分变量$\boldsymbol{v}$与$\boldsymbol{v}'$互换、$\boldsymbol{v}_1$与$\boldsymbol{v}'_1$互换，再根据条件$\mathrm{d}\omega'\mathrm{d}\omega'_1=\mathrm{d}\omega\mathrm{d}\omega_1$和$\Lambda'=\Lambda$，式(9.2.8)便化为

$$\frac{\mathrm{d}H}{\mathrm{d}t}=-\frac{1}{2}\iint\iint[2+\ln(f'f_1')](f'f_1'-ff_1)\mathrm{d}\omega_1\mathrm{d}\omega\Lambda\mathrm{d}\Omega\mathrm{d}\tau. \tag{9.2.9}$$

将式(9.2.8)和式(9.2.9)相加后也除以 2，又可得

$$\frac{\mathrm{d}H}{\mathrm{d}t}=-\frac{1}{4}\iint\iint[\ln(ff_1)-\ln(f'f_1')](ff_1-f'f_1')\mathrm{d}\omega\mathrm{d}\omega_1\Lambda\mathrm{d}\Omega\mathrm{d}\tau\,. \tag{9.2.10}$$

根据对数函数与其自变量呈正关系的性质，容易知道上式的被积函数总不小于零. 于是可得

$$\frac{\mathrm{d}H}{\mathrm{d}t}\leqslant 0\,, \tag{9.2.11}$$

当且仅当下式成立时：

$$ff_1=f'f_1'\,, \tag{9.2.12}$$

式(9.2.11)中的等号成立. 式(9.2.11)称为 ***H* 定理**，可表述为：

***H* 函数随时间的变化总是减小的，在平衡态时达极小.**

式(9.2.12)给出系统达到平衡态的充分必要条件. 这个条件要求：系统中发生的元碰撞数与元反碰撞数相等而相互抵消，或者说任何体积元中碰撞和反碰撞对分布函数带来的影响都互消而使其保持不变. 因此，这个平衡条件被称为“**细致平衡**”条件.

在导出玻尔兹曼积分微分方程时，已假设系统为稀薄的单原子分子气体. 还需指出的是：在讨论分子间的碰撞时，我们采用了“**分子混沌性假说**”，即分析中涉及的两种分子的速度分布是彼此独立的[①]. 故而 H 定理的适用范围也受到上述限制. 由 9.1 节的讨论可知：分子的微观运动如漂移和碰撞遵循力学规律，所以是可逆的；而分布函数为大量分子所处状态的平均效应，满足统计规律. H 函数随时间的减小反映了统计规律，表明实际宏观过程向概率大的方向进行，因此是不可逆的. 式(9.2.10)给出 H 随时间变化的规律，因此可以确定不可逆过程的速率.

由式(9.2.12)可知，当元碰撞数与元反碰撞数相互抵消时，系统处于平衡态. 此时，玻尔兹曼积分微分方程式(9.1.30)化简为

$$\frac{\partial f}{\partial t}+\boldsymbol{v}\cdot\frac{\partial f}{\partial \boldsymbol{r}}+\boldsymbol{F}\cdot\frac{\partial f}{\partial \boldsymbol{v}}=0\,. \tag{9.2.13}$$

在平衡态时，系统的分布函数不随时间变化，满足

$$\frac{\partial f}{\partial t}=0\,.$$

式(9.2.13)可进一步简化为

$$\boldsymbol{v}\cdot\frac{\partial f}{\partial \boldsymbol{r}}+\boldsymbol{F}\cdot\frac{\partial f}{\partial \boldsymbol{v}}=0\,. \tag{9.2.14}$$

上式表明：在平衡态时，分子的漂移贡献自行抵消.

---

① 参阅：王竹溪. 1965. 统计物理学导论. 第二版. 北京：高等教育出版社, 128.

式(9.2.12)可改写为

$$\ln f + \ln f_1 = \ln f' + \ln f_1' . \tag{9.2.15}$$

这是一个线性方程. 由于式中各分布函数对 $\boldsymbol{r}$、$\boldsymbol{v}$ 和 t 的依赖关系均相同，分子运动还应满足动量守恒、能量守恒和粒子数守恒，所以式(9.2.15)有 5 个特解，即

$$\ln f = 1, mv_x, mv_y, mv_z, \frac{1}{2}mv^2 . \tag{9.2.16}$$

其通解为

$$\ln f = \alpha_0 + \alpha_1 mv_x + \alpha_2 mv_y + \alpha_3 mv_z + \alpha_4 \frac{m}{2}(v_x^2 + v_y^2 + v_z^2) , \tag{9.2.17}$$

式中，α_i $(i = 0,\cdots, 4)$ 为待定常数.

还可将式(9.2.17)改写为

$$f = n\left(\frac{m}{2\pi kT}\right)^{3/2} \exp\left\{-\frac{m[(v_x - v_{0x})^2 + (v_y - v_{0y})^2 + (v_z - v_{0z})^2]}{2kT}\right\}. \tag{9.2.18}$$

这个分布为有**整体运动的麦克斯韦分布**. 这里，式(9.2.17)中的 5 个常数化为 n、T、v_{0x}、v_{0y} 和 v_{0z}.

另外，还可由细致平衡条件导出玻色系统和费米系统所满足的分布分别为玻色分布和费米分布. 这个问题请读者自己考虑解答，此处不具体讨论.

不满足细致平衡条件式(9.2.12)，而分布函数又不随时间变化的状态称为稳恒态. 对于稳恒态，玻尔兹曼积分微分方程有以下形式：

$$\boldsymbol{v}\cdot\frac{\partial f}{\partial \boldsymbol{r}} + \boldsymbol{F}\cdot\frac{\partial f}{\partial \boldsymbol{v}} = \iint (f'f_1' - ff_1)\mathrm{d}\omega_1 \Lambda \mathrm{d}\Omega . \tag{9.2.19}$$

由此可见，对于稳恒态，漂移贡献和碰撞贡献相互抵消. 严格求解式(9.2.19)是较为困难的. 在以下几节中，我们将对碰撞贡献作弛豫时间近似后，讨论几个具体的输运过程问题.

9.3 玻尔兹曼方程

本节采用弛豫时间近似简化玻尔兹曼积分微分方程式(9.1.30)及式(9.2.19)中的碰撞贡献.

由 H 定理可知，孤立系经历充分长的时间后可趋于整体平衡. 其微观机理是：分子碰撞的元碰撞贡献和元反碰撞贡献经较长的过程后相互抵消. 对于系统中一个小的区域，这一过程可以很短. 系统在达到整体平衡之前，应先在各个宏观小的区

域内建立平衡. 我们将这种平衡称为**局域平衡**. 根据 9.2 节的讨论，不难理解系统达到局域平衡的分布函数应满足式(9.2.18)，即

$$f^{(0)}=n\left(\frac{m}{2\pi kT}\right)^{3/2}\exp\left\{-\frac{m[(v_x-v_{0x})^2+(v_y-v_{0y})^2+(v_z-v_{0z})^2]}{2kT}\right\}, \tag{9.3.1}$$

式中，n、T 和 $\boldsymbol{v}_0$ 分别为坐标 $\boldsymbol{r}$ 和时间 t 的缓变函数. 随着时间的推移，分子间的碰撞使系统中各区域的局域平衡分布函数之 n、T 和 $\boldsymbol{v}_0$ 逐渐趋于一致而达到整体平衡. 故而可设

$$\left(\frac{\partial f}{\partial t}\right)_{\mathrm{c}}=-\frac{f-f^{(0)}}{\tau_0}. \tag{9.3.2}$$

由于 $f^{(0)}$ 为时间的缓变函数，可近似地认为 $\partial f^{(0)}/\partial t=0$. 则有

$$\left[\frac{\partial}{\partial t}(f-f^{(0)})\right]_{\mathrm{c}}=-\frac{f-f^{(0)}}{\tau_0}. \tag{9.3.3}$$

求解此方程可得

$$f(t)-f^{(0)}=[f(0)-f^{(0)}]\mathrm{e}^{-t/\tau_0}, \tag{9.3.4}$$

式中，$f(0)$ 和 $f(t)$ 分别是时间为 0 和 t 时系统的分布函数. 由式(9.3.4)可以看出：分布函数对局域平衡分布函数的偏离在时间 τ_0 内减小为初始偏离的 1/e. 我们称 τ_0 为弛豫时间，一般应为 $\boldsymbol{v}$ 的函数. 作为初级近似，可以将其取为常数. 用式(9.3.2)代替式(9.1.30)中的碰撞贡献，则有

$$\frac{\partial f}{\partial t}+\boldsymbol{v}\cdot\frac{\partial f}{\partial \boldsymbol{r}}+\boldsymbol{F}\cdot\frac{\partial f}{\partial \boldsymbol{v}}=-\frac{f-f^{(0)}}{\tau_0}. \tag{9.3.5}$$

式(9.3.5)称为**玻尔兹曼方程**，比较容易求解.

对于稳恒态，有 $\partial f/\partial t=0$，玻尔兹曼方程式(9.3.5)可进一步简化为

$$\boldsymbol{v}\cdot\frac{\partial f}{\partial \boldsymbol{r}}+\boldsymbol{F}\cdot\frac{\partial f}{\partial \boldsymbol{v}}=-\frac{f-f^{(0)}}{\tau_0}. \tag{9.3.6}$$

即碰撞贡献与漂移贡献相抵消. 在下面两节中，我们将讨论式(9.3.6)对输运过程的应用.

9.4　气体的黏滞现象

假定有一稀薄气体以宏观速度 $v_0(x)$ 沿 y 方向做整体运动，即在 x 方向存在速度梯度，而在 y 和 z 方向速度不发生变化. 气体在 x-y 平面运动速度随位置的变化如

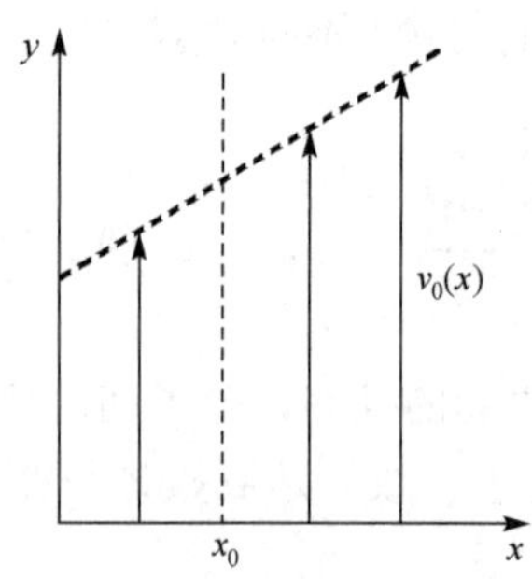

图 9-3 气体在 x-y 平面的运动速度示意

图 9-3 所示. 考查 $x = x_0$ 之平面，倘若 x 方向的速度梯度为小量，则正方作用于负方单位面积上沿着 y 方向的力与速度梯度成正比，即

$$p_{xy} = \eta \frac{\mathrm{d}v_0(x)}{\mathrm{d}x}, \tag{9.4.1}$$

式中，η 定义为黏滞系数. 式(9.4.1)称为**牛顿黏滞定律**.

从微观角度来看，宏观速度为分子微观速度的统计平均值，而 p_{xy} 来自于单位时间内通过单位面积正方传给负方的 y 方向的净总动量，其值等于单位时间内通过单位面积正方传给负方的总动量与负方传给正方的总动量之差. 由式(9.1.6)易得：在单位时间单位面积内，由正方传到负方速度在 $\mathrm{d}v_x\mathrm{d}v_y\mathrm{d}v_z = \mathrm{d}\omega$ 内的分子数为 $\mathrm{d}\Gamma = -f v_x \mathrm{d}\omega$，因此由正方传给负方的 y 方向动量贡献为

$$-mv_y v_x f \mathrm{d}v_x \mathrm{d}v_y \mathrm{d}v_z .$$

考虑到在全部速度范围内分子的贡献，便得到单位时间内通过单位面积由正方传给负方的总动量

$$-\int_{-\infty}^{0}\int_{-\infty}^{\infty}\int_{-\infty}^{\infty} mv_y v_x f \mathrm{d}v_x \mathrm{d}v_y \mathrm{d}v_z .$$

同理可得，在单位时间单位面积内由负方传到正方的总动量

$$\int_{0}^{\infty}\int_{-\infty}^{\infty}\int_{-\infty}^{\infty} mv_y v_x f \mathrm{d}v_x \mathrm{d}v_y \mathrm{d}v_z .$$

将上述两式相减可得

$$p_{xy} = -\int_{-\infty}^{\infty}\int_{-\infty}^{\infty}\int_{-\infty}^{\infty} mv_y v_x f \mathrm{d}v_x \mathrm{d}v_y \mathrm{d}v_z = -mn\overline{v_x v_y} = -\rho \overline{v_x v_y} . \tag{9.4.2}$$

平衡态时，系统的分布函数 f 可由式(9.2.18)给出. 考虑到系统仅在 y 方向有整体运动，可取

$$v_{0x} = v_{0z} = 0, \qquad v_{0y} = v_0.$$

有整体运动的麦克斯韦分布则为

$$f^{(0)} = n\left(\frac{m}{2\pi kT}\right)^{3/2} \exp\left\{-\frac{m}{2kT}[v_x^2 + (v_y - v_0)^2 + v_z^2]\right\}. \tag{9.4.3}$$

当系统处于稳恒态(非平衡态)时，其局域平衡的分布函数仍然为 $f^{(0)}$. 此时，需求解玻尔兹曼方程式(9.3.6)得到 f. 为简单起见，仅考虑无外场的情形，式(9.3.6)可简化为

$$v_x \frac{\partial f}{\partial x} = -\frac{f - f^{(0)}}{\tau_0}. \tag{9.4.4}$$

当 $\mathrm{d}v_0(x)/\mathrm{d}x$ 为小量时，$\partial f/\partial x$ 也为小量，即 f 与 $f^{(0)}$ 偏离较小，可设 $f = f^{(0)} + f^{(1)}$，显然有 $f^{(0)} \gg f^{(1)}$. 式(9.4.4)又可化为

$$v_x \frac{\partial f^{(0)}}{\partial x} = -\frac{f^{(1)}}{\tau_0}, \tag{9.4.5}$$

可解得

$$f^{(1)} = -\tau_0 v_x \frac{\partial f^{(0)}}{\partial x} = -\tau_0 v_x \frac{\partial f^{(0)}}{\partial v_0}\frac{\mathrm{d}v_0}{\mathrm{d}x} = \tau_0 v_x \frac{\partial f^{(0)}}{\partial v_y}\frac{\mathrm{d}v_0}{\mathrm{d}x}, \tag{9.4.6}$$

其中，第三步的推导用到了式(9.4.3). 进一步可得

$$f = f^{(0)} + \tau_0 v_x \frac{\partial f^{(0)}}{\partial v_y}\frac{\mathrm{d}v_0}{\mathrm{d}x}, \tag{9.4.7}$$

再将式(9.4.7)代入式(9.4.2)有

$$p_{xy} = -\int_{-\infty}^{\infty}\int_{-\infty}^{\infty}\int_{-\infty}^{\infty} m v_x^2 v_y \tau_0 \frac{\partial f^{(0)}}{\partial v_y}\frac{\mathrm{d}v_0}{\mathrm{d}x}\mathrm{d}v_x\mathrm{d}v_y\mathrm{d}v_z. \tag{9.4.8}$$

将式(9.4.8)与牛顿黏滞定律式(9.4.1)相比较，便得到黏滞系数

$$\eta = -m\int_{-\infty}^{\infty}\int_{-\infty}^{\infty}\int_{-\infty}^{\infty} v_x^2 v_y \tau_0 \frac{\partial f^{(0)}}{\partial v_y}\mathrm{d}v_x\mathrm{d}v_y\mathrm{d}v_z. \tag{9.4.9}$$

若用平均弛豫时间 $\overline{\tau_0}$ 代替弛豫时间 τ_0，则有

$$\eta = -m\overline{\tau_0}\int_{-\infty}^{\infty}\mathrm{d}v_z\int_{-\infty}^{\infty} v_x^2\mathrm{d}v_x\int_{-\infty}^{\infty}\frac{\partial f^{(0)}}{\partial v_y}v_y\mathrm{d}v_y. \tag{9.4.10}$$

上式中最后一个积分可作如下简化：

$$\int_{-\infty}^{\infty}\frac{\partial f^{(0)}}{\partial v_y}v_y\mathrm{d}v_y = [f^{(0)}v_y]_{-\infty}^{\infty} - \int_{-\infty}^{\infty} f^{(0)}\,\mathrm{d}v_y = -\int_{-\infty}^{\infty} f^{(0)}\,\mathrm{d}v_y. \tag{9.4.11}$$

再将式(9.4.11)代回到式(9.4.10)，可得

$$\eta = m\overline{\tau_0}\int_{-\infty}^{\infty}\int_{-\infty}^{\infty}\int_{-\infty}^{\infty} v_x^2 f^{(0)}\mathrm{d}v_x\mathrm{d}v_y\mathrm{d}v_z = nm\overline{\tau_0}\,\overline{v_x^2}. \tag{9.4.12}$$

根据经典的能均分定理有

$$m\overline{v_x^2} = kT.$$

设分子的**平均自由程** $\overline{l} = \overline{v}\,\overline{\tau_0}$. 式(9.4.12)则可进一步简化为

$$\eta = nkT\frac{\overline{l}}{\overline{v}} \propto \sqrt{T} . \tag{9.4.13}$$

式(9.4.13)已被实验证实. 由于 $\overline{v_x^2}+\overline{v_y^2}+\overline{v_z^2}=\overline{v^2}$，又由对称性知 $\overline{v_x^2}\approx\overline{v_y^2}\approx\overline{v_z^2}$，故而 $\overline{v_x^2}=\overline{v^2}/3$，再忽略 $\overline{v^2}$ 与 $(\overline{v})^2$ 的差别，容易得到

$$\eta = \frac{1}{3}nm\overline{\tau_0}\overline{v^2} \approx \frac{1}{3}nm\overline{v}\overline{l} . \tag{9.4.14}$$

上式与初级理论得到的结果一致.

9.5 金属的电导率

本节用玻尔兹曼方程讨论金属中自由电子的导电问题.

考虑在金属中施以恒定且均匀的电场. 假定电场方向沿 z 方向，强度为 $\mathscr{E}_z$，则该金属在 z 方向的电流密度 J_z 满足欧姆(Ohm)定律

$$J_z = \sigma\mathscr{E}_z , \tag{9.5.1}$$

式中，σ 为金属的电导率.

现在用统计理论分析这一问题. 设分布函数 f 为单位体积内、速度为 $\boldsymbol{v}$ 的一个量子态上的平均电子数. 若计入电子的自旋，则在速度间隔 $\mathrm{d}\omega = \mathrm{d}v_x\mathrm{d}v_y\mathrm{d}v_z$ 内单位体积中的电子数为

$$f\frac{2m^3}{h^3}\mathrm{d}\omega . \tag{9.5.2}$$

设电子的电荷为 e，电流密度则由下式给出：

$$J_z = (-e)\overline{v_z}n = (-e)\int f v_z \frac{2m^3}{h^3}\mathrm{d}\omega , \tag{9.5.3}$$

式中，n 为电子的数密度.

在无外场且系统处于平衡态时，分布函数和局域平衡分布函数均为费米函数

$$f = f^{(0)} = \frac{1}{\exp\left[\beta\left(\frac{mv^2}{2}-\mu\right)\right]+1} . \tag{9.5.4}$$

将上式代入式(9.5.3)，易得 $J_z = 0$，即金属中无宏观电流.

对有外电场而系统处于稳恒态之情形，分布函数 f 需通过求解玻尔兹曼方程式(9.3.6)获得. 由已知条件，可得单位质量的电子所受的电场力为

$$F_z = (-e)\mathscr{E}_z/m, \qquad F_x = F_y = 0 .$$

在以下的讨论中，假设分布函数 f 不随坐标变化. 这样，玻尔兹曼方程式(9.3.6)可简化为

$$-\frac{e\mathscr{E}_z}{m}\frac{\partial f}{\partial v_z}=-\frac{f-f^{(0)}}{\tau_0}. \tag{9.5.5}$$

对于弱电场，分布函数偏离局域平衡分布函数不远，可将其写为

$$f=f^{(0)}+f^{(1)},$$

且有 $f^{(0)}\gg f^{(1)}$. 近似地用 $\partial f^{(0)}/\partial v_z$ 代替 $\partial f/\partial v_z$，式(9.5.5)成为

$$\frac{e\mathscr{E}_z}{m}\frac{\partial f^{(0)}}{\partial v_z}=\frac{f^{(1)}}{\tau_0}. \tag{9.5.6}$$

进一步可得

$$f=f^{(0)}+\frac{e\mathscr{E}_z}{m}\tau_0\frac{\partial f^{(0)}}{\partial v_z}. \tag{9.5.7}$$

将式(9.5.7)代入式(9.5.3)得

$$J_z=-\frac{e^2\mathscr{E}_z}{m}\int\tau_0 v_z\frac{\partial f^{(0)}}{\partial v_z}\frac{2m^3}{h^3}\mathrm{d}\omega. \tag{9.5.8}$$

对于费米分布，$\partial f^{(0)}/\partial v_z$ 仅在费米面附近 kT 范围内不为零，故可近似地将 τ_0 取为 $\varepsilon=\mu$ 时的值，记作 τ_{F}. 这样，式(9.5.8)可进一步化简为

$$J_z=-\frac{e^2\mathscr{E}_z}{m}\tau_{\mathrm{F}}\int_{-\infty}^{\infty}v_z\frac{\partial f^{(0)}}{\partial v_z}\mathrm{d}v_z\int_{-\infty}^{\infty}\mathrm{d}v_x\int_{-\infty}^{\infty}\frac{2m^3}{h^3}\mathrm{d}v_y. \tag{9.5.9}$$

用分部积分法计算上式对 v_z 的积分

$$\int_{-\infty}^{\infty}v_z\frac{\partial f^{(0)}}{\partial v_z}\mathrm{d}v_z=[f^{(0)}v_z]_{-\infty}^{\infty}-\int_{-\infty}^{\infty}f^{(0)}\mathrm{d}v_z=-\int_{-\infty}^{\infty}f^{(0)}\mathrm{d}v_z. \tag{9.5.10}$$

将式(9.5.10)代入式(9.5.9)，则有

$$J_z=\frac{e^2\mathscr{E}_z}{m}\tau_{\mathrm{F}}\int f^{(0)}\frac{2m^3}{h^3}\mathrm{d}\omega=\frac{ne^2\tau_{\mathrm{F}}}{m}\mathscr{E}_z. \tag{9.5.11}$$

比较式(9.5.11)与式(9.5.1)，可得到电导率

$$\sigma=\frac{ne^2\tau_{\mathrm{F}}}{m}. \tag{9.5.12}$$

欲求得 τ_{F} 的值，从而得知电导率的最后结果，需讨论电子间的碰撞.

现在，让我们对获得的结果作定性分析：将 τ_{F} 认为是电子连续两次碰撞所用的时间，则有 $\tau_{\mathrm{F}}=l_{\mathrm{F}}/v_{\mathrm{F}}$. 其中，$l_{\mathrm{F}}$ 和 v_{F} 分别为电子在费米面上的平均自由程和平均速度.

一般而言，v_F 与温度 T 无关，l_F 则由离子振动决定. 设 q 为离子因振动离开平衡位置的位移. 运用能均分定理可得

$$\frac{A\overline{q^2}}{2}=\frac{kT}{2},$$

因此有

$$l_F \propto (\overline{q^2})^{-1} \sim T^{-1},$$

结合式(9.5.12)则有

$$\sigma \propto \frac{1}{T}. \tag{9.5.13}$$

式(9.5.13)在高温时与实验结果相符.

如果认为电子遵从玻尔兹曼分布，亦可导出类似于式(9.5.12)的电导率公式(见习题 9.3).

9.6 局域熵产生率

不可逆过程进行的速率是人们所关心的问题，由于系统在不可逆过程前后的状态大多为非平衡态，因此对这类问题的讨论甚为困难. 为简单起见，本节仅限于在线性非平衡态热力学范畴内简要讨论在不可逆过程中系统内部熵随时间变化的关系.

1. 局域热力学方程

根据克劳修斯不等式

$$\mathrm{d}S \geqslant \frac{đQ}{T}, \tag{9.6.1}$$

可将系统经历一不可逆微过程后的熵变写为

$$\mathrm{d}S=\mathrm{d_e}S+\mathrm{d_i}S=\frac{đQ}{T}+\mathrm{d_i}S, \tag{9.6.2}$$

式中，$\mathrm{d_e}S=đQ/T$ 为与外界交换热量而引起系统熵的改变；$\mathrm{d_i}S$ 为由于系统内部过程导致的熵变，称为**熵产生**. 显然有

$$\mathrm{d_i}S \geqslant 0.$$

以下，我们主要讨论与 $\mathrm{d_i}S$ 相关的熵随时间之变化.

设系统为非定质量单元系，若选取内能 E、体积 V 和粒子数 N 为独立变量，系统在平衡态时，应有

$$T\mathrm{d}S=\mathrm{d}E+p\mathrm{d}V-\mu\mathrm{d}N. \tag{9.6.3}$$

在非平衡态时，可将系统分成若干宏观小部分，并假设每一小部分处于局域平衡态，相应的热力学量满足

$$Tds = du + pdv - \mu dn . \tag{9.6.4}$$

上式称为**局域热力学方程**. 式中的 s、u、v 和 n 分别表示某一小部分中的熵密度、内能密度、比容和粒子数密度. 整个系统的广延量为各部分的相应值之和，强度量则无统一的数值.

类似于系统熵产生，同样可以引入局域熵密度产生 d_is，相应的熵密度随时间的变化率 d_is/dt 称为**局域熵密度产生率**，其物理意义是：由于体积元中内部过程引起熵密度在单位时间的增加量. 以下将针对某些输运过程具体讨论熵产生率.

2. 热传导

考虑系统中某一体积元，在忽略物质输运和体积变化的情况下，可认为仅由温度的不均匀导致热传导从而改变体积元的内能密度，这时局域热力学方程式(9.6.4)化简为

$$Tds = du . \tag{9.6.5}$$

由式(9.6.5)易得熵密度随时间的增加率

$$\frac{\partial s}{\partial t} = \frac{1}{T}\frac{\partial u}{\partial t} . \tag{9.6.6}$$

若定义**热流密度** $\boldsymbol{J}_q$ 表示单位时间内通过单位面积的热量，根据能量守恒原理，可得

$$\frac{\partial u}{\partial t} = -\nabla \cdot \boldsymbol{J}_q . \tag{9.6.7}$$

这就是连续性方程. 将式(9.6.7)代入式(9.6.6)，并利用关系

$$\frac{1}{T}\nabla \cdot \boldsymbol{J}_q = \nabla \cdot \frac{\boldsymbol{J}_q}{T} - \boldsymbol{J}_q \cdot \nabla \frac{1}{T} ,$$

便可得到

$$\frac{\partial s}{\partial t} = -\nabla \cdot \frac{\boldsymbol{J}_q}{T} + \boldsymbol{J}_q \cdot \nabla \frac{1}{T} . \tag{9.6.8}$$

上式右端第一项表示热量从体积元外的流入对局域熵密度增加率的贡献，第二项为体积元中热传导之贡献. 于是有

$$\frac{d_i s}{dt} = \boldsymbol{J}_q \cdot \nabla \frac{1}{T} = \boldsymbol{J}_q \cdot \boldsymbol{X}_q , \tag{9.6.9}$$

式中，$\boldsymbol{J}_q$ 也称为**热流流量**，$\boldsymbol{X}_q = \nabla(1/T)$ 称为**热流动力**.

热传导的**傅里叶定律**为

$$\boldsymbol{J}_q = -K\nabla T\ , \tag{9.6.10}$$

式中，K 为**热传导系数**. 将式(9.6.10)代入式(9.6.9)，可得到局域熵密度产生率为

$$\frac{\mathrm{d_i}s}{\mathrm{d}t} = K\frac{(\nabla T)^2}{T^2} > 0\ . \tag{9.6.11}$$

3. 热传导和物质输运

当计及热传导和物质输运而忽略体积元的体积变化时，局域热力学方程式(9.6.4)可改写为

$$\mathrm{d}s = \frac{1}{T}(\mathrm{d}u - \mu\mathrm{d}n).$$

熵密度增加率则为

$$\frac{\partial s}{\partial t} = \frac{1}{T}\frac{\partial u}{\partial t} - \frac{\mu}{T}\frac{\partial n}{\partial t}\ . \tag{9.6.12}$$

式中，内能增加率可用连续性方程写为

$$\frac{\partial u}{\partial t} = -\nabla\cdot\boldsymbol{J}_u\ . \tag{9.6.13}$$

这里，$\boldsymbol{J}_u$ 表示单位时间通过单位面积的内能，称为**内能流密度**，是**热流密度** $\boldsymbol{J}_q$ 和**粒子流密度** $\boldsymbol{J}_n$ 的贡献之和，即

$$\boldsymbol{J}_u = \boldsymbol{J}_q + \mu\boldsymbol{J}_n\ . \tag{9.6.14}$$

粒子数密度增加率满足如下连续性方程：

$$\frac{\partial n}{\partial t} = -\nabla\cdot\boldsymbol{J}_n\ , \tag{9.6.15}$$

式中，$\boldsymbol{J}_n$ 又常称为**物质流流量**. 用式(9.6.14)与式(9.6.13)，并与式(9.6.15)一同代入式(9.6.12)可得

$$\begin{aligned}\frac{\partial s}{\partial t} &= -\frac{1}{T}\nabla\cdot\boldsymbol{J}_q - \frac{1}{T}\nabla\cdot(\mu\boldsymbol{J}_n) + \frac{\mu}{T}\nabla\cdot\boldsymbol{J}_n \\ &= -\nabla\cdot\frac{\boldsymbol{J}_q}{T} + \boldsymbol{J}_q\cdot\nabla\frac{1}{T} - \frac{\boldsymbol{J}_n}{T}\cdot\nabla\mu.\end{aligned} \tag{9.6.16}$$

上式右端第一项为热量从体积元外流入引起局域熵密度的增加，可参见式(9.6.8)；第二项是体积元中温度不均匀产生的热传导引起局域熵的产生率；第三项是由于化学势梯度造成粒子输运引起局域熵的产生率. 记

$$-\frac{\nabla\mu}{T} = \boldsymbol{X}_n\ ,$$

称为**物质流动力**. 类似于式(9.6.9)的推导，可得局域熵密度产生率

$$\frac{\mathrm{d_i}s}{\mathrm{d}t}=\boldsymbol{J}_q\cdot\boldsymbol{X}_q+\boldsymbol{J}_n\cdot\boldsymbol{X}_n. \tag{9.6.17}$$

不难证明

$$\frac{\mathrm{d_i}s}{\mathrm{d}t}>0.$$

若有多种不可逆过程，如热传导、物质输运、电导、黏滞现象等，可定义广义的热力学流量 $\boldsymbol{J}_k$ 和热力学动力 $\boldsymbol{X}_k$，**局域熵密度产生率**则为

$$\frac{\mathrm{d_i}s}{\mathrm{d}t}=\sum_k\boldsymbol{J}_k\cdot\boldsymbol{X}_k>0. \tag{9.6.18}$$

9.7　昂萨格关系

对于一般的不可逆过程——输运现象，热力学流量与热力学动力成正比. 例如，9.6 节讨论的热传导问题，热力学流量满足傅里叶定律

$$\boldsymbol{J}_q=-K\nabla T,$$

其热力学动力取为 $\nabla(1/T)$，亦可取为 $-\nabla T$. 普遍地记热力学流量为 $\boldsymbol{J}$，热力学动力为 $\boldsymbol{X}$，则有

$$\boldsymbol{J}=\overleftrightarrow{\boldsymbol{L}}\boldsymbol{X}. \tag{9.7.1}$$

式中，$\overleftrightarrow{\boldsymbol{L}}$ 为张量，称为**动力系数**. 对于各向同性体系，动力系数为零阶张量——标量；对于非各向同性体系，动力系数为二阶张量.

将式(9.7.1)写成分量形式，则有

$$J_k=\sum_l L_{kl}X_l, \tag{9.7.2}$$

式中，L_{kl} 称为**动力(理)系数**. 式(9.7.2)称为**动力(理)方程**，其意义为一个单位的第 l 种动力与产生的第 k 种流量之间的关系.

可以证明：若适当选择热力学流量和热力学动力，使局域熵产生率满足

$$\frac{\mathrm{d_i}s}{\mathrm{d}t}=\sum_k J_kX_k, \tag{9.7.3}$$

则动力系数满足

$$L_{kl}=L_{lk}, \tag{9.7.4}$$

即 $\overleftrightarrow{\boldsymbol{L}}$ 为二阶对称张量. 在有磁场情况下，动力系数为磁感应强度的函数，并有

$$L_{kl}(\boldsymbol{B}) = L_{lk}(-\boldsymbol{B}), \tag{9.7.5}$$

此式的意义为在某一磁感应强度 $\boldsymbol{B}$ 时测得的 L_{lk} 等于在反向相等磁感应强度时测得的 L_{kl}. 式(9.7.4)和式(9.7.5)称为**昂萨格**(Onsager)**关系**.

利用动力方程和昂萨格关系解决物理问题的步骤是：

(1)写出动力方程(通常为线性方程)；

(2)利用昂萨格关系减少动力系数的数目；

(3)找出经验常数与动力系数的关系，从而找到经验常数间的内在联系，进一步理解系统的物理效应.

昂萨格关系反映了微观可逆性在宏观系统中的统计效应，其结果为宏观的不可逆性. 用统计物理可推出昂萨格关系，限于篇幅，此处不作介绍.

讨 论 题

第 9 章小结

9.1 说明元碰撞数和元反碰撞数对 $\mathrm{d}\tau\mathrm{d}\omega$ 内分子数的贡献.

9.2 在非平衡态分布函数讨论中，为何假设稀薄气体？

9.3 讨论完全弹性碰撞和完全非弹性碰撞的性质，碰撞后两球的速度关系.

9.4 讨论 H 函数的物理意义.

9.5 为何有了玻氏关系还引入 H 定理？

9.6 简述漂移和碰撞对分布函数变化的贡献.

9.7 为何烘烤湿衣服干得快？

9.8 讨论弛豫时间的物理意义.

9.9 能否将气体中的黏滞现象推广到液体？

9.10 考虑水的黏滞性，结合洗涤衣服的原理，讨论洗衣机的逐渐改进.

9.11 讨论绝对零度时金属的电阻.

9.12 试讨论市电电路中纯电阻电器(如灯泡)的电阻与温度的关系.

9.13 为何引入昂萨格关系？

习 题

9.1 试由细致平衡条件导出玻色分布.

9.2 试由细致平衡条件导出费米分布.

9.3 设在平衡态下，质量为 m、电量为 e 的粒子遵从玻尔兹曼分布，试根据玻尔兹曼方程证明在弱电场下的电导率可表示为

$$\sigma = \frac{ne^2}{m}\overline{\tau_0},$$

式中，n 为粒子的数密度，$\overline{\tau_0}$ 为弛豫时间的平均值.

9.4　非各向同性晶体中热传导之热流密度与温度梯度之关系满足

$$\begin{bmatrix} J_x \\ J_y \\ J_z \end{bmatrix} = -\begin{bmatrix} k_{xx} & k_{xy} & k_{xz} \\ k_{yx} & k_{yy} & k_{yz} \\ k_{zx} & k_{zy} & k_{zz} \end{bmatrix} \begin{bmatrix} \partial T/\partial x \\ \partial T/\partial y \\ \partial T/\partial z \end{bmatrix},$$

式中，热传导系数 $\overleftrightarrow{\boldsymbol{K}}$ 为张量. 如果根据晶体的对称性知热传导系数有以下形式：

$$\overleftrightarrow{\boldsymbol{K}} = -\begin{bmatrix} k_{xx} & k_{xy} & 0 \\ -k_{yx} & k_{xx} & 0 \\ 0 & 0 & k_{xx} \end{bmatrix},$$

根据昂萨格关系能够得到何结论？

第 10 章　部分要点、难点视频

第 10 章

相变与临界现象

在第 6 章给出了相变与化学平衡的条件，并对化学热力学作了简单的介绍，但对相变问题，特别是临界现象未作具体的讨论. 本章将分析几个相变的实例，并初步介绍关于临界现象的理论知识.

10.1　固溶体相图

作为研究相平衡的重要工具，前面已引入相图的概念(见 6.3 节). 这里，我们具体分析一类典型的相图——二元合金相图，同时讨论其相变特征.

根据吉布斯相律(见 6.5 节)，二元单相系的自由度 $f = 3$. 假定有 A、B 两个组元，可将三个独立变量选为温度 T、压强 p 和组分 $x = n_B/(n_A + n_B)$ (B 组元的摩尔分数). 有时也将 x 选为 B 组元的**质量百分比**，定义为 $x = M_B/(M_A + M_B)\times100\%$. 为了便于作图，通常选用两个变量，而将第三个自由度相应的变量取为定值. 这样，我们就可以用平面直角坐标系来作相图. 对于二元合金，主要只涉及固、液两相，在相变过程中压强基本不变，因此在确定压强下选(T, x)为独立变量是适宜的.

两种物质以原子形式相互掺合形成的均匀固体称为**固溶体**. 我们知道，两种金属共熔形成固溶体，对组分是有要求的，我们这里将对两种极端情形——无限固溶和完全不溶加以讨论.

1. 无限固溶体

首先讨论两种物质可以任意比例相互固溶的体系，即所谓**无限固溶体**. 价数相同而晶格常数又相近的两种金属，如金和银，可形成此类固溶体.

让我们以金-银合金为例来分析无限固溶体相图的特征. 设 A 组元为银，B 组元为金；取横坐标 x 为 B 组元金的质量百分比，纵坐标为摄氏温度 t；用α代表液相，β代表固相，作出示意相图如图 10-1 所示. 因为实际的二元系相图的组分多采用质量百分比描述，所以本节将取 x 为质量百分比，而不是摩尔分数. 图中，上面的一条曲线是所谓**液相线**，下面的一条则为**固相线**. 假定体系以准静态方式缓慢冷却，由图中初态 P 开始，沿竖直线下降，两种元素的组分在降温时保持不变. 当温度降至 t_Q时，到达液相线的 Q 点，开始有固相出现，进入固液两相共存区. 在开始凝固时，相应的固相为 Q'(Q 代表液相)，其中 B 组元含量比液相多. 由于固相的凝出，必使液相的 B 组元减少，代表点便左移. 随着温度继续下降，液相的代表点将不断沿液相线向左下方移动，固相代表点则沿固相线下移. 如此继续，直至 R 点，全部凝为固相.

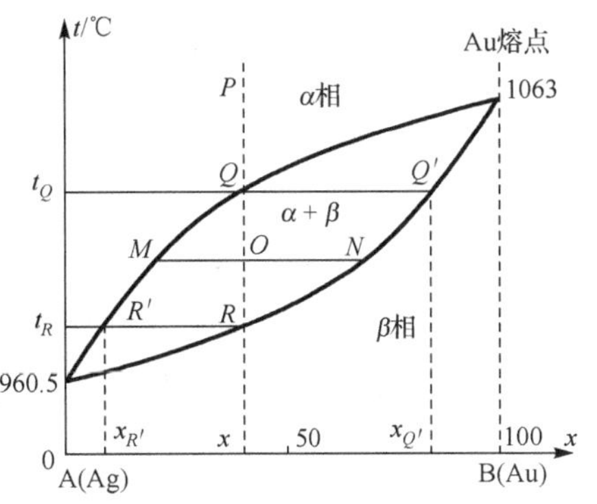

图 10-1　金-银合金相图示意

在固液共存区，两相的比例遵从所谓杠杆法则. 考虑图 10-1 中共存区内的一点 O，假定其包含的液相 M 中 B 组分为 x^α，固相 N 中 B 组分为 x^β，用 M^α、M^β表示液相、固相的质量数，则有如下关系：

$$x^\alpha = x - \overline{MO}, \qquad x^\beta = x + \overline{ON}. \tag{10.1.1}$$

因此

$$M^\alpha(x - \overline{MO}) + M^\beta(x + \overline{ON}) = (M^\alpha + M^\beta)x. \tag{10.1.2}$$

由此得

$$\overline{MO} : \overline{ON} = M^\beta : M^\alpha. \tag{10.1.3}$$

式(10.1.3)给出的关系有如以 O 点为支点的杠杆两端重量与力臂间的关系，故将其称为**杠杆法则**(图 10-2).

我们还看到，与单元系不同，上述体系没有单一的凝固温度. 它的凝固是从某一温度开始，到另一温度结束. 这两个温度又称为上、下**临界温度**. 将单元系和二元系的冷却曲线(温度作为时间的函数)加以比较看出：单元系有一段恒温时间，如图 10-3(a)所示，这期间体系释放相变潜热；二元系则在两个温度 T_L(上临界)和 T_S(下临界)之间释放潜热，没有恒温区［图 10-3(b)］.

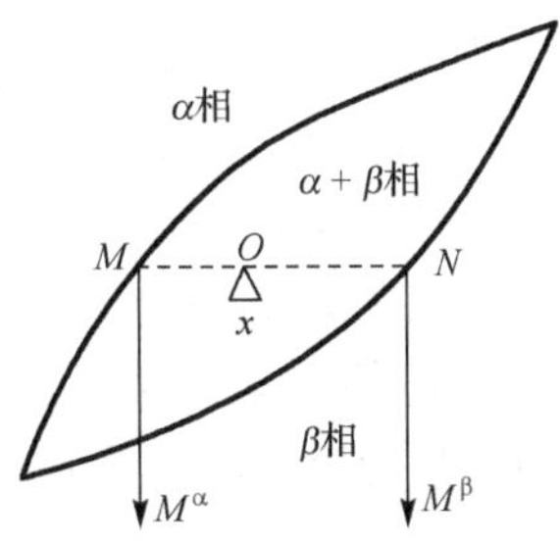

图 10-2　杠杆法则示意图

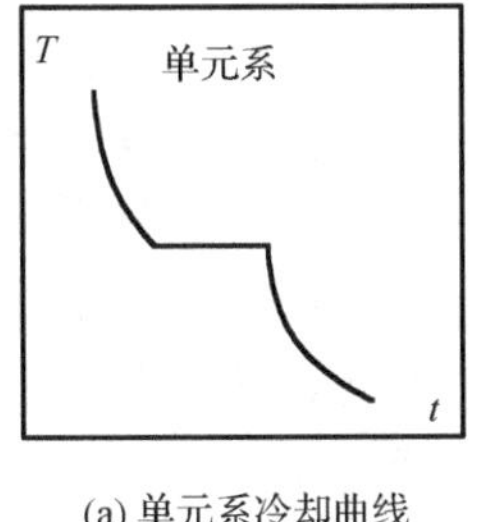

(a) 单元系冷却曲线

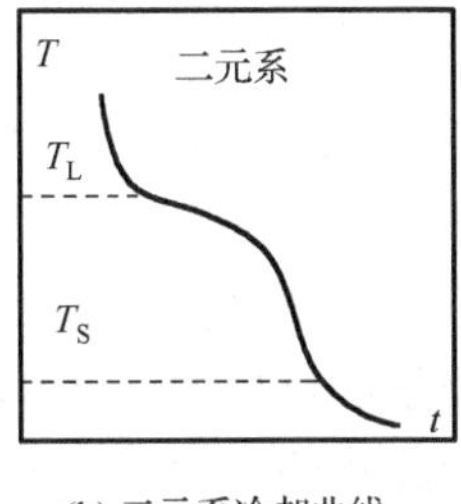

(b) 二元系冷却曲线

图 10-3　冷却曲线

综上所述，二元合金的相变过程具有如下特征：

其一，凝固温度与组分有关，即液相线不是一条等温的横线，而且有两个相变温度，一个是凝固开始的温度(上临界温度)，另一个是相变结束的温度(下临界温度).

其二，凝结出的固相一般有与液相不同的组分，这也就是说，在固液共存区的同一温度下，两种不同的相有不同的组分.

利用相同温度下液相与固相成分不同的性质，人们创造了**区域熔炼法**，用来提纯某些不易提纯的材料. 例如，一些稀土金属和半导体材料就是用这种方法来提纯的. 此种熔炼法将材料反复地熔化后再分区凝固，每次凝固总是将比例较小的金属带到材料的末端. 不断重复，最后就可以获得纯度很高的金属或半导体材料.

2. 完全不溶固溶体——共晶转变

有一些金属掺合在一起时固相完全不能互溶. 例如，金属镉(Cd)与铋(Bi)在熔化状态(液相α)中，可以任何比例互溶. 但是，降温冷却至凝结为固态时则完全不溶，两种金属以各自单独结晶的晶粒机械地混合形成所谓**共晶**. 这种体系的固、液相平衡是互溶的液相与两种金属的固相之平衡.

图 10-4 定性地给出描绘镉与铋熔液以及凝固过程的相图. 这里，A 代表金属镉，B 代表金属铋. 图中两条曲线为液相线，两线之间以上的部分是液态，水平直线为固相线，其以下部分则全部是固态相.

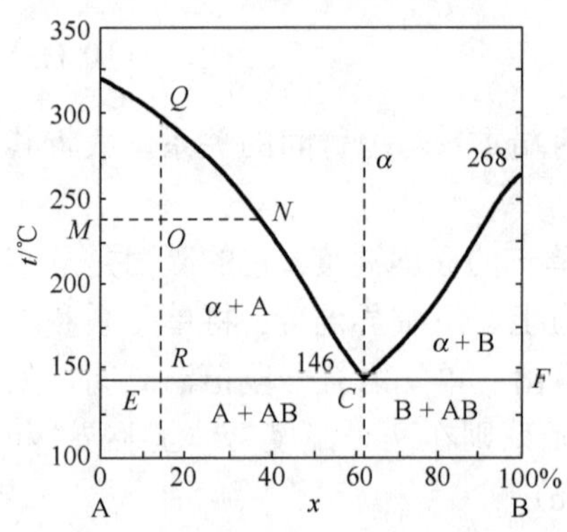

图 10-4 镉与铋共晶转变相图示意

在 $Q\to O\to R$ 段，液相(A 和 B 的互溶液体)与固 A 相共存. 液相中 B 组元所占比例按图中 QC 曲线上同温度处的值随温度的下降而变化，服从杠杆法则. 如果图中的横坐标 x 是质量组分，杠杆法则为质量之比

$$M^{\alpha}/M^{A}=\overline{MO}/\overline{ON}. \tag{10.1.4}$$

在这一段有两个熔点：Q 点开始凝结固相的 A，在 R 点固相的 B 才开始凝结. 到达 R 点时，线段与水平直线 EF 相交，EF 为三相共存线，共存的三相是：液相α，其组分为 x_C；固 A 与固 B 以 AB 共晶的形式出现，总的组分亦为 x_C；若继续冷却，除原来已凝出的固相 A 以外，又由 A 和 B 同时凝结而析出共晶 AB，直至全部凝结完毕. 在 EF 线以下，凝出的一定是 AB 共晶，故此线称为**共晶线**. 最后，凝结出的固相是 A+AB. 在图的另一边，最后析出的是 B+AB.

如果熔液的组分是 C 点的组分 x_C，则只有一个熔点 C. 降温至 t_C 时开始凝固，而且只凝出 AB 共晶. C 点是液相存在的最低温度，故称为**低共熔点**，t_C 则称**共晶温**

度. 低共熔点是二元合金一个十分有用的特性，根据这一原理，人们创造了熔断器、焊锡等有用的元件和材料.

完全不溶固溶体的冷却曲线定性地描绘在图 10-5 中. 与无限固溶体一样，它也有两个熔点，其冷却曲线也有一段向前突起的部分. 所不同的是，在共晶温度处有一段平台. 这是因为在共晶线上，三相共存，$\sigma = 3$，根据相律可以算出其自由度为 1，凝固过程是一个等温过程.

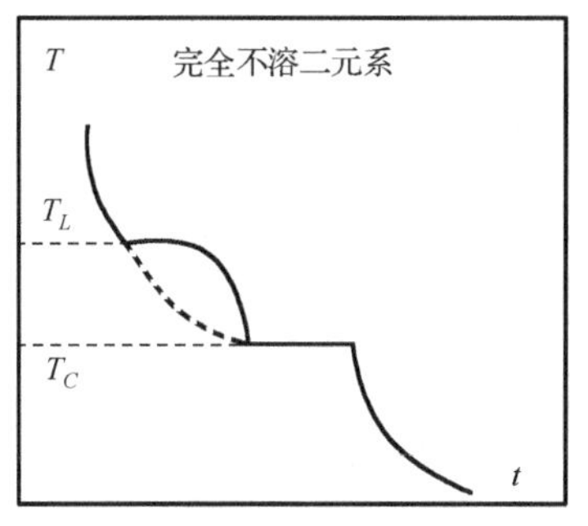

图 10-5　镉、铋熔液冷却曲线示意图

10.2　气-液相变

本节讨论气-液之间的相变. 我们将以范德瓦耳斯方程描述的物质作为对象，给出描述此类相变过程的基本理论，分析相变的主要特征.

1. 临界点

在讨论范德瓦耳斯物质的气液相变之前，让我们先回顾一般气液相变的基本实验事实，特别是关于临界点的概念.

图 10-6 定性地给出一个最普通的气、液、固三相图，此图以(T, p)为变量，可由实验测得. 图中的 A 点是三线交点，此点三相共存，故名**三相点**. 我们看到，汽化线由 A 出发向上，至 C 点终止，若再升温，物质只能以气相存在，此点称为**临界点**. 临界点相应的温度 T_C 和压强 p_C 分别称为**临界温度**和**压强**. 温度低于临界温度时，通过等温压缩即可将气体液化；在临界温度以上，无论如何加压都不能将气体液化. 在临界点以下，同一物质的气态与液态的性质(如密度等)有很明显的差别，气液相变导致一些物理量的不连续，有两相共存阶段. 两相的差别随着温度的升高而减少，到临界温度则完全消失. 由于有临界点，就可能实现这样的过程：从液相出发，不穿过气液两相**共存线** $\widehat{AC}$，绕过 C 点转变为气相，反之亦然. 这类两相之间的转变没有不连续现象发生，故称为**连续相变**.

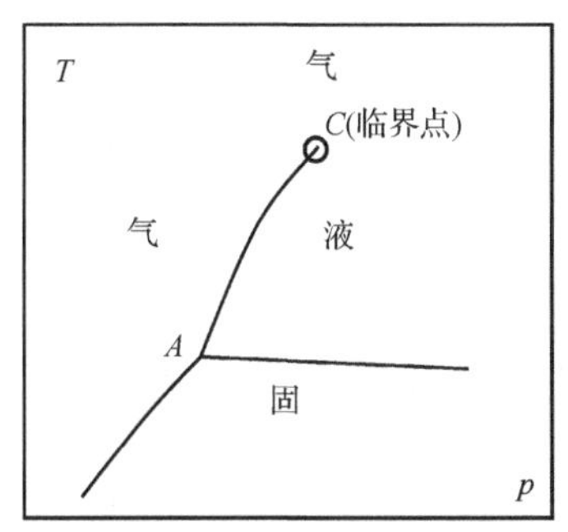

图 10-6　气、液、固三相图

在确定的温度下，改变压强可以使体系由气相转变为液相，或由液相转变为气相. 通常以压强 p 和摩尔体积 v 作为独立变量，用 p-v 图来描述气液相变过程. 对于不同的温度，有不同的相变曲线. 图 10-7 定性地绘出了不同温度下二氧化碳(CO_2)

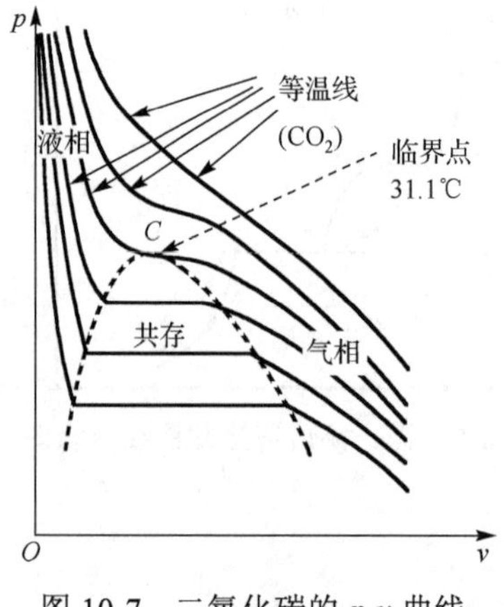

图 10-7 二氧化碳的 p-v 曲线

的 p-v 关系实验曲线(等温线). v 较大的部分为气相段，曲线差不多是双曲线. 当温度低于 31.1℃时，曲线有一段平行于 v 轴的水平线. 在水平段的右方，体积度(或摩尔体积)较大(密度小)，压强较低，为气相；在其左方，体积度较小(密度大)，压强较大，为液相. 当等温压缩气体到达水平段时，继续压缩并不导致压强增加，因为有一部分气体液化了，使总体积减小. 水平段结束时，气体全部液化，若继续压缩，其压强必然猛增，曲线的这部分几乎为垂直于 v 轴的直线. 在水平线上，v 与气液混合比之间有如下关系：

$$v = xv_1 + (1-x)v_g , \tag{10.2.1}$$

式中，v_1 和 v_g 分别为液相和气相的摩尔体积，x 为液相的物质的量比例. 从水平线左端到右端，x 由 1 到 0，v 则由 v_1 到 v_g. 当等温线的温度上升到 31℃时，水平线收缩为一点，气液差异消失. 在此温度以上的曲线为气体等温线，随温度的升高逐渐趋向理想气体的双曲线. 两相区别消失，即水平线段收缩为一点的那一转变点称为临界点，相应的温度和压强为临界温度和临界压强. 一旦温度高于临界温度，液相则不复存在. 临界点正是温度为 T_C 的等温线的拐点 C. 在这一点，曲线的切线平行于 v 轴，我们有

$$\frac{\partial p}{\partial v}=0, \qquad \frac{\partial^2 p}{\partial v^2}=0. \tag{10.2.2}$$

2. 等面积法则

现在，我们研究用范德瓦耳斯方程描述的气体(简称范氏气体)的相变问题. 1mol 范氏气体的物态方程有如下形式：

$$p=\frac{RT}{v-b}-\frac{a}{v^2}. \tag{10.2.3}$$

它也可描述液相. 根据这一方程，作出等温曲线如图 10-8 所示. 在临界温度以上，范氏方程给出的曲线与实验一致. 在临界温度以下则不同，范氏方程的曲线不能给出水平段，须作适当的修正. 那就是作一条水平线(图中的 POQ)代替中间的凸凹线($PMONQ$)，其压强为 p^*(饱和蒸汽压). 利用热力学的理论可以证明，水平线 POQ 上的态

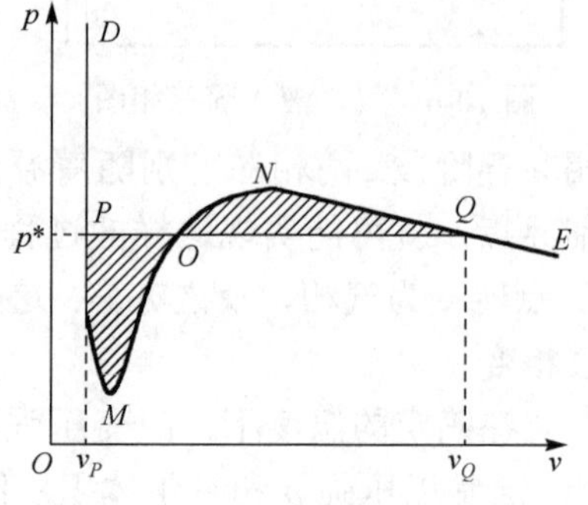

图 10-8 范氏气体的 p-v 曲线

是稳定的，而弯曲线 $PMONQ$ 上的态是不稳的. 至于水平线的位置，则可由**等面积法则**确定，此法则为：

两相共存的水平线与范氏等温曲线的两段所围成的面积相等.

现证明之. 在范氏等温线上，P、Q 两点的位置应由相平衡条件决定. 在水平线上的各态，是气相(Q 点的态)与液相(P 点的态)共存的态，两相平衡的条件是化学势相等

$$\mu_P = \mu_Q . \tag{10.2.4}$$

因此有

$$f_P + p^* v_P = f_Q + p^* v_Q ,$$

即

$$f_P - f_Q = p^*(v_Q - v_P) . \tag{10.2.5}$$

注意到压强与自由能的关系

$$p = -\frac{\partial f}{\partial v} , \tag{10.2.6}$$

则可将自由能的增量写为沿范氏曲线对压强在等温情形下的积分

$$f_P - f_Q = \int_{v_P}^{v_Q} p\mathrm{d}v = \text{矩形}v_P PQv_Q\text{面积}-\text{曲边形}PMO\text{面积}+\text{曲边形}ONQ\text{面积}. \tag{10.2.7}$$

比较式(10.2.5)与式(10.2.7)的右端，可得

$$\text{曲边形}PMO\text{面积} = \text{曲边形}ONQ\text{面积} , \tag{10.2.8}$$

这就是麦克斯韦的**等面积法则**. 在此式的推导中，我们并未用到物态方程，因此等面积法则是一个普适的法则，不仅只适用于范氏气体.

根据等面积法则，可以求出饱和蒸汽压，从而确定图 10-8 中等温线上水平段的位置，得到与实验测量一致的结果. 这样，范氏气体沿等温线相变时，在 Q、P 两点之间就有两条不同的路径，水平的气液共存线和弯曲的连续相变线. 实验测量的结果是水平线，这表明在这条线上的态是稳定的，而曲线的态则是不稳或亚稳态.

3. 气液共存态的稳定性

现在证明气液共存态的稳定性，分别就等压和等容两种情形进行讨论.

1) 曲线 $PMONQ$ 不稳

先将图 10-8 中一条范德瓦耳斯线的两段弯曲线 PMO 和 ONQ 上的态分别与 QE 和 PD 线上等温等压的态加以比较，证明 P、Q 之间的这两段曲线不稳，稳定的是分别在 QE 和 PD 线上的气相和液相. 因为是等温等压，我们用吉布斯判据讨论.

先求范德瓦耳斯线上各点化学势的表达式. 根据范德瓦耳斯方程和式(10.2.6)有

$$\frac{\partial f}{\partial v}=\frac{a}{v^2}-\frac{RT}{v-b},\tag{10.2.9}$$

积分得自由能

$$f=-RT\ln(v-b)-\frac{a}{v}+C(T),\tag{10.2.10}$$

式中，$C(T)$是积分常数，为温度的函数. 化学势则为

$$\mu=f+pv=-RT\ln(v-b)+\frac{RTv}{v-b}-\frac{2a}{v}+C(T).\tag{10.2.11}$$

将范氏方程代入式(10.2.11)，即可求出μ作为(T,p)的函数，由此作出等温的μ-p曲线定性地如图 10-9 所示. 前已指出，相平衡条件要求$\mu_P=\mu_Q$，因此图中Q、P两点重合，相应的压强为p^*，而同一压强的O点则在其正上方. 根据吉布斯判据，在等温等压情形下，吉布斯函数小的态稳定. 因此，在$p>p^*$部分，PD线上的态稳定而ONQ线不稳；在$p<p^*$部分，QE线上的态稳定而OMP线不稳. 所以，$PMONQ$段的态不是稳定的平衡态.

2) 水平线PQ稳定

再将相同体积下曲线与水平线上的态加以比较，这时宜用自由能判据. 自由能的表达式已由式(10.2.10)给出，其等温f-v曲线如图 10-10 所示. 作切线与自由能曲线交于两点P和Q，p-v图(图 10-8)中D、P、M、O、N、Q、E各点的相应位置如图 10-10 所示. 显然，切线的斜率为

$$\frac{f_Q-f_P}{v_Q-v_P}=\frac{\partial f}{\partial v}=-p_0,\tag{10.2.12}$$

式中，p_0为切线上各点的压强. 另外，如前所述，相平衡要求$\mu_P=\mu_Q$，而在p-v图中看到，线段PQ上各点的压强都是p^*，因此

$$f_P+p^*v_P=f_Q+p^*v_Q.$$

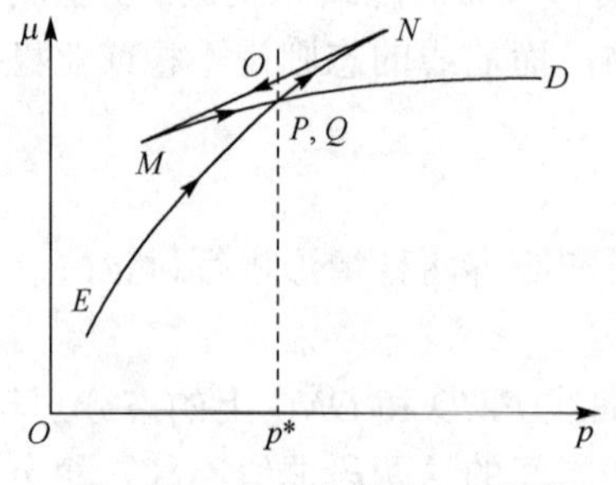

图 10-9 范氏方程的μ-p曲线

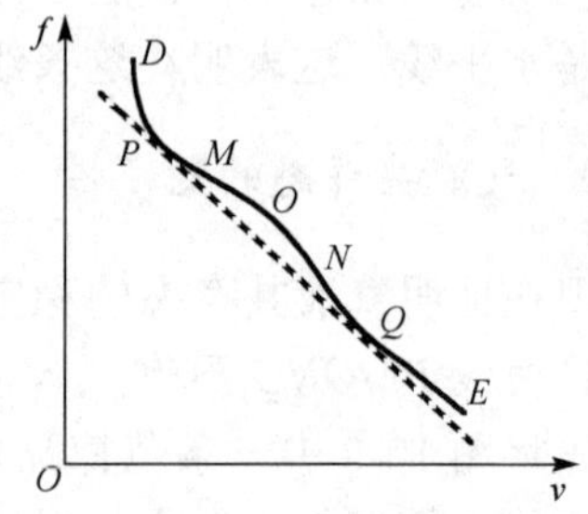

图 10-10 范氏物质的f-v曲线

于是得

$$-p^* = \frac{f_Q - f_P}{v_Q - v_P} = -p_0,$$

即 $p^* = p_0$. 假定在直线段 PQ 上任一点的自由能为 f，体积为 v，则有

$$\frac{f - f_Q}{v - v_Q} = \frac{f_P - f_Q}{v_P - v_Q}.$$

它与 P 点(全液相)和 Q 点(全气相)的自由能之间的关系是

$$f = xf_P + (1-x)f_Q, \tag{10.2.13}$$

式中，$x = (v-v_Q)/(v_P-v_Q)$ 是气液共存相的液相的物质的量比份. 由图可见，曲线 $PMONQ$ 上各点的自由能都比同样体积下的直线 PQ 上的点大. 因此，沿直线 PQ 的态是稳定的.

综上所述，范氏方程给出的曲线不包含气液两相共存的信息. 共存相应由用等面积法则得到的水平线描述.

范氏线的 PM 段描述的是过热液体，而 QN 段则描述过冷气体，或称过饱和气，这两段描述的状态都属于亚稳态. MN 段所描述的状态，是完全不稳的状态(见 6.3.2 节)，实验观察不到.

10.3　临界性质与临界指数

我们在 10.2 节分析气液相变时，曾提出临界点的概念，但未进一步讨论之. 对临界点附近性质的研究，是物理学界多年来十分关注的一个课题，吸引着不少科学家从事这一领域的工作. 这里，我们还是从范氏气体出发，简要讨论物质在临界点附近的性质，并介绍临界指数的概念.

1. 临界常数

确定体系在临界点状态的参数称为**临界常数(亦称临界参量)**，如**临界温度**、**临界压强**以及**临界体积度**(比容)等. 临界常数可以由物态方程求得. 在临界点，压强与温度的关系满足条件式(10.2.2). 将范氏方程式(10.2.3)代入则有

$$\begin{aligned}\frac{\partial p}{\partial v} &= -\frac{RT}{(v-b)^2} + \frac{2a}{v^3} = 0,\\ \frac{\partial^2 p}{\partial v^2} &= \frac{2RT}{(v-b)^3} - \frac{6a}{v^4} = 0.\end{aligned} \tag{10.3.1}$$

由此解出临界温度和体积，进而可由范氏方程算出临界压强，结果是

$$T_{\mathrm{C}}=\frac{8a}{27Rb}, \qquad v_{\mathrm{C}}=3b, \qquad p_{\mathrm{C}}=\frac{a}{27b^2}. \tag{10.3.2}$$

消去 a 和 b，则得临界常数之间满足的关系式

$$\frac{RT_{\mathrm{C}}}{p_{\mathrm{C}}v_{\mathrm{C}}}=\frac{8}{3}\approx 2.667. \tag{10.3.3}$$

此式右端的比值与范氏方程的两个参数 a 和 b 无关，因此与气体的具体性质无关，是一个普适常量，称为**临界系数**. 这是范氏方程给出的一个重要结论，其定性正确性已为实验结果验证.

表 10.1 列出一些气体的临界温度、临界压强和临界系数的观测值. 表中给出的临界系数观测值对大多数气体来说是相当接近的，这说明它是一个普适常量. 因此，我们由范德瓦耳斯理论推出的临界系数为普适常量的结论，得到了实验结果的支持，在定性上是正确的. 但是，我们也看到，范氏方程算出的临界系数理论值都明显地低于实验观测值，定量偏离比较大. 可见，范氏理论在定量上还不能正确地描述临界点附近气体的性质.

表 10.1 气体临界常数表

气体	He	H_2	Ne	N_2	Ar	O_2	CO_2	NH_3	H_2O
T_{C}/K	5.20	33.20	44.40	126.0	150.7	154.3	304.2	405.7	647.3
p_{C}/大气压	2.25	12.8	26.86	33.50	48.0	49.7	72.8	112.3	218.5
$RT_{\mathrm{C}}/p_{\mathrm{C}}v_{\mathrm{C}}$	3.28	3.27	3.25	3.43	3.42	3.42	3.65	4.11	4.37

2. 对应态定律

范氏方程式(10.2.3)的另一种形式是

$$\left(p+\frac{a}{v^2}\right)(v-b)=RT. \tag{10.3.4}$$

为了便于对一些问题的讨论，我们引入描述温度、压强和体积的无量纲变量：**对比温度** θ、**对比压强** ω 和**对比体积** φ，它们的定义分别是

$$\theta=\frac{T}{T_{\mathrm{C}}}, \qquad \omega=\frac{p}{p_{\mathrm{C}}}, \qquad \varphi=\frac{v}{v_{\mathrm{C}}}. \tag{10.3.5}$$

用对比变量，可将范氏方程改写为

$$\left(\omega+\frac{3}{\varphi^2}\right)\left(\varphi-\frac{1}{3}\right)=\frac{8}{3}\theta, \tag{10.3.6}$$

上式称为范氏对比物态方程. 该方程中没有与具体物质的特殊性质有关的参量，即不含 a 和 b，对不同气体来说，方程都是一样的. 我们将 a、b 不同的物体系之间对比温度、对比压强和对比体积相同的态称为**对应态**.

根据对比方程，两种气体的上述三个量中只要有两个相同，第三个也必然相同，这就是**对应态定律**.

3. 临界性质

仍以范氏气体为例，我们来讨论临界点附近的性质. 为便于讨论，先引入三个新变量

$$\tilde{t}=\theta-1=\frac{T-T_C}{T_C},\qquad \tilde{p}=\omega-1=\frac{p-p_C}{p_C},\qquad \tilde{v}=\varphi-1=\frac{v-v_C}{v_C},\tag{10.3.7}$$

它们分别为物体系温度、压强和体积对临界值的相对偏离. 于是，范德瓦耳斯物态方程可改写为

$$\tilde{p}+1=\frac{8(\tilde{t}+1)}{3\tilde{v}+2}-\frac{3}{(\tilde{v}+1)^2}.\tag{10.3.8}$$

在临界点附近，可将$\tilde{t}$、$\tilde{p}$和$\tilde{v}$都视为小量. 展开上式保留至三次方项得

$$\tilde{p}\approx 4\tilde{t}-6\tilde{t}\tilde{v}-\frac{3}{2}\tilde{v}^3.\tag{10.3.9}$$

这里需要说明的是，我们略去了$\tilde{t}\tilde{v}^2$项. 这是因为$\tilde{t}$与$\tilde{v}^2$是同级小量. 以式(10.3.9)为基础，我们可以讨论范氏物质在临界点附近的一些热力学量的性质.

1) 压强与密度的关系

如果温度保持在临界值，$T=T_C$，亦即$\tilde{t}=0$，压强相对偏离对体积相对偏离的依赖关系则为

$$\tilde{p}\approx-\frac{3}{2}\tilde{v}^3,$$

即

$$\frac{p-p_C}{p_C}\approx-\frac{3}{2}\left(\frac{v-v_C}{v_C}\right)^3.\tag{10.3.10}$$

又

$$\rho-\rho_C=\frac{1}{v}-\frac{1}{v_C}=\frac{v_C-v}{vv_C}\propto v_C-v,\tag{10.3.11}$$

因此有

$$|p-p_C|\propto|v-v_C|^3\propto|\rho-\rho_C|^3.\tag{10.3.12}$$

2) 密度与温度的关系

考虑在临界点附近，温度$T\to T_C^-$，即$\tilde{t}\to 0^-$. 这时，等温线上应有一段气液两相

共存的等压区(见图10-8)，其压强p^*由麦克斯韦等面积法则确定. 由式(10.3.9)显见$\tilde{p}-4\tilde{t}$是$\tilde{v}$的奇函数. 当$\tilde{v}$=0时，$\tilde{p}=4\tilde{t}$，因而等温线在接近临界点的区域是一条关于$\tilde{v}=0$，$\tilde{p}=4\tilde{t}$点对称的曲线. 于是，根据等面积法则确定的共存线段必以$\tilde{v}=0$为中点. 气相的体积所对应的$\tilde{v}_g$和液相的体积所对应的$\tilde{v}_l$(即共存线的两个端点的$\tilde{v}$)之间有关系$\tilde{v}_g=-\tilde{v}_l$. 它们的压强相等且与$\tilde{v}=0$点相同，即

$$\tilde{p}^*=4\tilde{t}=4\tilde{t}-6\tilde{t}\tilde{v}_l-\frac{3}{2}\tilde{v}_l^3=4\tilde{t}-6\tilde{t}\tilde{v}_g-\frac{3}{2}\tilde{v}_g^3,$$

亦即

$$6\tilde{t}\tilde{v}_l+\frac{3}{2}\tilde{v}_l^3=6\tilde{t}\tilde{v}_g+\frac{3}{2}\tilde{v}_g^3=0. \tag{10.3.13}$$

可解出

$$\tilde{v}_l=-(-4\tilde{t})^{1/2},\qquad \tilde{v}_g=(-4\tilde{t})^{1/2}. \tag{10.3.14}$$

因为$\tilde{t}\to0^-$，所以式(10.3.14)有实数解，且满足

$$\tilde{v}_g-\tilde{v}_l=4(-\tilde{t})^{1/2}. \tag{10.3.15}$$

再注意到式(10.3.11)的关系，则有

$$\rho_l-\rho_g\propto|T_C-T|^{1/2}, \tag{10.3.16}$$

式中，下标“l”和“g”分别表示液相和气相.

3) 等温压缩系数

考虑等温压缩系数

$$\kappa_T=-\frac{1}{v}\left(\frac{\partial v}{\partial p}\right)_T\propto-\frac{1}{\tilde{v}+1}\left(\frac{\partial\tilde{v}}{\partial\tilde{p}}\right)_{\tilde{t}}\propto(\tilde{t})^{-1}, \tag{10.3.17}$$

于是得

$$\kappa_T\propto(\tilde{t})^{-1}. \tag{10.3.18}$$

4) 比热容跃变

在临界点附近，范氏体系的比热容出现奇异的特性，即由$T>T_C$到$T<T_C$比热容发生跃变. 现在来求这一变化.

当$\tilde{t}\to0^+$，即$T\to T_C^+$时，$T>T_C$，无液相，可将气体视为理想气体，其摩尔内能(单原子情形)为$u(T>T_C)=3RT/2$. 于是当$\tilde{t}\to0^+$时，气体定容比热容为

$$c_v(T_C^+)=\frac{3}{2}R. \tag{10.3.19}$$

当$T<T_C$，为气液共存区. 在共存区，摩尔内能可写为

$$u(T < T_C) = xu_1(v_1,T) + (1-x)u_g(v_g,T), \tag{10.3.20}$$

式中，x 为液相的摩尔组分. 定容比热容则为

$$\begin{aligned}
c_v &= x\left(\frac{\partial u_1}{\partial T}\right)_v + (1-x)\left(\frac{\partial u_g}{\partial T}\right)_v + (u_1 - u_g)\left(\frac{\partial x}{\partial T}\right)_v \\
&= x\left[c_{v_1} + \left(\frac{\partial u_1}{\partial v_1}\right)_T\left(\frac{\partial v_1}{\partial T}\right)_c\right] + (1-x)\left[c_{v_g} + \left(\frac{\partial u_g}{\partial v_g}\right)_T\left(\frac{\partial v_g}{\partial T}\right)_c\right] \\
&\quad + (u_1 - u_g)\left(\frac{\partial x}{\partial T}\right)_v,
\end{aligned} \tag{10.3.21}$$

式中，c_{v_1} 和 c_{v_g} 分别为液相和气相的比热容

$$c_{v_1} = \left(\frac{\partial u}{\partial T}\right)_{v_1}, \qquad c_{v_g} = \left(\frac{\partial u}{\partial T}\right)_{v_g}.$$

同时，因为 v 在共存线上，所以式(10.3.21)后一步中用 $(\partial v_1/\partial T)_c$ 代替了 $(\partial v_1/\partial T)_v$，用 $(\partial v_g/\partial T)_c$ 代替了 $(\partial v_g/\partial T)_v$，偏微分下标“$c$”表示微分沿气液共存曲线进行. 根据克拉珀龙方程

$$\left(\frac{\mathrm{d}p}{\mathrm{d}T}\right)_c = \frac{h_1 - h_g}{T(v_1 - v_g)}$$

可得

$$u_1 - u_g = \left[T\left(\frac{\mathrm{d}p}{\mathrm{d}T}\right)_c - p\right](v_1 - v_g). \tag{10.3.22}$$

由微分学公式有

$$\left(\frac{\mathrm{d}p}{\mathrm{d}T}\right)_c = \left(\frac{\partial p_1}{\partial T}\right)_{v_1} + \left(\frac{\partial p_1}{\partial v_1}\right)_T\left(\frac{\partial v_1}{\partial T}\right)_c = \left(\frac{\partial p_g}{\partial T}\right)_{v_g} + \left(\frac{\partial p_g}{\partial v_g}\right)_T\left(\frac{\partial v_g}{\partial T}\right)_c. \tag{10.3.23}$$

又由体积关系

$$v = xv_1 + (1-x)v_g$$

可得

$$\left(\frac{\partial x}{\partial T}\right)_v = -\frac{1}{(v_1 - v_g)}\left[x\left(\frac{\partial v_1}{\partial T}\right)_c + (1-x)\left(\frac{\partial v_g}{\partial T}\right)_c\right]. \tag{10.3.24}$$

将式(10.3.22)~式(10.3.24)代入式(10.3.21)，最后得共存线上定容比热容为

$$c_v = x\left[c_{v_1} - T\left(\frac{\partial p_1}{\partial v_1}\right)_T\left(\frac{\partial v_1}{\partial T}\right)_c^2\right] + (1-x)\left[c_{v_g} - T\left(\frac{\partial p_g}{\partial v_g}\right)_T\left(\frac{\partial v_g}{\partial T}\right)_c^2\right]. \tag{10.3.25}$$

当$\tilde{t} \to 0^-$，即$T \to T_C^-$时，$x \approx 1/2$，$c_{v_1} \approx c_{v_g}$，于是

$$c_v(T_C^-) = c_{v_g}(T_C^-) - \frac{1}{2}\lim_{T\to T_C^-}\left[T\left(\frac{\partial p_1}{\partial v_1}\right)_T\left(\frac{\partial v_1}{\partial T}\right)_c^2 + T\left(\frac{\partial p_g}{\partial v_g}\right)_T\left(\frac{\partial v_g}{\partial T}\right)_c^2\right]. \tag{10.3.26}$$

用方程式(10.3.9)和条件式(10.3.3)，并注意到$c_{v_g}(T_C^+) = c_{v_g}(T_C^-) = c_v(T_C^+)$，则可将上式写成

$$c_v(T_C^-) = c_v(T_C^+) + \frac{9}{2}R. \tag{10.3.27}$$

结合式(10.3.19)，我们得到比热容在临界点的值为

$$\begin{cases} c_v(T_C^-) = 6R, & T < T_C, \\ c_v(T_C^+) = \dfrac{3}{2}R, & T > T_C. \end{cases} \tag{10.3.28}$$

这就是说，在临界点范德瓦耳斯气体定容比热容跃变，在两侧取两个不同的常数，因此可以写成

$$c_v \propto \begin{cases} A_-\left|T - T_C\right|^0, & T < T_C, \\ A_+\left|T - T_C\right|^0, & T > T_C. \end{cases} \tag{10.3.29}$$

4. 临界指数

将上面给出的热力学量在临界点附近的定性关系总结如下：

$$\begin{cases} \left|p - p_C\right| \propto \left|\rho - \rho_C\right|^3, \\ \rho_1 - \rho_g \propto \left|T - T_C\right|^{1/2}, \\ \kappa_T \propto \left|T - T_C\right|^{-1}, \\ c_v \propto \left|T - T_C\right|^0. \end{cases} \tag{10.3.30}$$

通常引入**临界指数**来描述临界点附近热力学函数的性质. 最常用的临界指数有α、β、γ、δ等，它们的定义如下.

1) 定容比热容的指数α

描述临界点附近定容比热容随温度变化关系的指数α_+、α_-定义为

$$c_v \propto \begin{cases} \left|T - T_C\right|^{-\alpha_+}, & T > T_C, \\ \left|T - T_C\right|^{-\alpha_-}, & T < T_C. \end{cases} \tag{10.3.31a}$$

由式(10.3.30)可知，范氏方程的结果是

$$\alpha_+ = \alpha_- = 0\,. \tag{10.3.31b}$$

2) 密度与温度关系的指数β

描述临界点附近气液两相密度差随温度变化关系的指数β定义为

$$\rho_{\mathrm{l}} - \rho_{\mathrm{g}} \propto \left|T - T_{\mathrm{C}}\right|^{\beta}. \tag{10.3.32a}$$

范氏方程的结果是

$$\beta = 0.5\,. \tag{10.3.32b}$$

3) 等温压缩系数的指数γ

描述临界点附近等温压缩系数随温度变化关系的指数γ定义为

$$\kappa_T \propto \left|T - T_{\mathrm{C}}\right|^{-\gamma}. \tag{10.3.33a}$$

范氏方程的结果是

$$\gamma = 1.0\,. \tag{10.3.33b}$$

4) 压强与密度关系的指数δ

描述临界等温线上压强与密度关系的指数δ定义为

$$\left|p - p_{\mathrm{C}}\right| \propto \left|\rho - \rho_{\mathrm{C}}\right|^{\delta}. \tag{10.3.34a}$$

范氏方程的结果是

$$\delta = 3.0\,. \tag{10.3.34b}$$

上面的结果揭示出一个重要规律：临界指数反映一种普适性质，它与物质的个性无关. 这由推导过程可以看出，前面的临界指数是用范氏方程的对比变量形式计算出来的，它不涉及由个性所决定的参数 a 和 b，所以导出的临界指数具有普适性. 这点与实验结果是一致的，它也是连续相变的共同属性. 表 10.2 给出范氏理论计算的临界指数值与实验测量值之间的比较. 由表可见，范氏方程给出的临界指数定量不准确. 这是因为此方程事实上是一种平均场理论，它可以较好地描述平衡性质，但没有考虑涨落，因此在关联长度较大，涨落十分显著的临界点附近不准确. 为了对体系在临界点附近的性质作出正确的描述，还须要建立新的理论.

表 10.2　临界指数的范氏模型值与实验值

临界指数	α	β	γ	δ
理论值	0	0.5	1.0	3.0
实验值	<0.4	0.35	1.26	4.4

10.4 伊辛模型与有序-无序相变

本节介绍另一种发生连续相变的模型——伊辛(Ising)模型. 它是描述铁磁系有序-无序相变的模型，稍加符号上的改变，也可描述二元合金等其他体系. 因此它也是研究相变的一个基本模型.

1. 伊辛模型、二元合金与格气

伊辛在1925年提出一个描述铁磁体的简化模型. 这个模型将铁磁体视为由N个自旋组成的d维晶格($d=1, 2, 3$)，记第i个格点的自旋为S_i ($i=1, 2,\cdots, N$)，并假定其只取+1或–1两值，俗称自旋向上或向下. 用分布$\{S_i\}$描述铁磁系的一个构形. 若只考虑最近邻自旋的相互作用，其相互作用能可取两值：$\pm\varepsilon$，自旋同向平行时能量低，故取“−”号，反向平行则取“+”号；$\varepsilon>0$对应于铁磁性，$\varepsilon<0$对应于反铁磁性. 若设自旋取+和–的粒子数分别为N_+和N_-，单个自旋的磁矩为μ_B，则自旋系的磁矩应为$M=(N_+-N_-)\mu_B$. 有外磁场时，自旋还会与外磁场相互作用. 这样，在外场为B、分布为$\{S_i\}$时体系的能量可写为

$$E_{\mathrm{I}}\{S_i\}=-\varepsilon\sum_{(i<j)}S_iS_j-\mu_B B\sum_{i=1}^{N}S_i . \tag{10.4.1}$$

求和中$(i<j)$保证了ij与ji只取一项，下标“I”表示是伊辛模型. 如果格点最近邻数为γ，求和总共应有$\gamma N/2$项. 配分函数则由下式给出：

$$Z_{\mathrm{I}}(\beta,B)=\sum_{\{S_i\}}\mathrm{e}^{-\beta E_{\mathrm{I}}\{S_i\}}=\sum_{S_1}\cdots\sum_{S_N}\mathrm{e}^{-\beta E_{\mathrm{I}}\{S_i\}} . \tag{10.4.2}$$

伊辛模型虽然简单，却可很方便地讨论相变问题. 并且，只要对记号的理解做一些改变，就可描述二元合金的有序-无序相变、晶体内吸附气体分子的格气模型等系统.

二元合金的有序-无序相变的一个典型的例子是β-黄铜即铜(Cu)-锌(Zn)合金的相变. 如果铜和锌的组分均为1/2，在绝对零度，原子应完全有序地排列，铜原子的最近邻为锌原子，反之亦然. 结构的形式是体心立方的中心与八个顶点分别是铜和锌，或者反之. 当温度由$T=0$升高，有序的程度将降低. 当温度达到临界值T_C时，有序度降低到零，两种原子无序地混合，我们说在T_C点发生了从有序到无序的相变. 通常又将此相变点称为**居里点**，如黄铜的居里点为742K. 在居里点体系的性质出现奇异，如比热容为“λ”形，电阻亦呈现奇异性. 图10-11示出居里点的相变特征. 如果把合金的两种原子记作A和B，将它们类比于自旋向上和向下两种状态，便可用伊辛模型来描述二元合金. 假定原子共占据N个格点，每格点近邻数亦记为

γ，近邻为 AA 型(即 A 原子与 A 原子相临)的对数记为 N_{AA}，可将其类比为自旋的++对. 这样，只需将伊辛模型的+、−换为 A、B，就可描述二元合金.

晶体内或表面吸附气体分子所形成的格气，与伊辛模型也可类比. 假定格气的一个格座最多只能吸附一个原子，只考虑被吸附原子的最近邻相互作用，记格座数为 N，原子数为 N_a，空格点数为 N_e，每格点近邻数目为γ. 若将 a 类比于伊辛模型的+，而 e 类比于−，近邻为原子对的总对数 N_{aa} 类比于伊辛模型的 N_{++}，就可用伊辛模型来描述格气.

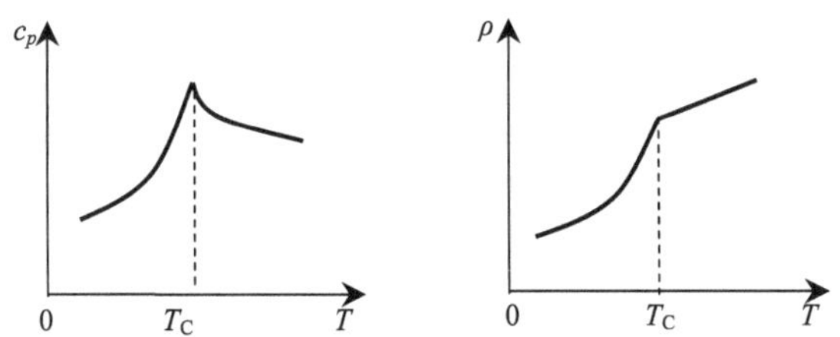

图 10-11　二元合金在居里点的相变行为(c_p 与 ρ 分别为定压比热容和电阻率)

综上所述，从统计物理角度，只要研究伊辛模型的相变，便可了解这类相变的共性. 所以，我们将主要围绕伊辛模型进行讨论.

2. 伊辛模型的解

由于伊辛模型在相变研究中的重要地位，人们对它的严格求解进行了长期不懈的努力. 一维伊辛模型的严格解不很复杂，但是没有相变；昂萨格于 1941 年首先用矩阵法获得二维伊辛模型的严格解，给出了铁磁相变的结果；三维模型的严格解至今尚未见报道，但有大量的作者给出数百种近似解法，获得了十分有用的结果. 各种方法的求解过程都比较复杂，限于篇幅，不拟详细讨论，有兴趣的读者可参阅有关著作①. 这里只对一些结果作简单的介绍.

运用平均场方法可简单地得出**伊辛模型铁磁相变**的结论. 这里以布拉格(Bragg)-威廉斯(Williams)方法为例加以说明. 这个方法的基本思路是：自旋向上的粒子数是 N_+，于是单粒子取正自旋的概率应是 N_+/N，自然地假定，两粒子同时取正的概率为 $(N_+/N)^2$，它也应是自旋同时向上的粒子对在总对数$\gamma N/2$ 中所占的比例. 用这一假设将能量和配分函数的表式简化，便可求解. 显然，这是一个“平均”的考虑.

定义**长程序参数** L

$$L = \frac{N_+ - N_-}{N} \qquad (-1 \leqslant L \leqslant 1). \tag{10.4.3}$$

① Plischke M, Bergersen B. 2006. *Equilibrium Statistical Physics* (3rd Edition). Singapore:Word Scientific Publishing Co. Pte. Ltd..

若以元胞体积为体积单位，系统的体积则为 $V=N$. 平均磁化强度为

$$m=\mu_{\mathrm{B}}\overline{L}\,. \tag{10.4.4}$$

这样，求磁化强度的问题归结为用配分函数求序参数 L 的平均值.

用布拉格-威廉斯近似，可以解出

$$\frac{1}{N}\ln Z_{\mathrm{I}}=-\frac{1}{2}\beta\varepsilon\gamma\overline{L}^{2}-\frac{1}{2}\ln\frac{1-\overline{L}^{2}}{4}\,. \tag{10.4.5}$$

自由能由

$$F_{\mathrm{I}}(T,B)=-kT\ln Z_{\mathrm{I}}(T,B) \tag{10.4.6}$$

给出. 从而可以进一步求出各热力学函数，讨论相变问题. 这里，序参数的平均值是通过自由能极小亦即 $\ln Z_{\mathrm{I}}$ 极小(温度固定)的条件确定的，即满足

$$\overline{L}=\tanh\left(\frac{\mu_{\mathrm{B}}B}{kT}+\frac{\gamma\varepsilon\overline{L}}{kT}\right). \tag{10.4.7}$$

此式称为**布拉格-威廉斯公式**.

让我们考虑铁磁性物质($\varepsilon>0$)的自发磁化，即 $B=0$ 时的磁化强度. 在这种情形下，布拉格-威廉斯公式成为

$$\overline{L}=\tanh\left(\frac{\gamma\varepsilon}{kT}\overline{L}\right)=\tanh\left(\frac{T_{\mathrm{C}}}{T}\overline{L}\right). \tag{10.4.8}$$

式中

$$T_{\mathrm{C}}=\frac{\gamma\varepsilon}{k}. \tag{10.4.9}$$

$\overline{L}$ 可用图解法确定. 如图 10-12 所示，纵轴为 $f(\overline{L})$，横轴为 $\overline{L}$，用曲线

$$f(\overline{L})=\tanh\left(\frac{T_{\mathrm{C}}}{T}\overline{L}\right)$$

与直线

$$f(\overline{L})=\overline{L}$$

之交点可定 $\overline{L}$.

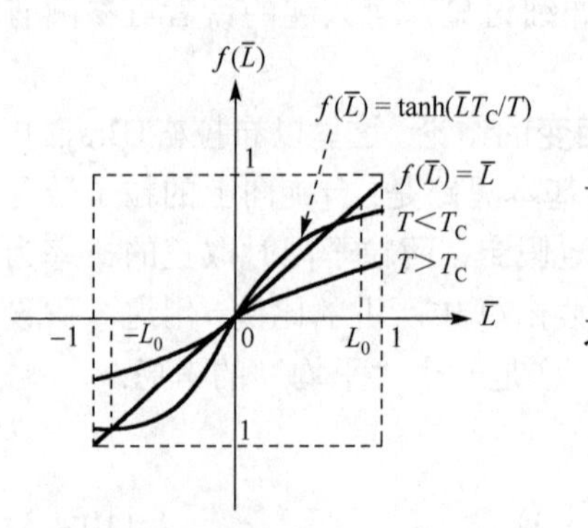

图 10-12　图解法求平均序参数

在 $T>T_{\mathrm{C}}$ 时，曲线

$$f(\overline{L})=\tanh\left(\frac{T_{\mathrm{C}}}{T}\overline{L}\right)$$

与直线

$$f(\overline{L})=\overline{L}$$

只有一个交点为 $\overline{L}=0$.

当 $T<T_C$ 时，曲线与直线则有三个交点. 但是，进一步研究可知，此时 $\overline{L}=0$ 的解是使 F_I 极大之点，故应舍去，只需保留 $\pm L_0$ 两解. 于是，方程的解便归纳为

$$\overline{L}=\begin{cases}0, & T>T_C;\\ \pm L_0, & T<T_C.\end{cases} \tag{10.4.10}$$

以上结果表明：当 $T>T_C$，物系无自发磁化；当 $T<T_C$，$\overline{L}=\pm L_0\neq 0$，有自发磁化，显铁磁性. 可见，在 $T=T_C$ 处发生了铁磁相变，因此称 T_C 为临界温度.

部分热力学函数可以用序参数表示. 例如，自由能为

$$F_I(T,0)=\begin{cases}-\dfrac{N}{2}kT\ln 4, & T>T_C;\\ \dfrac{N}{2}\gamma\varepsilon L_0^2+\dfrac{N}{2}kT\ln\dfrac{1-L_0^2}{4}, & T<T_C.\end{cases} \tag{10.4.11}$$

内能为

$$\overline{E}_I(T,0)=\begin{cases}0, & T>T_C;\\ -\dfrac{N}{2}\gamma\varepsilon L_0^2, & T<T_C.\end{cases} \tag{10.4.12}$$

热容量为

$$C_I(T,0)=\begin{cases}0, & T>T_C;\\ -\dfrac{N}{2}\gamma\varepsilon\dfrac{\mathrm{d}L_0^2}{\mathrm{d}T}, & T<T_C.\end{cases} \tag{10.4.13}$$

磁化强度为

$$m_I(T,0)=\begin{cases}0, & T>T_C;\\ \mu_B L_0, & T<T_C.\end{cases} \tag{10.4.14}$$

一般来说，L_0 必须数值求解(或图解). 在极限情形下，可以获得近似的解析结果. 对低温极限(即 $T\to 0$)和极靠近临界点(即 $T\to T_C$)情形，分别近似求解的结果为

$$L_0\approx\begin{cases}1-2\mathrm{e}^{-2T_C/T}, & T/T_C\ll 1;\\ \sqrt{3(1-T/T_C)}, & 0<1-T/T_C\ll 1.\end{cases} \tag{10.4.15}$$

图 10-13 给出 L_0 和比热容作为温度的函数之曲线. L_0 的曲线与玻色凝聚曲线十分相似. 当温度由极低温上升到 T_C 时，序参数平均值连续变化到零，系统发生有序到无序的相变. 同时，比热容在临界点 T_C 发生跃变. 严格解证明，此相变点是λ相变点，其比热容呈λ形(图中虚线). 布拉格-威廉斯用简单的假定求出伊辛模型的近似解，获得相变结果，这是其成功之处. 但是它的结果与空间维数无关，这一点在定性上就是不正确的. 例如，严格求解已证明，一维伊辛模型是没有相变的.

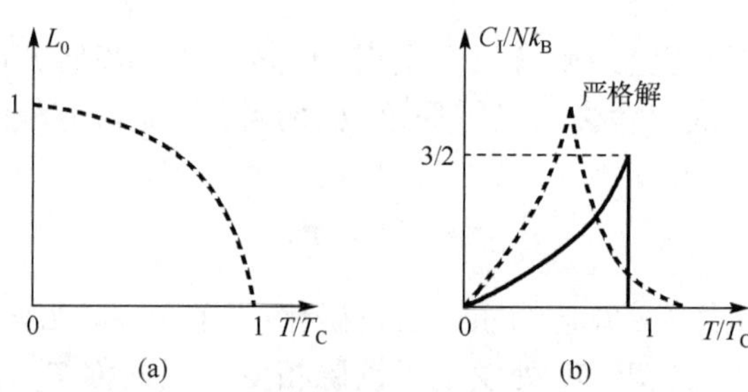

图 10-13 L_0(a)和比热容(b)随温度变化的曲线

3. 临界指数

根据伊辛模型对热力学函数在临界点附近取值的计算结果，可以确定各临界指数.

1)临界比热容和指数α

由前面的结果可以求临界点附近比热容随温度变化的规律，将其写为

$$c_{\mathrm{I}}=\begin{cases}A_{+}|\tau|^{-\alpha_{+}}, & T\to T_{\mathrm{C}}^{+};\\ A_{-}|\tau|^{-\alpha_{-}}, & T\to T_{\mathrm{C}}^{-}.\end{cases}\tag{10.4.16}$$

这里，引入了变量$\tau\equiv 1-T/T_{\mathrm{C}}$，式中的$A_{+}$和$A_{-}$为常数，相应的临界指数则为

$$\alpha_{+}=\alpha_{-}=0.\tag{10.4.16a}$$

2)临界磁化强度和指数β

由临界点附近的序参量即可算出临界磁化强度，结果表明，在$T\to T_{\mathrm{C}}$时，它与$(3\tau)^{1/2}$成正比，故有

$$m\propto\tau^{\beta},\qquad T\to T_{\mathrm{C}}.\tag{10.4.17}$$

相应的临界指数为

$$\beta=\frac{1}{2}.\tag{10.4.17a}$$

3)临界磁化率和指数γ

考虑外场B的影响，在$B=0$处磁化率χ由下式给出：

$$\chi\equiv\left(\frac{\partial m}{\partial B}\right)_{B=0}=\mu_{\mathrm{B}}\left.\frac{\partial\overline{L}}{\partial B}\right|_{B=0}.\tag{10.4.18}$$

代入前面关于$\overline{L}$的结果，最后可获得磁化率的变化规律为

$$\chi\propto\begin{cases}|\tau|^{-\gamma_{+}}, & T\to T_{\mathrm{C}}^{+};\\ |\tau|^{-\gamma_{-}}, & T\to T_{\mathrm{C}}^{-}.\end{cases}\tag{10.4.19}$$

相应的临界指数为

$$\gamma_+ = \gamma_- = 1. \tag{10.4.19a}$$

4) 临界磁场和指数 δ

在临界点附近，磁场的渐近行为符合如下规律

$$B \propto m^{\delta}, \qquad T = T_{\mathrm{C}}. \tag{10.4.20}$$

相应的临界指数为

$$\delta = 3. \tag{10.4.20a}$$

10.5　朗道平均场理论

1937 年，朗道(Landau)发表的有序-无序相变理论，是一种十分成功的唯象理论. 它的核心是将热力学势在临界点附近展开为所谓“序参量”的幂级数. 现简要介绍之.

1. 二级相变

在第 6 章，我们曾导出两相共存线的克拉珀龙方程

$$\frac{\mathrm{d}p}{\mathrm{d}T} = \frac{L}{T(v^{\alpha} - v^{\beta})}.$$

它适合于有相变潜热、两相体积突变的情形. 在这种相变中，体系的化学势连续，即 $\mu_1 = \mu_2$，但是，化学势的一级微商却不连续，即在临界点

$$\left.\begin{aligned} &\left(\frac{\partial \mu_1}{\partial p}\right)_T \neq \left(\frac{\partial \mu_2}{\partial p}\right)_T, \qquad \text{即 } v_1 \neq v_2, \text{体积突变;} \\ &\left(\frac{\partial \mu_1}{\partial T}\right)_p \neq \left(\frac{\partial \mu_2}{\partial T}\right)_p, \qquad \text{即 } s_1 \neq s_2, \text{有潜热.} \end{aligned}\right\} \tag{10.5.1}$$

这类相变谓之**一级相变**.

如果在临界点两相化学势的一级微商连续，体积与熵无突变，且无潜热，但是其二级微商不连续，即

$$\begin{aligned} &\left(\frac{\partial^2 \mu_1}{\partial p^2}\right)_T \neq \left(\frac{\partial^2 \mu_2}{\partial p^2}\right)_T, \\ &\left(\frac{\partial^2 \mu_1}{\partial T^2}\right)_p \neq \left(\frac{\partial^2 \mu_2}{\partial T^2}\right)_p, \end{aligned} \tag{10.5.2}$$

压缩系数和比热容发生突变，这也是一种相变. 这种相变称为**二级相变**. 因为其

体积与熵均连续，故又称为**“连续相变”**. 对于伊辛模型，可选体系的独立变量为 (T, B)，对应于 (T, p)，$\boldsymbol{B}$ 与压强 p 对应. 这时，磁化强度(相应于体积)无突变，亦无潜热，但磁化率 χ(对应于压缩系数)和比热容 c_{I} 不连续，也就是说化学势的二级微商不连续

$$\left.\begin{aligned}\left(\frac{\partial^2\mu_1}{\partial B^2}\right)_T \neq \left(\frac{\partial^2\mu_2}{\partial B^2}\right)_T, \qquad & \text{即}\chi_1 \neq \chi_2;\\ \left(\frac{\partial^2\mu_1}{\partial T^2}\right)_B \neq \left(\frac{\partial^2\mu_2}{\partial T^2}\right)_B, \qquad & \text{即}c_1 \neq c_2.\end{aligned}\right\} \tag{10.5.3}$$

这种相变亦称为二级相变. 此种相变的比热容总是显示出 λ 型的尖峰(如图 10-11)，故亦称之为 λ 相变. 同时也将比热容突变的点称为 λ 点.

连续相变的突出特征是对称性(或者说有序度)的变化. 一般来讲，高温相为无序相，有较高的对称性；临界温度以下的相为**有序相**，对称性较低. 因为连续相变伴随的共同特征是“序”(对称性)的变化，人们自然地引入描述“序”的参量来反映相变. 上节的 L 是序参量，它与自发磁化强度只差一个常数因子. 适当选择单位，可使二者完全相同. 因此，又常将顺磁-铁磁相变的序参量视为自发磁化强度. 在相变过程中，序参量连续变化，但对称性质在临界点却发生了质的变化.

2. 朗道理论

前面已看到，在相变点序参量连续地从零变到非零或相反，因此在 T_{C} 附近它是一个很小的量. 基于这样的思想，朗道将热力学势(记作 Φ)在 T_{C} 附近展为序参量(记作 m)的幂级数. 假定体系对序参量是对称的，即 $\Phi(T, m) = \Phi(T, -m)$，在展开式中便不出现 m 的奇次幂项，保留到 m^4 项，Φ 的展开式可写为

$$\Phi(T,m) = a(T) + \frac{1}{2}b(T)m^2 + \frac{1}{4}c(T)m^4 . \tag{10.5.4}$$

在平衡态时，m 应取使热力学势极小的值，其必满足条件

$$\left(\frac{\partial \Phi}{\partial m}\right)_T = 0 ,$$

即

$$m(b + cm^2) = 0 . \tag{10.5.5}$$

此式有二解：0 和 $(-b/c)^{1/2}$. 平衡的稳定性要求 $c > 0$，所以当 $b < 0$ 时第二个解为实数解. m 是序参量，应为实数. 这样，当 $T > T_{\mathrm{C}}$ 时，体系处于无序相，只有 $m = 0$ 一个解，对应 $b>0$ 情形；当 $T<T_{\mathrm{C}}$ 时，体系处于有序相，有 $m \neq 0$ 之解，对应 $b < 0$

情形. 在 $T = T_C$ 处体系发生有序–无序相变，b 易号. 因此，b 与 $(T-T_C)$ 有相同的符号，故将之写为

$$b(T) = b_0(T - T_C), \tag{10.5.6}$$

式中，b_0 是 T 的某个大于零的函数. 综上，m 的解为

$$m = \begin{cases} 0, & T > T_C; \\ \pm\left[\dfrac{b_0}{c(T_C)}\right](T_C - T)^{1/2}, & T < T_C. \end{cases} \tag{10.5.7}$$

热力学势则为

$$\Phi(T,m) = \begin{cases} a(T), & T > T_C; \\ a(T) - \dfrac{b_0^2(T_C - T)^2}{4c(T)}, & T < T_C. \end{cases} \tag{10.5.8}$$

原则上，热力学函数都可由此热力学势获得.

以热容量为例，结果是

$$C = -T\frac{\partial^2 \Phi}{\partial T^2} = \begin{cases} -T\dfrac{d^2 a}{dT^2}\bigg|_{T=T_C^+}, & T > T_C; \\ -T\dfrac{d^2 a}{dT^2} + \dfrac{Tb_0^2}{2c(T)}\bigg|_{T=T_C^-}, & T < T_C. \end{cases} \tag{10.5.9}$$

这里已略去 b_0、c 对 T 的导数. 上式给出 $T = T_C$ 处热容量的跃变值

$$\Delta C = T_C \frac{b_0^2}{2c(T)}. \tag{10.5.10}$$

现在我们以铁磁系的伊辛模型为例来求朗道理论的临界指数. 选序参数为 m, Φ 为自由能，则有

$$F_I(m,T) = F_I(0,T) + \frac{1}{2}b(T)m^2 + \frac{1}{4}c(T)m^4. \tag{10.5.11}$$

有外场 $\boldsymbol{B}$ 时的吉布斯函数则为

$$G_I(B,T) = F_I(m,T) - Bm. \tag{10.5.12}$$

在 $\boldsymbol{B} = 0$ 时，可算出

$$m = \begin{cases} 0, & T > T_C; \\ \pm\left[\dfrac{b_0}{c}(T_C - T)\right]^{1/2}, & T < T_C. \end{cases} \tag{10.5.13}$$

可见，在 $T \to T_C^-$ 过程中，$m \propto (T_C-T)^{1/2}$.

磁场非零时得

$$m = \frac{B}{b}. \tag{10.5.14}$$

求得磁化率为

$$\chi_T = \left(\frac{\partial m}{\partial B}\right)_T = \frac{1}{b} = \frac{1}{b_0(T - T_C)}. \tag{10.5.15}$$

若记入 m^3 项，当 $T \to T_C$ 时有

$$B \to c(T)m^3. \tag{10.5.16}$$

总结以上所得到的方程，若如上节引入变量$\tau \equiv 1-T/T_C$，对于临界指数可得到如下结果：

$$\begin{cases} C \propto |\tau|^{-\alpha}, & \alpha = 0; \\ m \propto \tau^{\beta}, & \beta = 1/2; \\ \chi \propto |\tau|^{-\gamma}, & \gamma = 1; \\ B \propto m^{\delta}, & \delta = 3. \end{cases} \tag{10.5.17}$$

这里，我们给出朗道理论获得的几个描述临界点平衡性质的指数. 除此之外，还可得到描述临界点附近涨落的临界指数，例如：

反映关联长度ξ随温度变化特性的临界指数ν，定义为

$$\xi \propto |\tau|^{-\nu}. \tag{10.5.18}$$

趋向临界点时，$\xi \to \infty$. 这时系统出现大范围的关联.

将相关函数作傅里叶变换

$$\Gamma(\boldsymbol{r}) = \frac{1}{(2\pi)^3}\int \mathrm{d}^3 k \Gamma(\boldsymbol{k}) \mathrm{e}^{\mathrm{i}\boldsymbol{k}\cdot\boldsymbol{r}}. \tag{10.5.19}$$

相应的谱函数可以写为如下形式：

$$\Gamma(\boldsymbol{k}) \propto k^{-2+\eta}. \tag{10.5.20}$$

这里又定义了一个描述相关函数之谱的色散规律的临界指数 η. η 是一个比较小的数. 朗道平均场理论给出的上述两个指数为

$$\nu = 1/2, \qquad \eta = 0. \tag{10.5.21}$$

至此，我们定义了六个临界指数：α、β、γ、δ、ν 和 η. 表 10.3 列举了这些临界指数的几种理论和测量值以便比较. 朗道理论是一种普适的平均场理论，反映了各类不同相变的本质联系. 但是，这个理论毕竟是一种唯象理论，有较大的局限性. 由表看出，它所得到的临界指数的值与实验结果仍有较大的偏离.

更好地解决这个问题还需要建立进一步的微观理论. 目前，比较成功的理论是重整化群理论.

表 10.3　临界常数的理论和实验值

指数	平均场	二维伊辛	三维伊辛	重整化群	实验	气-液相变
α	0(跃变)	0(对数)	0.11	0.109	≤0.16	~0.125
β	1/2	1/8	0.3265	0.326	0.34	0.345
γ	1	7/4	1.237	1.24	1.33	1.20
δ	3	15	4.789	4.46	—	4.2
ν	1/2	1	0.630	0.63	0.6~0.7	—
η	0	1/4	0.0364	0.034	0.07	—

10.6　标度变换与普适性

平均场理论对临界点附近的涨落描述不正确，其原因是没有考虑临界点的强关联(关联长度特别长)特点，所以其结果与精确解有明显的差异，与实验难以定量吻合. 重整化群理论则抓住这一本质，给出了比较准确的结果. 关于这一理论的具体内容，已超出本书的范围，不拟详细讨论. 这里只简要介绍有关标度变换的一些概念.

1. 临界指数的标度律

从表 10.3 可以发现一些关于临界指数之间关系的规律：尽管各种体系性质差异甚大，但其临界指数还是十分接近的；各种理论值与实验对临界指数的观测值有差别，但其给出的各指数间的关系却十分相近. 例如，容易验证

$$\begin{cases}\alpha+2\beta+\gamma=2,\\ \alpha+\beta(\delta+1)=2.\end{cases} \tag{10.6.1}$$

这说明临界指数并不完全独立. 反映临界指数之间关系的公式称为**标度关系**，或称**标度律**. 标度律的存在表明连续相变有着共同的本质，应该可以用更具普适性的理论来描述.

一些学者曾基于热力学的稳定性导出若干标度关系. 其中最简单的关系之一是罗什布卢克(Rushbrooke)在 1963 年导出的不等式

$$\alpha+2\beta+\gamma\geqslant 2. \tag{10.6.2}$$

我们将它称为罗什布卢克[①]**标度律**或不等式. 此外还有一些类似的不等式[②]，这些不

① Rushbrooke G S. 1963. *J. Chem. Phys.*, 39: 842.

② Stanley H E. 1971. *Introduction to Phase Transition and Critical Phenomena*. London: Oxford University Press.

等式在一定程度上反映了临界指数间的关系，但还不是确定的. 人们更大的兴趣在于这些不等式的等号是否成立. 物理学家已从不同的角度解决了等号问题，建立了“标度理论”，该理论的核心是标度假设. 以两个独立变量描述的体系为例，其热力学势可写为一组两个变量的函数，如 $E(S,m)$、$F(T,m)$、$G(T,B)$等. 在临界点附近，体系关联长度极大，可以认为改变度量体系尺寸的标度不会影响对临界点行为的描述. 根据这点，人们提出了所谓标度假设：在临界点附近，改变独立变量值距临界点的距离时，只改变自由能的标度而不改变其形式. 从数学上来看，可将热力学势写为正常(解析)和奇异两部分之和，而临界点的奇异性质应取决于其奇异部分. 我们选温度和磁化强度为独立变量，为便于讨论，采用无量纲变量 $\tau \equiv (T-T_C)/T_C$，$h \equiv \mu_B B/kT_C$，这样，临界点恰为 $\tau=0$，$h=0$ 的点.

根据标度假设，可将自由能(或吉布斯函数)的奇异部分 G 写为(τ, h)的广义齐次函数

$$G(\lambda^p \tau, \lambda^q h)=\lambda G(\tau, h), \tag{10.6.3}$$

式中，p、q 称为自变量的**标度幂**.

根据定义，磁化强度为

$$m=-\left(\frac{\partial G}{\partial h}\right)_\tau, \tag{10.6.4}$$

磁化率则为

$$\chi=\left(\frac{\partial m}{\partial h}\right)_\tau, \tag{10.6.5}$$

将式(10.6.3)的两端对 h 求两次导数有

$$\lambda^{2q}\chi(\lambda^p \tau, \lambda^q h)=\lambda \chi(\tau, h). \tag{10.6.6}$$

在临界点，可求出热容量(定 B)为

$$C_B \sim \frac{\partial^2 G}{\partial \tau^2}. \tag{10.6.7}$$

类似于式(10.6.6)又有

$$\lambda^{2q} C_B(\lambda^p \tau, \lambda^q h)=\lambda C_B(\tau, h). \tag{10.6.8}$$

考虑 $h=0$ 点，令 $\lambda^p \tau=-1$，由式(10.6.4)得

$$m(\tau, 0) \propto (-\tau)^{(1-q)/p}. \tag{10.6.9}$$

对照β的定义有

$$\beta=(1-q)/p. \tag{10.6.10}$$

考虑$\tau=0$，令$\lambda^q h=1$，由式(10.6.4)又得

$$m(0,h)\propto h^{(1-q)/q}.$$

对比δ的定义有

$$\delta=q/(1-q). \tag{10.6.11}$$

再考察临界指数γ_+、γ_-. 在 $h=0$ 的前提下，对$\tau>0$，令$\lambda^p\tau=1$，而对$\tau<0$，令$\lambda^p\tau=-1$，由式(10.6.5)，两种情形都可得

$$\chi(\tau,0)\propto|\tau|^{(1-2q)/p}.$$

于是有

$$\gamma_+=\gamma_-=(2q-1)/p. \tag{10.6.12}$$

类似于对γ的讨论，用式(10.6.7)，当$\tau>0$，令$\lambda^p\tau=1$，当$\tau<0$，令$\lambda^p\tau=-1$，注意到 $h=0$，我们有

$$C_B(\tau,0)\propto|\tau|^{-(2p-1)/p}.$$

对照α_+、α_-之定义可得

$$\alpha_+=\alpha_-=(2p-1)/p. \tag{10.6.13}$$

联立式(10.6.10)～式(10.6.13)，消去p、q，可得到两个独立的方程：

$$\begin{cases}\alpha+2\beta+\gamma=2,\\ \beta(\delta-1)=\gamma.\end{cases} \tag{10.6.14}$$

这是两个标度律，分别称为**罗什布卢克和韦达姆(Widom)标度律**①.

对于相关函数，也有相应的标度律. 假定：相关函数$\Gamma(r)$的傅里叶分量$\Gamma(k)$的渐近表式为

$$\Gamma(\boldsymbol{k})\approx\xi^y\varsigma(k\xi)$$

式中，ξ为关联长度，y为待定参数. 由此出发，又可推得

$$\gamma=\nu(2-\eta). \tag{10.6.15}$$

上式称为**费希尔(Fisher)标度律**.

综上所述，现已得到的标度律有

$$\begin{cases}\alpha+2\beta+\gamma=2,\\ \beta(\delta-1)=\gamma,\\ \nu(2-\eta)=\gamma.\end{cases} \tag{10.6.16}$$

① Widom B. 1965. *J. Chem. Phys*, 43: 3898.

以上的标度律都是在一定的假设下获得的，还较难用实验直接验证. 不过关于热力学势的标度假定形式和实验是一致的，二维伊辛模型严格解的结果也与上述标度关系一致.

2. 卡丹诺夫变换与普适性

关于标度假定的重要推导，首先是由卡丹诺夫(Kadanoff)给出的①. 在临界点，关联长度$\xi \to \infty$，所以无论用多大的尺子(只要有限)度量，ξ都是无穷. 这样，改变尺度(标度)，即进行“标度变换”后，所“见”到的形象是一样的，称为“自相似”. 卡丹诺夫将这种变换后的自相似理解为**标度变换不变性**.

以伊辛模型为例，设有d维超立方格子，其最近邻格点间距为a_0，描述体系的独立变量为(τ, h). 假定$\xi \gg a_0$，在$T \to T_C$ $(\tau \to 0)$ 时，$\xi \to \infty$. 现将晶格分为若干小块，每块为一“集团”，其线度为L，其中包含若干自旋. 将每块的自旋仍用伊辛自旋表征，相当于将块中自旋以某种方式“平均”，如遵循“少数服从多数”的原则取“多数派”之值. 这样，我们就有了一个新的、尺度(单位长)为原来L倍的伊辛点阵. 例如，图 10-14 中的二维方块，每个小块有 9 个自旋为一集团，每一集团再作为一自旋，又构成新的晶格，其最近邻间距为$3a_0$，即$L = 3$. 这时，我们说实现了一次标度变换. 对新自旋系计算自由能的结果应与原来的“格点”自旋系相同. 这就是所谓标度变换不变性. 根据标度变换不变性，考察新旧尺度下的自由能和关联长度之关系，则可导出如下标度律：

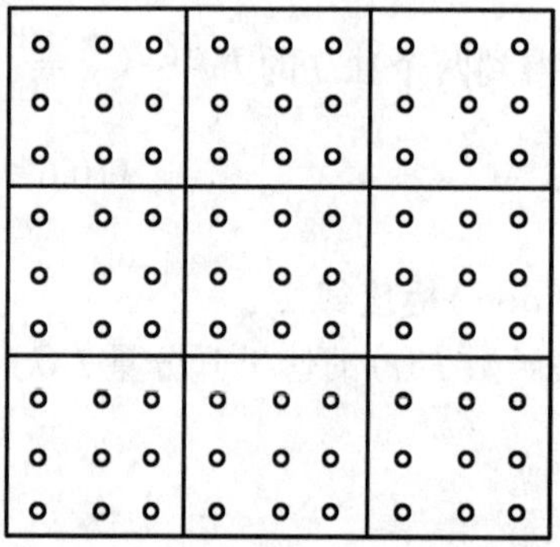

图 10-14 二维伊辛点阵的标度变换

$$\begin{cases} \alpha + 2\beta + \gamma = 2, \\ \beta(\delta - 1) = \gamma, \\ \nu(2 - \eta) = \gamma, \\ 2 - \alpha = \nu d. \end{cases} \tag{10.6.17}$$

与标度假设的结果一致.

3. 普适性

以上的讨论说明，临界指数的值并不因物质材料的具体性质不同而异，它们在一定程度上是普适量. 经过多年的深入研究发现，临界性质与大多数细节特征无关. 只有两个参数对临界指数取值是重要的. 对于自旋系，这两个参数就是空间维数和自旋维数. 在此基础上，卡丹诺夫于 1971 年又提出了普适性假设：体系的临界性质

① Kadanoff L P. 1967. *Physics*, 2: 263; Kadanoff L P, Gotze W, Hamblen D, et al. 1967. *Rev. Mod. Phys*., 39: 395.

仅取决于空间维数 d 和有序相的对称性 n. 这里 n 相当于序参量的个数，亦可称内部自由度. 根据这一假设，物理体系可以分为若干普适类，每个普适类的临界特性完全一样.

标度律和普适性理论突破了平均场理论的框架，但它还不是微观理论. 还应当建立相应的微观理论，导出这些假设的结果，并进一步计算临界指数的具体值. 这一问题在 20 世纪 70 年代威尔逊(Wilson)建立了重整化群理论才得以解决.

前面所说的标度变换可反复进行，每次变换都是以同样的方式将自旋归并，并对自旋变量和相应的一些参数重新标度. 这种变换称为重整化变换，重新标度的变量则称为“**重整化**”变量. 描述系统运动的哈密顿量的形式在重整化变换过程中保持不变. 如果用算符表示重整化变换的操作，以这些操作为元素所组成的集合(即重整化变换的序列)便构成“群”. 威尔逊将这种群称为重整化群. 引入重整化群的概念，卡丹诺夫的标度变换就可抽象为群操作. 通过群操作可以逐次将晶格自旋“粗粒化”，以稀化体系自由度，进而用迭代方法计算配分函数，以讨论相变和临界指数问题. 这就是重整化群理论的基本思路. 限于篇幅和本课程的任务，这里对重整化群理论的具体内容不准备作详细讨论，有兴趣的读者可参阅有关专著或相应教材[①].

讨 论 题

10.1 用理想气体物态方程能否讨论相变？为什么？

10.2 简介提纯材料的区熔法.

10.3 叙述气液相变的等面积法则.

10.4 何为临界点？

10.5 为何将范氏物态方程化为对比物态方程？

① 欲进一步了解相变和临界现象的基本概念和理论的读者可阅读有关书籍. 如于渌，郝柏林，陈晓松. 2005. 边缘奇迹：相变和临界现象. 北京：科学出版社.
欲更具体了解理论的数学内容者可阅读有关教材，如 Plischke M, Bergersen B. 2006. *Equilibrium Statistical Physics*. 3rd Edition. Singapore: World Scientific Publishing Co. Pte. Ltd.

参 考 文 献

龚昌德. 1982. 热力学与统计物理学. 北京: 高等教育出版社.

久保亮五. 1982. 热力学. 吴宝路, 译. 北京: 人民教育出版社.

久保亮五. 1985. 统计力学. 徐振环, 等, 译. 北京: 高等教育出版社.

林宗涵. 2007. 热力学与统计物理学. 北京: 北京大学出版社.

欧阳容百. 2007. 热力学与统计物理. 北京: 科学出版社.

苏汝铿. 2004. 统计物理学. 2 版. 北京: 高等教育出版社.

汪志诚. 2013. 热力学·统计物理. 5 版. 北京: 高等教育出版社.

王诚泰. 1991. 统计物理学. 北京: 清华大学出版社.

王竹溪. 1965. 统计物理学导论. 2 版. 北京: 高等教育出版社.

王竹溪. 2007. 热力学. 北京: 北京大学出版社.

熊吟涛. 1979. 热力学. 3 版. 北京: 高等教育出版社.

熊吟涛. 1981. 统计物理学. 北京: 高等教育出版社.

于渌, 郝柏林, 陈晓松. 2005. 边缘奇迹: 相变和临界现象. 北京: 科学出版社.

张启仁. 2004. 统计力学. 北京: 科学出版社.

钟云霄. 1988. 热力学与统计物理学. 北京: 科学出版社.

朱文浩, 顾毓沁. 1983. 统计物理学基础. 北京: 清华大学出版社.

Mandl F. 1981. 统计物理学. 范印哲, 译. 北京: 人民教育出版社.

Pathria R K. 2003. Statistical Mechanics. 2rd Edition. Singapore: Elsevier（Singapore）Pte. Ltd.

Plischke M, Bergersen B. 2006. Equilibrium Statistical Physics. 3rd Edition. Singapore: World Scientific Publishing Co. Pte. Ltd.

常用物理常量表

真空中光速　$c = 299792458\text{m}\cdot\text{s}^{-1}$

真空磁导率　$\mu_0 = 4\pi\times10^{-7}\text{N}\cdot\text{A}^{-2} = 12.566370614\times10^{-7}\text{N}\cdot\text{A}^{-2}$

真空介电常量　$\varepsilon_0 = 1/\mu_0 c^2 = 8.854187817\times10^{-12}\text{F}\cdot\text{m}^{-1}$

万有引力常量　$G = 6.67428(67)\times10^{-11}\text{m}^3\cdot\text{kg}^{-1}\cdot\text{s}^{-2}$

普朗克常量　$h = 6.62606896(33)\times10^{-34}\text{J}\cdot\text{s}$

约化普朗克常量　$\hbar = h/2\pi = 1.054571628(53)\times10^{-34}\text{J}\cdot\text{s}$

基本电荷　$e = 1.602176487(40)\times10^{-19}\text{C}$

电子静止质量　$m_e = 9.10938215(45)\times10^{-31}\text{kg}$

质子静止质量　$m_h = 1.672621637(83)\times10^{-27}\text{kg}$

玻尔磁子　$\mu_B = e\hbar/2m_e = 9.27400915(23)\times10^{-24}\text{J}\cdot\text{T}^{-1}$

核磁子　$\mu_N = e\hbar/2m_p = 5.05078324(13)\times10^{-27}\text{J}\cdot\text{T}^{-1}$

阿伏伽德罗常量　$N_0 = 6.02214179(30)\times10^{23}\text{mol}^{-1}$

气体常数　$R = 8.314472(15)\text{J}\cdot\text{mol}^{-1}\cdot\text{K}^{-1}$

玻尔兹曼常量　$k = R/N_0 = 1.3806504(24)\times10^{-23}\text{J}\cdot\text{K}^{-1}$

摩尔体积（理想气体，在 T=273.15K，p=1atm 下）

$v = 22.413996(39)\text{L}\cdot\text{mol}^{-1}$

斯特藩常量　$\sigma = 2\pi^5 k^4/15h^3c^3 = 5.670400(40)\times10^{-8}\text{W}\cdot\text{m}^{-2}\cdot\text{K}^{-4}$

标准大气压　$1\text{atm} = 101325\text{Pa}$

电子伏　$1\text{eV} = 1.602176487(40)\times10^{-19}\text{J}$

原子质量单位　$u = 1.660538782(83)\times10^{-27}\text{kg}$

名 词 索 引

C

D

E

F

G

H

J

K

L

M

N

O

P

Q

R

S

T

W

X

Y

Z

人名索引